高职高专教育“十二五”规划建设教材

土 壤 肥 料

李小为　高素玲　主编

中国农业大学出版社
·北京·

内容简介

本教材按照高职高专教育人才培养目标和规格确定教材结构和内容体系。全书共分8个单元，主要内容有土壤肥料概述，土壤的形成与组成，土壤的基本性质，土壤的利用及改良，植物营养与施肥，化学肥料及其施用技术，有机肥料、生物肥料、新型肥料，合理施肥等，每个单元都包括了理论与技能训练内容。本书将土壤、植物营养、肥料及施用技术等相关知识有机融合，并注意补充新知识、新技术、新成果，体现内容的综合性与新颖性。

本书可作为高职高专院校、五年制高职、成人教育及专业培训、种植技术类专业等方面的教材，也可供从事相关工作的技术人员参考。

图书在版编目(CIP)数据

土壤肥料/李小为，高素玲主编.—北京：中国农业大学出版社，2011.5(2021.7重印)

ISBN 978-7-5655-0230-9

Ⅰ.①土… Ⅱ.①李…②高… Ⅲ.①土壤肥力-高等职业教育-教材 Ⅳ.①S158

中国版本图书馆CIP数据核字(2011)第031782号

书　名　土壤肥料

作　者　李小为　高素玲　主编

策划编辑　张　玉　　**责任编辑**　李秉真

封面设计　郑　川　　**责任校对**　陈　莹　王晓凤

出版发行　中国农业大学出版社

社　址　北京市海淀区圆明园西路2号　　**邮政编码**　100193

电　话　发行部 010-62818525，8625　　读者服务部 010-62732336

编辑部 010-62732617，2618　　出　版　部 010-62733440

网　址　http://www.cau.edu.cn/caup　　**E-mail**　cbsszs@cau.edu.cn

经　销　新华书店

印　刷　北京时代华都印刷有限公司

版　次　2011年5月第1版　2021年7月第5次印刷

规　格　787×980　16开本　16.75印张　300千字

定　价　36.00元

编审人员

主　编　李小为（黑龙江农业职业技术学院）

　　　　高素玲（河南农业职业学院）

副主编　徐文平（黑龙江农业职业技术学院）

　　　　蒋雪林（广西职业技术学院）

　　　　郭燕华（黑龙江农垦科技职业学院）

编　者　田广庆（青海畜牧兽医职业技术学院）

　　　　李秀霞（新疆农业职业技术学院）

　　　　丁美丽（潍坊职业学院）

主　审　赵静夫（黑龙江农垦科技职业学院）

前言

近几年来，农业高职教育发展很快。农业生产的发展、产业结构的调整和社会市场的需求，对职业岗位体系影响很大；农民对生产优质、高产、高效、无公害产品的需求日益增长。上述种种变化与需求，对土壤肥料课程的教学提出了很高的要求，也对土壤肥料教材提出了更高的要求。面对这样的新形势，依据高职高专教育培养的目标，我们将土壤肥料方面的新技术、新成果、新理论有选择地吸收到教材中来，编写了这本《土壤肥料》教材。

土壤肥料是高职高专院校种植类专业的一门重要的专业基础课程，是与农业生产实际紧密结合的应用性课程。编写过程中，我们贯彻“素质为本、能力为主、需要为准、够用为度”的思想，重新整合教学内容，使其具有与高新技术岗位相通的、功能灵活的、既有传承又有创新的教材。主要有以下特色：

1. 教材体现课程的综合性。我们将土壤学、植物营养学、肥料与施肥技术及环境保护等学科知识有机整合与融合，优化内容；以“识土、用土、肥土”、“认肥、用肥、经济”为核心构建教学内容。

2. 教材内容体现新颖性。在注重基本知识与基本技能的基础上，充分反映当前土壤肥料领域的新知识、新技术和新成果，编入了“新型肥料”、“施肥新技术”等新内容，突出教材内容的先进性。

3. 为使教材成为一个有机的整体，又有根据教学需要的可组合性，教材形式采用单元模块体例，将知识、技能融为一体，任课教师可根据开设课程的专业、农业生产的特点、农时季节等实际情况安排教学内容和教学进程。

4. 为了有利于提高学生的自主学习兴趣和教师的教学效果，为了使教材通俗易懂，力求使本书新颖别致、生动活泼，在每单元内设学习目标、想一想、查一查、试一试、学练结合等栏目，以强化理论与实践相结合，学习知识与开发智力相结合，思考与操作相结合，体现高职高专的教育特色。

5.突出职业技能。教材编写在强调知识准确、内容新颖、语言简练的基础上，突出职业岗位技能环节，为更直观地反映生产实际，技能训练按照工作任务的环节或流程进行，体现教学与职业岗位的“零距离对接”。

本教材分为8个单元，单元一和单元六的技能训练部分由黑龙江农业职业技术学院李小为编写，单元二由青海畜牧兽医职业技术学院田广庆编写，单元三由黑龙江农业职业技术学院徐文平编写，单元四由黑龙江农垦科技职业学院郭燕华编写，单元五由潍坊职业学院丁美丽编写，单元六(除技能训练部分)由河南农业职业学院高素玲编写，单元七由新疆农业职业技术学院李秀霞编写，单元八由广西职业技术学院蒋雪林编写。全书由李小为统稿，由黑龙江农垦科技职业学院赵静夫主审。在编写过程中，承蒙各位编写人员所在单位领导的大力支持，得到河南农业职业学院宋志伟的大力帮助，在此一并表示感谢！

由于编者水平有限，时间仓促，不足之处在所难免，恳请各院校师生批评指正。

编 者

2010年10月30日

目　录

单元一　土壤肥料概述

◘ 学习目标

知识目标：

- 理解土壤、土壤肥力、肥料的含义
- 了解土壤肥料在农业生产中的地位与作用

第一节　土壤与肥料的概念

一、土壤

土壤是农业生产的基础，是生态系统的重要组成部分，同时也是一种十分重要的自然资源。土壤是指覆盖于地球陆地表面能够生长绿色植物的疏松物质层。"陆地表面"指明了土壤的位置，"疏松"描述了其物理状态，"能够生长绿色植物"说出了土壤的本质特征是具有肥力。

想一想

岩石、荒地与耕地有什么不同？

自然界的土壤，从其形成过程来看，通常将未经人工开垦的土壤称自然土壤，经过开垦、耕种以后原有性质发生变化的土壤称为农业土壤或耕作土壤。

任何一种土壤，其基本物质组成都是由土壤固相（矿物质、有机质、土壤生物）、土壤液相及土壤气相三相组成的多相混合体系。如图 1-1 所示。

二、土壤肥力

肥力是土壤最本质的特征，任何一种土壤都具有一定的肥力。对于什么是土壤肥力，目前尚无完全统一的看法。我国多数土壤科学工作者认为：土壤肥力就是

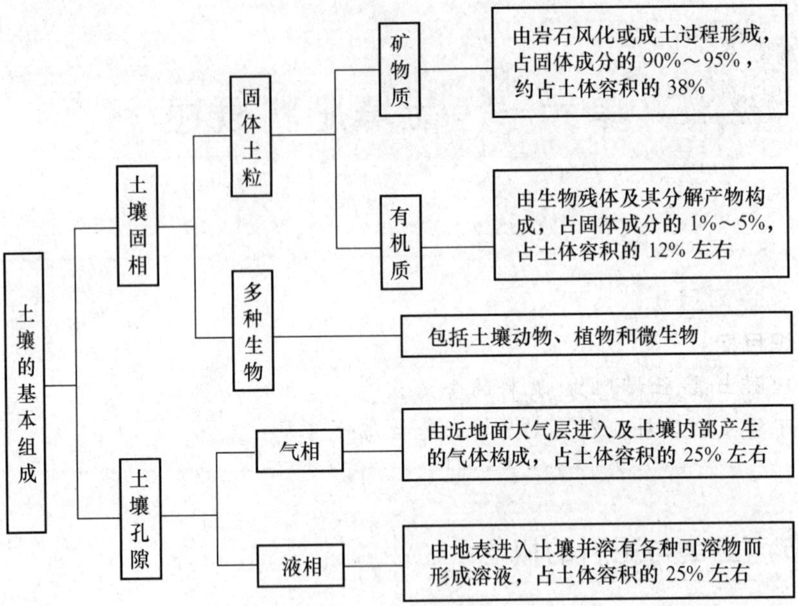

图1-1　土壤的基本组成概况

土壤供给和调节植物生长发育所需要的水、肥、气、热等生活因素的能力。

根据肥力产生的不同原因，可将其分为自然肥力和人为肥力（人工肥力）。自然肥力是指在自然因素的综合作用下发生发展起来的肥力，是未经农业利用的自然土壤具有的肥力，其发展是极其缓慢的；人为肥力是在人类生产活动影响下创造出来的肥力，是人类劳动的产物，对农业生产活动的影响巨大。

农业土壤的肥力因受环境条件和土壤管理技术水平等的限制不能完全表现出来。就植物的有效性而言，通常把在生产中表现出来的肥力称为经济肥力或有效肥力；另一部分没有直接反映出来的肥力称为“潜在肥力”。二者是相互转化的。人类对土壤管理的技术水平是影响这两种肥力转化的关键。有效肥力不仅反映了土壤的肥沃程度，也在一定程度上反映了农业生产技术和农业科学水平的高低。

三、肥料

肥料是指能直接或间接供给植物生长发育必需的养分、改善土壤以提高植物产量和品质的物质的统称。主要施入土壤，也可喷施于植物地上部分。现代农业生产中使用的肥料种类繁多，从不同的角度可以进行不同的分类，如表1-1所示。

表1-1 肥料的分类

分类依据	肥料类型	含 义
性质和来源	化学肥料	化学方法合成或天然矿石加工而成
	有机肥料	来源于生物残体，含有大量有机质
	生物肥料	含活性微生物的特定制品，在农业生产中能获得特定的肥料效应
	有机无机肥料	有机和无机肥料混合或化合而成的、标明养分的有机和无机物质
有效养分数量	单质肥料	仅具有一种养分标明量的化学肥料
	复混肥料	氮、磷、钾3种养分中，至少具有2种养分标明量的肥料
肥料反应	生理酸性肥料	养分经吸收利用后，残留部分导致土壤变酸的肥料
	生理中性肥料	养分经吸收利用后，土壤中无残留或部分残留，残留部分基本不改变土壤酸碱性的肥料
	生理碱性肥料	养分经吸收利用后，残留部分导致土壤变碱的肥料

第二节 土壤肥料科学发展概况

一、我国土壤肥料科学发展概况

我国有着悠久的农耕历史，在长期的农业实践中积累了丰富的经验并有着许多独特的创造。但我国近代土壤肥料科学的研究起步较晚，还不到百年的历史。就其发展过程来看，可分为两个阶段。一是新中国成立前，这一时期我国土壤肥料科学远远落后于世界发达国家；二是新中国成立后60多年来，我国土壤肥料科学研究取得了长足的进步，形成了全国性的土壤肥料科研、教学、推广体制，为开展土壤肥料研究和生产奠定了基础。新中国成立以来，开展了两次全国化肥肥效试验，为化肥区划、配方施肥和发展化肥生产打下了良好基础。与此同时，在土壤肥料测试手段、土壤肥料的调查手段等方面的研究也都有了较大发展。

二、世界近代土壤肥料科学发展概况

土壤肥料作为一门独立学科的形成与发展起始于19世纪中期，逐步形成了几个有影响的学派及观点。

(1)农业化学派 其代表人物是德国的化学家李比希。李比希以化学理论和方法来研究土壤植物营养的问题，于19世纪中叶提出“植物矿质营养学说”。其

贡献在于确立了植物吸收土壤中矿质养分及有机质分解后的矿物质，只有不断地向土壤归还和供给矿质养分，才能维持土壤肥力的观点。这一观点对于保持养分平衡有积极的作用，但也存在明显不足：片面认为矿质养分是土壤肥力的唯一因素，忽视了生物因素对提高土壤肥力的积极作用。

(2)农业地质学派　以德国地质学家法鲁为代表。法鲁从地质学的观点来研究土壤，19 世纪提出“土壤矿质淋溶学说”，认为土壤是岩石矿物的风化碎屑，土壤的形成是单纯的风化作用和淋溶作用的结果。其贡献是揭示了风化作用在土壤形成中的作用，但不足之处是忽略了生物在土壤形成和肥力发展中的作用。

(3)土壤发生学派　代表人物是俄国土壤学家道库恰耶夫。他于 19 世纪末到 20 世纪初提出“土壤肥力学说”，形成了土壤发生学派，认为土壤是在母质、气候、生物、地形和时间 5 大自然成土因素共同作用下发生发展起来的。其贡献在于提供了土壤是历史自然体的认识，为认识自然土壤肥力状况和自然土壤分类奠定了理论基础。但是这一学派对农业土壤的研究做得较少。

(4)现代土壤科学的新观点　20 世纪 60 年代至今，随着农业现代化的逐步发展，出现了如经济效益、环境污染、可持续农业等许多新问题，“土壤生态系统”的概念应运而生并迅速发展，使土壤科学进入以各种运动形态相互联系、相互转化为重要内容的综合研究的新阶段。

第三节　土壤肥料在农业生产中的作用与地位

“民以食为天，食以土为本”精辟地概括了人类—农业—土壤之间的关系。土壤、肥料广泛存在于自然界中。但人们从不同的利用角度、用不同的方法来研究它，则会产生不同的认识。只有全面理解土壤肥料在农业生产系统中的重要性，才能使之更好地为农业的持续发展服务。

1. 土壤是农业生产的基本生产资料

土壤是农业生产的基地，也是农业生产的基本生产资料。农业生产由植物生产、动物生产和土壤管理 3 个环节构成。绿色植物生长所需的基本要素水、肥、气、热、光中，除光外，水分和养分主要来自土壤，空气和热量一部分也通过土壤获得。对于动物生产来说，主要依赖于植物生产提供的能量和有机物质，没有植物生产，动物生产就没有了能量和物质来源。因此，土壤不仅是植物生产的基地，也是动物生产的基础。两者都必须以土壤作为基本生产资料。

2. 土壤是农业生态系统的重要组成部分

通常我们把自然地理环境划分为大气圈、水圈、土壤圈、岩石圈和生物圈 5 大圈层。从土壤圈在环境中所占据的空间位置看，正处于其他 4 个圈层相互紧密交接的地带，是结合无机自然界和有机自然界的中心环节，是生物与非生物体进行物质、能量移动和转化的重要介质与枢纽。

3. 土壤是具有再生作用的珍贵的自然资源

土壤作为一种自然资源和永恒的生产资料，是人类从事农业生产以达到自身生存、繁衍和社会发展的重要物质基础。从数量上看，土壤是有限的自然资源，但只要科学用养，土壤具有再生作用，是可以再利用的。

地球表面形成的土壤，经历了漫长的历史时期，而破坏土壤却只需历史的一瞬间。我们必须深刻理解土壤作为有可再生作用资源的这一特殊意义，充分意识到我们在开发利用土壤资源中的责任，合理利用它、保养它和不断提高土壤肥力。

4. 肥料是植物的粮食

尽管农业生产的发展依赖于诸多自然与社会因素，但地球上几乎没有一个地方的土壤可以不施用任何肥料而能长期种植植物并获得高产。肥料是土壤养分的主要来源，是农业可持续发展的重要基础之一。联合国粮农组织的统计表明，在提高单产方面，肥料对增产的贡献占 40%～60%。可以认为，在其他条件一致的前提下，施用肥料是决定产量高低的关键因子。若肥料施用不当，会污染生态环境和威胁人体健康。

5. 土壤肥料是农业生产各项技术措施的基础

农业生产的高产、优质和高效取决于多因素的优化综合。目前，在种植业的各项栽培技术中，至少应考虑肥力、施肥、灌溉、品种、密度、植保、农业机械和田间管理等 8 个基本因素，而各项技术措施的选择和应用，都必须充分研究土壤性质，才能充分发挥各项农业栽培技术措施的增产潜力。同时，土壤肥料也是推行各项先进农业栽培技术措施实施的基本保证。

第四节　新世纪土壤肥料科学发展前景与任务

一、土壤肥料科学发展前景

由于 21 世纪农业将发展成区域化、专业化、企业化、集团化、国际化的高级集约经营的现代化生产的农业，土壤肥料学研究也必须与之相适应，除研究土壤与肥料自身基本性质及其发生规律外，主要研究土壤、肥料与环境质量关系的问题。应围绕人口—资源—环境—粮食这一组矛盾，深入开展基础理论和应用研究，将成熟的理论和方法尽快转化为生产力，进一步推动土壤肥料科学的发展。

二、土壤肥料科学发展的任务

自20世纪90年代以来，世界已面临着人口—资源—环境—粮食尖锐的矛盾。水土流失、土地荒漠化、草原退化等土地退化现象日益严重。因此，土壤肥料科学将面临着严峻的挑战。21世纪土壤肥料科学的任务是加强土壤资源保护、综合治理、合理开发利用及防治土壤退化，保护农业生态；深入进行土壤演变规律及其调节措施的研究，注重在施肥条件下，土壤植物营养的投入、协调与平衡；充分发挥农田养分再循环的肥源潜力与不断防止土壤养分退化；建立土壤肥料信息系统，重视土壤肥料数据库存及其应用研究系统的开发，为耕作、施肥、节水等提供咨询，为合理利用土壤资源、预测其演变趋势提供科学依据；加强土肥技术推广和服务体系建设，有效地利用土、水、光、热资源来分类指导土肥新技术在农业生产中的应用。

单元小结

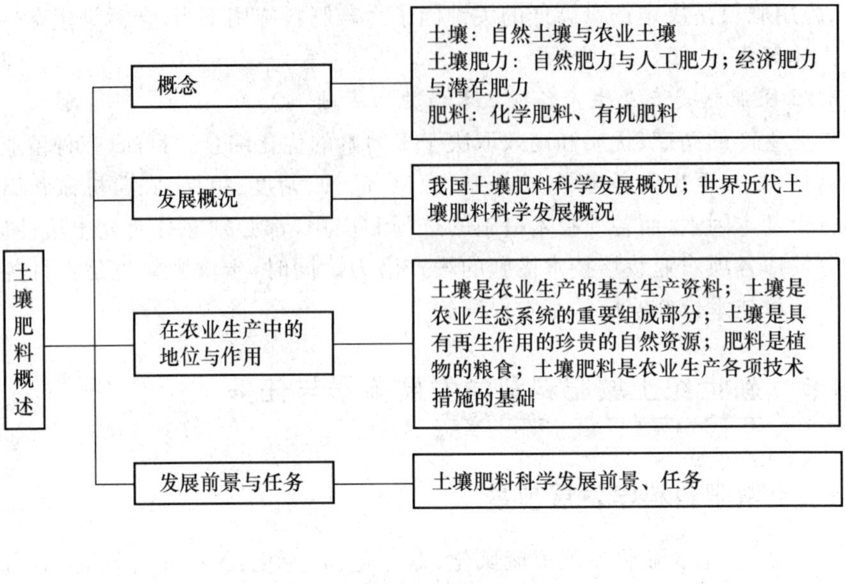

学练结合

➢名词解释

土壤　土壤肥力　肥料

➢**填空**

1. 根据土壤肥力产生的原因,可将其分为________肥力和________肥力。

2. 土壤是由________、________和________三相基本物质组成的多相混合体系。

3. 通常把在一定农业技术措施条件下反映土壤生产能力的那部分肥力称为________肥力或________肥力,暂时未被植物利用的那部分肥力称为________肥力。

4. 土壤肥力的四大因素是指________、________、________和________。

5. 依据性质和来源,肥料常分为________肥料、________肥料、________肥料和________肥料。

6. 依据肥料反应性质,可将其分为________肥料、________肥料和________肥料。

➢**问答题**

土壤在农业生产中有什么样的作用和地位?

单元二　土壤的形成与组成

◘ 学习目标

知识目标：

- 认识成土岩石及土壤母质
- 了解土壤形成的因素及土壤形成的过程，熟悉土壤的构造
- 了解土壤的固相、液相及气相组成
- 掌握土壤固、液、气三相比例对土壤理化性质及土壤肥力的影响

技能目标：

- 能熟练完成土壤样品的采集与制备，并能熟练完成土壤质地的测定
- 能正确完成土壤有机质的测定，并能熟练完成土壤含水量的测定

第一节　土壤的形成

土壤是多因素影响下变化的客体，是成土母质在一定的水热条件和生物的作用下，经过一系列物理、化学和生物化学的作用而形成的。在这一过程中，母质与成土环境之间发生了一系列的物质、能量交换和转化，形成了层次分明的土壤剖面，出现了肥力特点。土壤与其他自然体一样，具有其本身特有的发生和发展规律。

一、成土的岩石

根据成因，可把土壤及其他自然环境中的岩石分为三大类，即岩浆岩、沉积岩和变质岩，它们在土壤中的主要类型及性质见表 2-1。

1. 岩浆岩

岩浆岩是指在岩浆冷却过程中凝聚而成的一类岩石。其特点是没有层次，不含化石及其他有机物质。大部分岩浆岩由于在形成时与地表的环境条件相差较大，当它们裸露在地球表面时比较容易风化，在地表的含量相对较低。

表 2-1　主要成土岩石的性质

类型	名称	矿物成分	分解产物
岩浆岩	花岗岩	主要有长石、石英、云母等	风化后易形成砂粒、黏粒，钾素含量高
	闪长岩	主要由斜长石、角闪石组成	风化产物是土壤砂粒的重要来源
	玄武岩	主要由斜长石、辉石组成	风化产物富含黏粒，养分含量高
沉积岩	砾岩	主要由粒径＞2 mm 的颗粒组成，颗粒多为石英	风化产物含砂粒多，养分缺乏
	砂岩	由粒径 2～0.1 mm 颗粒组成，颗粒多为石英、长石等	易风化砂岩含黏粒量高，养分丰富，反之风化后砂粒含量高，养分缺乏
	叶岩	由粒径＜0.1 mm 颗粒组成，成分多为黏土矿物	风化产物质地黏重，养分含量丰富
	石灰岩	主要成分为 $CaCO_3$	其产物质地黏重，有时呈碱性
变质岩	片麻岩	由花岗岩经高温高压变化而来，成分也与其相同	风化特点与花岗岩相似，抗风化能力弱于花岗岩
	千枚岩	由黏土矿物变化而来，云母含量高	易风化，产物质地黏重，养分含量丰富，钾素含量高
	板岩	由黏土矿物变化而来	其产物与页岩相似

引自：《土壤肥料》，金为民，2001。

2. 沉积岩

沉积岩是指由各种原先存在的岩石（岩浆岩、变质岩及原先的沉积岩）经风化、搬运、沉积后重新固结而成的岩石。由于沉积时可能有动植物的遗骸或生物新陈代谢的产物埋藏其内，这些物质在一定的条件下可形成相应的化石。沉积岩的特点是除了可能含有化石外一般具有成层性，同时颗粒也较岩浆岩细小，不易风化，在土壤中的含量一般高于其他种类的岩石。

3. 变质岩

变质岩是指地壳中原先存在的各种岩石在地壳运动或岩浆活动的影响下，经高温高压的作用重新结晶形成的岩石。其特点是极易风化，在地表和土壤中含量较低。

二、土壤母质

土壤母质是指形成土壤的岩石风化物，对应的岩石称为母岩。母质是土壤形成的基础，不仅土壤的矿物质起源于母质，土壤有机物质中的矿质养分也主要来源于母质。母质是土壤发生演化的起点。在物质生物小循环的推动下，母质（岩石风化壳)的表层逐渐产生肥力,从而转变成为土壤。

(一)母质的概念

母质是地壳表面风化壳的表层,是原生基岩经过风化、搬运、堆积等过程于地表形成的一层疏松、最年轻的地质矿物质层,它是形成土壤的物质基础,是土壤的前身。母质不同于岩石,它已有肥力因素的初步发展,具物质颗粒的分散性,有一定的吸附作用、透水性和蓄水性,可释放出少量矿物养分,但难以满足植物生长的需要。母质又不同于土壤,它缺乏养分,几乎不含氮、碳,通气性和蓄水性也不能同时解决。

查一查

影响岩石风化的因素有哪些?

(二)母质类型

母质按其搬运沉积情况,可分为残积母质和运积母质两大类。

1. 残积母质

残积母质是指岩石风化后基本上不经搬运而残留在原地的物质。残积物可根据母岩的岩性进一步细分为花岗岩、玄武岩、石灰岩、砂岩、页岩等的风化残积母质。

2. 运积母质

运积母质指岩石风化后,经水、风、冰川等外力搬运而沉积在其他地区的物质。运积母质根据其搬运动力分为不同的类型:

(1)水积物　水积物又分为流水沉积物(包括坡积物、洪积物和冲积物)、湖积物和海积物。坡积物一般与对应坡面残积物的母岩相同,岩性相对单一;洪积物和冲积物可从其中砾石的成分来大致判别母岩的来源,但来源一般较复杂。湖积物和海积物的起源物质一般难以辨别。

(2)风积物　包括风积黄土和沙丘。

(3)冰川沉积物　包括冰渍物和冰水沉积物。

三、土壤的形成

(一)影响土壤形成的因素

1. 母质因素

(1)土壤矿物质组成对母质的依赖性　土壤矿物质的机械或颗粒组成、化学组成和矿物组成,都对母质表现出不同程度的依赖性或继承性。土壤的颗粒组成与母质的关系甚为密切。一般由残积母质发育的土壤质地较粗;但土壤的颗粒组成又因母岩岩性而异(表2-2)。坡积母质上的土壤,质地相对较细。洪积物、冲积物和冰水沉积物等母质,由于分选性沉积,一般形成上为泥沙层、下为砾石层的二元结构,而冲积物的泥沙层又往往出现粗细不同的质地层次。这些母质特点将在所形成的土壤中被较长期保存下来,并影响土壤的水分运动和物质迁移。

表2-2　江西不同母质发育红壤的颗粒组成

地点	母质或母岩	深度/cm	土壤颗粒组成/%					质地名称
			1～0.05 mm	0.05～0.01 mm	0.01～0.001 mm	<0.001 mm	<0.01 mm	
进贤	第四纪红色黏土	0～10	19.6	20.1	20.2	40.1	60.3	轻黏土
倍丰	红砂砾岩	0～15	43.6	24.1	13.8	18.5	32.3	中壤土
颜县	千枚岩	2～13	35.4	33.0	16.8	14.8	31.6	中壤土
赣县	花岗岩	4～20	56.4	15.2	13.2	15.2	28.4	轻壤土

母质对土壤化学组成的影响,一是矿物中的钙、镁、钾、钠等盐基元素,它们易于风化淋失;在风化淋溶程度较低的土壤中,其含量主要依赖于母质,但在强烈风化淋溶的土壤如红壤、砖红壤中,基本上与其在母质中的含量无关;二是难移失和较难移失的硅、铝、钒、钛、磷等元素,不论土壤的风化淋溶程度如何,它们都表现出对母质的明显继承性。其中 SiO_2,Al_2O_3 和 Fe_2O_3 是土壤矿物的化学骨架。

母质对土壤的矿物组成也有一定的影响,尤其是幼年性土壤如四川紫色土,无论黏粒或粗粒矿物成分,均与母岩无明显的不同。即使一些发育成熟土壤的矿物成分,也显示出母质的影响。

(2)母质对土壤发育进程的影响　不同母质上的土壤,其发育进程或速度有所差别。

①一些碎屑类和黏土类的沉积岩,如我国西南地区广泛分布的紫色砂岩和页(泥)岩抗风化、冲蚀的能力弱,它们主要通过物理风化形成土壤物质,地表物质频繁更新,阻碍了土壤中的化学风化淋溶和生物积累作用,使土壤长久地停留在幼年发育阶段。

②母质岩性对土壤化学风化淋溶进程有明显的影响。如酸性岩富含石英而盐基物质较少,且以钾、钠为主,形成疏松粗质风化物,透水性强,盐基易遭淋失,酸化进程快;基性岩不含石英,而富含盐基物质,且以钙、镁为主,其风化物一般较黏重,因而透水性差,盐基淋溶和酸化过程相对缓慢,并由于 Ca^{2+},Mg^{2+} 的凝聚作用,黏粒不易分散淋移。

总之，土壤形成过程是以母质为起点，而不同的母质主要通过对矿物化学风化淋溶的影响，或加快或延缓土壤的形成和发育进程。

2. 生物因素

生物是土壤发生、发展中最活跃的成土因素，由于它的创新作用，才使母质产生肥力而转变成为土壤。生物因素包括植物、动物和微生物。

植物吸收无机养分合成有机质，用以建造自身机体。当其死亡后，有机质被微生物分解，其中的养分又矿化为无机形态，为下一代植物再度吸收利用。这是以植物养分为中心、经历时间短而空间范围小的循环过程，也是通过有机质包括腐殖质的合成和分解而实现的循环过程，称为物质或植物养分的生物小循环。生物小循环的意义在于：①使母质中有限数量的矿质养分循环地发挥无限的营养作用，并将大气中的分子氮纳入循环轨道，弥补母岩无氮或少氮的缺陷，从而完善植物的营养结构。②使母质中可溶性无机养分转为有机形态而免于大量淋失。③植物通过庞大的根系对养分的选择性吸收，使母质中分散存在的养分逐渐集中和聚积于土壤表层，发生养分的生物富集或表聚作用，土壤的养分状况也因此而日渐适应植物生长的需要。

从一定意义上讲，土壤的形成过程就是在一定条件下生物不断改造母质而产生肥力的过程，没有生物的参与和作用，就没有成土过程。但生物因素又具有从属性的一面，因不同气候、地形等条件而改变，而不像其他成土因素那样具有一定的持久性。

3. 气候因素

气候因素决定成土过程的水热条件。气候通过对母质和土壤水热状况的直接影响，强烈地制约以矿物质风化、淋溶为中心的地质大循环和以有机质合成、分解为中心的生物小循环。因此，气候是影响土壤形成方向和强度，以及土壤类型分化和地理分布的一个基本因素。

4. 地形因素

地形不同于母质、生物和气候因素，它不直接参与土壤形成的物质和能量交换，而是通过对地表水热条件和物质的重新分配，间接地影响其物质和能量的交换过程，造成土壤发育和类型发生分异。

5. 时间因素

时间是一个重要的成土因素，它阐明土壤在历史进程中发生、发育、演变的动态过程，也是我们研究土壤特性、发生分类的重要基础。

(1)土壤的绝对年龄　土壤的绝对年龄是指土壤从母质上开始发育直到现在所经历的时间。地球上最初的土壤形成始于陆地出现生物，并随生物(尤其是植物)的进化而发展,因而地球土壤的发生历史或绝对年龄是很久远的。但由于地质内外营力的作用,特别是第四纪冰川的作用,现代陆地上只有相对少的地方才保存有古老的土壤,而大部分地区的现代土壤相对来说比较年轻,绝对年龄以数千年到数万年计。

(2)土壤的相对年龄　土壤的相对年龄是指土壤的发育程度,一般用土壤剖面的分异程度来确定。在一定区域内,土壤发生层次的分异愈明显和厚度愈大,表明土壤的发育程度就愈高。但土壤的发育程度既受成土时间的影响,也受其他成土因素的影响。在其他成土因素一致的情况下,土壤的相对年龄随绝对年龄的增大而增大。但绝对年龄相同的土壤,其相对年龄则可因其他成土因素的差异而不同。因此,同一地区土壤发育程度的差异,既可归因于绝对年龄的不同,也可归因于绝对年龄相同而其他成土条件不同。土壤的绝对年龄和相对年龄,可以综合地表示成土过程的速度和土壤发育阶段的更替速度。对两个相对年龄或发育程度相同的土壤来说,绝对年龄小的土壤发育速度较快;而对两个绝对年龄相同的土壤来说,相对年龄大的土壤发育速度较快。

6. 人为因素

自有种植业生产以来,人类就开始直接干预土壤的发生、发展,而成为一个重要的成土因素,并随着社会生产的发展而日益增大其影响的范围和强度。

(1)人为因素的特殊性　人为因素与自然成土因素有着本质上的区别,主要表现在以下几方面。

①定向干预　人为活动对土壤是有意识、有目的的定向干预,在逐渐认识土壤发生、演变客观规律的基础上,通过利用和改良培肥土壤,实现土壤自然肥力向经济肥力、潜在肥力向有效肥力的转变,以适应人类社会生产发展的需要。

②干预强烈而快速　人为因素对土壤的影响十分强烈而快速,往往是自然成土因素所不及的。人为活动既可直接改变土壤的性状,也可通过部分改变环境条件而促使土壤性状发生变化。在耕地土壤上,人们用栽培植被取代自然植被,通过耕作、施肥、灌溉、灌淤等措施,改变土壤的物质和能量交换过程乃至土壤发育方向,有的土壤随之产生新的发生层次和土体构型,演变成为显著区别于原来土壤的"人为土",如水稻土、灌漠土、灌淤土等。自然成土过程一般是渐进的,而人为活动可以迅速改变土壤长期历史积累形成的某些性状。如长期自然形成的酸性土、盐土、碱土和黏重土壤等,通过施用石灰,引水洗盐,施用石膏或客土掺砂等措施,可在短期内加以矫正改良。

③人为活动对土壤的不同影响　人类活动是社会性的,在不同的社会制度和生产力水平下,人为活动对土壤的影响及其效果有很大的不同。人为干预措施得

当，符合土壤肥力发展的客观规律，便产生有益的效果，否则产生有害的后果。

(2)人为因素与自然成土因素的关系　耕种土壤是受人为因素影响最大、最深刻的土壤，是在人为活动强烈干预下土壤发生发展的新阶段即定向发育阶段，是人类劳动的产物。然而，几乎所有耕作土壤都是在自然土壤的基础上发展起来的，它们不能摆脱自然成土因素的影响，特别是气候、地形、母质等的影响。虽然人们可在局部范围内部分地改变小气候、微地形或限制某些自然因素的作用，但在整体上则不能改变自然成土因素，它们势必在耕种条件下继续发挥作用，并与人为活动一起综合影响土壤的发生发展。同时，在自然成土条件下形成的土壤特性，不会在耕种条件下完全消失，有些特性将顽强地保留下来，而赋予耕作土壤以不同的性质，造成多样化的耕作土壤类型。

(二)土壤形成过程

根据成土过程中物质、能量的交换、迁移、转化和累积的特点，土壤形成的主要过程如下。

1. 原始成土过程

这是岩石风化或成土过程的起始(或初期)阶段，一般是在低等植物参与下进行的。例如裸露的岩石表面着生地衣后，岩石的矿物成分缓慢发生分解和蚀变，产生原始土壤物质，有时可出现细土堆积。在高山寒冻条件下的寒冻土便是原始成土过程的产物。

2. 有机质积累过程

有机质在土体中的聚积是生物因素在土壤中发展的结果。在大气水、热条件和其他成土因素的联合作用下，作为成土过程的有机质聚积作用，可表现为多种形式，包括枯枝落叶堆积过程、斑毡化过程、腐殖化过程和泥炭化过程等。

3. 黏化过程

黏化过程是指土壤中黏粒的形成和聚积过程。黏粒的形成包括矿物的物理性破碎及化学分解，以及分解产物再合成而形成次生黏粒矿物两个方面。黏化分为残积黏化和淋淀黏化。残积黏化指矿物风化生成黏粒，未经移动而在原地积累，又称原生黏化；淋淀黏化或淀积黏化是指上部土层的黏粒经机械淋溶而在下部土层聚积。黏化作用受水热条件和母质类型等因素的影响。在寒冷而干旱的气候带黏化作用较弱，在湿热气候带较强；基性岩浆岩、石灰岩、泥岩形成的土壤黏化较强，砂岩、酸性岩浆岩形成的土壤黏化较弱。黏化随风化时间的加长而增强。黏化过程产生黏化层，既有土壤肥力上的意义，又有土壤发生分类上的重要诊断意义。

4. 脱硅富铝化过程

脱硅富铝化简称富铝化，是湿热条件下的主要成土过程。在热带、亚热带高温高湿条件下,铝硅酸盐矿物强烈分解,释放出大量的盐基,并形成游离硅酸和铁、铝氧化物。在中性风化液中,盐基和硅酸均可移动而遭到淋溶,而难移动的铁、铝氧化物则相对富集起来,甚至形成铁盘或聚铁网纹层。这种因脱硅引起的铁、铝相对富集过程,称为脱硅富铝化过程。它是黏化发展的更高阶段。

5. 钙化过程

钙是地壳中最富有而迁移能力最强的盐基元素。土壤中的碳酸钙,有的直接来自母质,有的由母质中的含钙矿物风化释放的钙所形成。脱钙过程是指母质或土壤中碳酸钙(镁)的淋溶作用。在湿润气候下,土壤中的下渗水充足,最终使碳酸钙淋失殆尽。但在较干旱的气候下,脱钙作用只在土体上部进行,而淋移到下部的重碳酸钙,由于干燥脱水而重新转变为难溶性的碳酸钙而淀积下来,这种淀积过程称为钙积或积钙过程。由于积钙与脱钙在土体中存在上、下位置的对应关系和碳酸钙转移的共轭关系,两者又合称为钙化过程。

6. 盐化和脱盐化过程

盐化是指土壤中易溶性盐的积累过程。易溶性盐积累的浓度达到致害作物的土壤,称为盐化土壤或盐土。盐化过程多发生于干旱、半干旱地区。在地下水位较高的低洼地,盐分随水沿毛管上升至土面,水分不断蒸发,盐分则不断地在土壤表层积聚,导致盐化。由于不合理灌溉而抬高了地下水位所引起的土壤盐化,称为次生盐化。

脱盐过程是指盐化土壤或盐土中易溶性盐的淋失过程。脱盐可发生在土体上部,也可在整个土体中进行,被淋洗的盐分一般又进入地下水。

7. 碱化和脱碱化过程

碱化与盐化有密切的关系,一般统称盐渍化,但二者又有本质的区别。碱化过程包括碱质化和碱性化两方面。碱质化是指土壤碱化度或钠化率提高的过程;碱性化是指土壤溶液中总碱度($CO_3^{2-}+HCO_3^-$)增大而使 pH 达到碱性值的过程。

脱碱化是指碱化土和碱土的碱化度和总碱度以及 pH 降低的过程。碱土用含有石膏的灌溉水淋洗改良,即为人工脱碱化。

8. 潜育化过程

土壤形成中的潜育化过程,是在土体中发生的还原过程。土壤长期处于水分饱和、缺氧的条件下,有机物质进行嫌气分解,产生还原性有机物,并使铁、锰等无机氧化物还原成低价态,土壤颜色也随之转变为蓝灰色或青灰色。这一还原过程即为潜育化过程,由此形成的土层称为潜育层。潜育层的土粒一般分散成泥糊状,多呈中性反应。

潜育化一般是由地下水引起的,发生在土体底部,称为底潜;当地下水位接近地表，造成土壤通体潜育时，称为通潜。土壤表层滞水引起的潜育化称为表潜。

想一想

潜育化过程和潴育化过程的区别是什么？

9. 潴育化过程

潴育化实质上是土壤干、湿交替所引起的氧化与还原交替的过程。这个过程主要发生在土体中地下水位的季节性升降层段。潴育化是草甸土、潮土等的重要成土过程，它与潜育化都主要是由地下水作用所引起的。

10. 白浆化过程

土体上层周期性滞水引起土壤中铁、锰还原，形成低价铁、锰不断流失而使土壤颜色变浅发白的过程，称为白浆化或白土化。白浆化与地下水无关。它是由于土壤质地黏重或有冻土层等不透水层的顶托，使雨水或冻融水滞留于土体上层，在有机质的参与下，土壤中的游离氧化铁、锰发生还原溶解，随侧渗水或直渗水淋失，盐基物质和黏粒也遭到淋溶。因此，白浆化土层的颜色变浅、发白，质地相对变轻，呈微酸性至酸性反应。

11. 灰化过程

灰化过程主要是冷湿针叶林植被下的一种强酸性淋溶过程，主要表现为铁、铝的螯合淋溶和酸性淋溶。灰化过程形成灰化(淋溶)层和灰化淀积层，两者既有上、下层位关系，又有铁、铝和腐殖质转移的共轭关系。灰化层由于铁、锰的淋失而呈灰白色，质地较轻，呈强酸性反应，而淀积层呈棕色、暗棕色，富含腐殖质和游离铁、铝，且以络合态较多。

12. 熟化过程

土壤熟化过程是指在人为耕作、施肥、灌溉和改良等措施影响下土壤肥力上升的发展过程，即在耕作条件下土壤人为定向培肥的过程。熟化过程形成熟化层，耕作层即为最基本的熟化层。此外，有的土壤还有犁底层、亚耕层、古耕层等。耕作熟化过程可分为旱耕熟化和水耕熟化两方面，它们各有特殊性又有共性。

(三)土壤剖面发育

土壤剖面是指从土表向下至母质的垂直切面或纵断面。母质以上的部分称为土体。

1. 土壤的发生层和土体构型

(1)土壤的发生层　土壤在其发育过程中形成的若干大体与地表平行的层次，称为土壤发生层，简称土层。它们是母质、土壤不断与环境进行物质和能量交换，发生物质淋溶和淀积、添加和损失、聚积和分散、转化和创新等一系列的作用，使土体在垂直方向上产生物质的重新分配，逐渐发生分异所形成的土层。

查一查

耕作土壤的剖面层次是如何划分的？

(2)土体构型(土壤剖面构型)　土体构型是指土壤剖面层次组合特点，包括发生层的数目、类型、层位关系、厚度、过渡情况和明显程度等。土体构型的综合简化图式如图 2-1 所示。

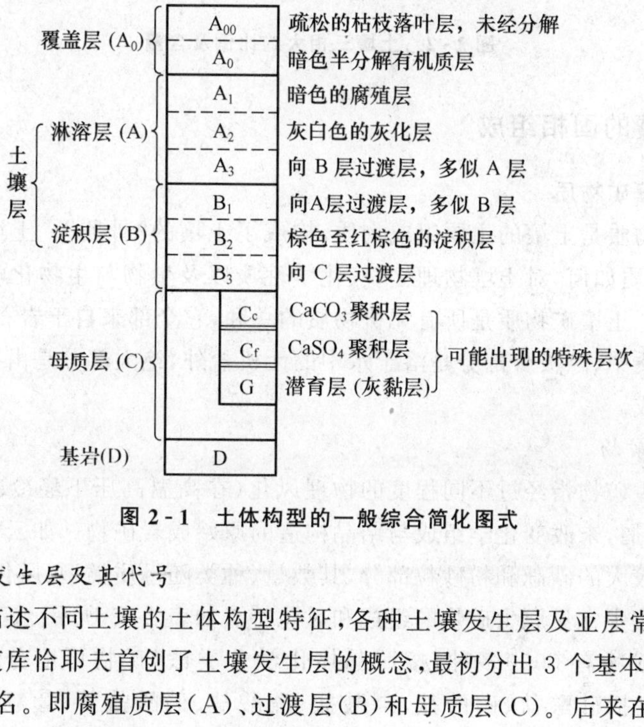

图 2-1　土体构型的一般综合简化图式

2. 主要发生层及其代号

为便于描述不同土壤的土体构型特征，各种土壤发生层及亚层常用规定的符号来代表。道库恰耶夫首创了土壤发生层的概念，最初分出 3 个基本发生层，分别以 A,B,C 命名。即腐殖质层(A)、过渡层(B)和母质层(C)。后来在此基础上又进行了很多补充和修改，主要层次也划分得更细。

第二节　土壤的组成

土壤由固体、液体及气体三相组成，其中气体与液体存在于土壤孔隙中。固体物质包括矿物质和有机质，土壤中气体物质种类与大气相似，土壤水分中含有多种有机、无机离子及分子形成土壤溶液。土壤中三相大约比例及含量见图 2-2。

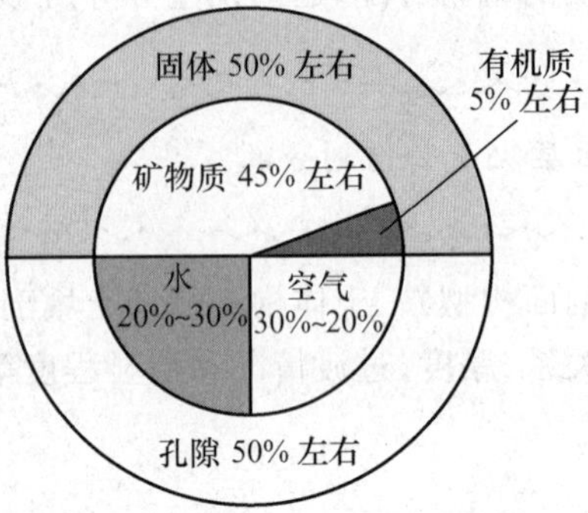

图 2-2 土壤三相大约比例及含量

一、土壤的固相组成

(一)土壤矿物质

土壤矿物质是土壤的主要组成物质,构成了土壤的"骨骼"。土壤矿物质的组成、结构和性质如何,对土壤物理性质、化学性质以及生物与生物化学性质等均有深刻的影响。土壤矿物质是所有无机物质的总和,它全部来自于岩石矿物的风化。在土壤矿物质中,除极少部分是溶于水中的无机盐外,绝大部分是由矿物和岩石两大类物质组成。

1. 原生矿物

土壤原生矿物指经过不同程度的物理风化(在高温高压下经冷凝和减压后结晶等)成为碎屑,未改变化学组成与结晶构造的原始成岩矿物。如云母、石英等,多存在于粒径较大的砂砾和粉砂粒部分,其数量、种类随母质类型、风化强度、成土过程而定。土壤中常见原生矿物的组成和风化特点如表 2-3 所示。

世界上矿物有3 000多种,按照晶体化学分类法,矿物可以分为以下各类:①含氧盐,包括硅酸盐、碳酸盐、磷酸盐、硫酸盐、硝酸盐等;②氧化物;③卤化物;④硫化物;⑤自然元素。硅酸盐类矿物在自然界分布极广,占已知矿物总数的 1/3 左右,它不仅是岩浆岩、变质岩、沉积岩的主要造岩矿物,也是土壤矿物的主要组成。

2. 次生矿物

次生矿物是由原生矿物风化后重新形成的一类矿物,如一般土壤中含量较丰富的蒙脱石、伊利石、高岭石等。其化学组成与结构不同于原生矿物,其主要类型是层状硅酸盐矿物，主要以黏粒的形式存在，具有胶体性质，称为黏土(粒)矿物。有时也把次生矿物中的铁、铝、硅氧化物及其含水氧化物包括在黏土矿物中。次生矿物还包括简单的盐类，如干旱地区的硫酸盐、碳酸盐等。

表 2-3 常见原生矿物的组成和风化特点

矿物名称		化学组成	风化特点及分解产物
石英		SiO_2	最不易风化，砂粒主要来源
长石类	正长石	$KAlSi_3O_8$	抗风化能力低于石英，易形成黏粒矿物，是钾素的主要来源
	钠长石	$NaAlSi_2O_8$	
	钙长石	$CaAl_2Si_2O_8$	
云母类	白云母	$KAl_3Si_3O_{10}(OH)_2$	白云母抗风化能力强，黑云母易风化，土壤黏粒和钾素的主要来源
	黑云母	$K(Mg,Fe)_3(AlSi_3O_{10})(OH,F)$	
角闪石		$Ca_2Na(Mg,Fe)_4(Al,Fe)(SiAl)_2O_{22}(OH)_2$	易风化，黏粒及其他无机养分的来源
辉石		$Ca(Mg,Fe,Al)(Si,Al)_2O_6$	
磷灰石		$Ca_5F(PO_4)_3$	风化缓慢，土壤磷素的主要来源

引自：《土壤肥料》，金为民，2001。

想一想

蒙脱石、伊利石、高岭石构造特征有何差异？

(1)次生层状铝硅酸盐矿物　组成硅酸盐矿物的主要元素有 O，Si，Al，Fe，Mg，Ca，Na，K，其次是 Mn，Ti，B，Zn，Li，H，F 等。元素种类不多，但由于内部构造复杂，同晶置换广泛，因而硅酸盐矿物成分复杂，种类繁多。

①硅氧四面体　是由一个硅离子与 4 个氧离子组成的正四面体。硅离子位于正四面体中心，其以＋4 价分别与 4 个氧离子连接。氧离子位于正四面体的 4 个角端，各以－1 价与硅连接。其化学表达为$(SiO_4)^{4-}$。

②铝氧八面体　是由 1 个铝离子与 6 个氧离子组成的正八面体。6 个氧离子排列成 2 层，每层由 3 个氧离子排列成正三角形，2 个正三角形尖端的氧离子互相交错，各以－1/2 价与铝离子连接。铝离子位于 2 个正三角氧层之中心孔内，以＋3价分别与 6 个氧离子连接。其化学表达为$(AlO_6)^{9-}$。

③铝硅酸盐黏粒矿物中的铝层与硅层　硅氧四面体和铝氧八面体不是化合

物，它们形成铝硅酸盐化合物时，先分别各自聚合形成四面体在一个平面上连接的蜂窝状的硅层和八面体在一个平面上连接的较为疏散的铝层。黏土矿物的晶架就是由这些硅层和铝层重叠而成的。

④铝硅酸盐矿物的晶架结构　硅层形成时底面的氧离子的化合价被共用，顶层的氧离子还带有－1价；铝层形成时上、下两面的氧离子都带有－1价，这些具有－1价的氧叫活性氧。硅层和铝层分别用化学式 $Si_2O_5^{2-}$ 和 $Al_2O_6^{6-}$ 表示。在此基础上还需重叠，才能形成稳定的化合物，形成晶架。硅氧片和水铝片交相重叠化合形成黏土矿物的基本方式有2种：

a. 1∶1型晶架　例如高岭土类黏土矿物。由一层硅氧片和一层水铝片结合而成。硅氧片顶层与水铝片底层共用一层氧原子。而水铝片顶层的活性氧与氢离子结合，其化学结构为 $(OH)_8Al_4Si_4O_{10}$

b. 2∶1型晶架　例如蒙脱土类黏土矿物。由两层硅氧片（顶层和底层）和一层水铝片（中层）结合而成。层间多数氧原子为共用，少数活性氧与氢结合。

⑤黏土矿物晶架内的同晶置换（类质同象）　同晶置换的原则是置换离子半径接近被置换的离子，其性质与被置换离子近似，置换后不破坏晶架结构。

(2)次生氧化物矿物　包括水化程度不等的各种铁氧化物、铝氧化物、氢氧化物和硅的水化物。有的是结晶质的，如三水铝石（$Al_2O_3 \cdot 3H_2O$）、薄水铝石（$Al_2O_3 \cdot H_2O$）、针铁矿（$Fe_2O_3 \cdot H_2O$）、褐铁矿（$2Fe_2O_3 \cdot 3H_2O$）等。也有非晶质无定形的物质，如不同水化程度的 $SiO_2 \cdot nH_2O$，$Al_2O_3 \cdot nH_2O$，$Fe_2O_3 \cdot nH_2O$，$MnO_2 \cdot nH_2O$ 的凝胶等，常覆盖在土粒表面成为胶膜，长期老化后变成结晶态。

(二)土壤质地

通过风化作用和成土作用形成的土壤无机颗粒，其大小并不相同，相同直径的土粒在不同的土壤中的含量也不同。不同大小土粒表现出来的理化性质差异较大。

1. 土壤的粒级

(1)土壤分级　将土壤颗粒按粒径的大小和性质的不同分成若干级别，称为土壤的粒级。同一粒级范围内土粒的矿物成分、化学组成及性质基本一致，而不同粒级的性质有明显的差异。根据土粒的大小不同可分为石砾、砂粒、粉砂粒和黏粒4个基本粒级。如何把土粒按其大小分级，分成多少个粒级，各粒级间的分界点（当量粒径）定在哪里，至今尚缺公认的标准。表2-4中列出了目前国际通行的两种粒级分类标准，即国际粒级制和前苏联卡庆斯基制。

表 2-4 常用土粒分级标准

<table>
<tr><th colspan="3">国际粒级制</th><th colspan="4">卡庆斯基制</th></tr>
<tr><th colspan="2">粒级名称</th><th>粒径/mm</th><th colspan="3">粒级名称</th><th>粒径/mm</th></tr>
<tr><td colspan="2" rowspan="2">石砾</td><td rowspan="2">>2</td><td colspan="3">石块</td><td>>3</td></tr>
<tr><td colspan="3">石砾</td><td>3～1</td></tr>
<tr><td rowspan="2">砂粒</td><td>粗砂粒</td><td>2～0.2</td><td rowspan="4">物理性砂粒</td><td rowspan="3">砂粒</td><td>粗砂粒</td><td>1～0.5</td></tr>
<tr><td>细砂粒</td><td>0.2～0.02</td><td>中砂粒</td><td>0.5～0.25</td></tr>
<tr><td colspan="2" rowspan="4">粉砂粒</td><td rowspan="4">0.02～0.002</td><td>细砂粒</td><td>0.25～0.05</td></tr>
<tr><td rowspan="3">粉粒</td><td>粗粉粒</td><td>0.05～0.01</td></tr>
<tr><td rowspan="5">物理性黏粒</td><td>中粉粒</td><td>0.01～0.005</td></tr>
<tr><td>细粉粒</td><td>0.005～0.001</td></tr>
<tr><td colspan="2" rowspan="3">黏粒</td><td rowspan="3"><0.002</td><td rowspan="3">黏粒</td><td>粗黏粒</td><td>0.001～0.000 5</td></tr>
<tr><td>中黏粒</td><td>0.000 5～0.000 1</td></tr>
<tr><td>细黏粒</td><td><0.000 1</td></tr>
</table>

引自:《土壤肥料》,金为民,2001。

①国际粒级制　1930 年莫斯科第二次国际土壤学会采用而得名。分为 4 个粒级组,即石砾、砂粒、粉粒、黏粒。此制曾广泛采用,后因分级过少而在此制基础上重新增加粒级,演变为不同国家各自的粒级制。

想一想

还有哪些土壤粒级的划分方法?划分的标准有何规律?

②卡庆斯基粒级制　由苏联土壤学家卡庆斯基修订而成。它先分为粗骨部分(>1 mm 的石砾)和细土部分(<1 mm 的土粒),再把后者以 0.01 mm 为界分为"物理性砂粒"与"物理性黏粒"两大粒组。

生产上使用较多的土壤粒级分类标准是卡庆斯基制,根据土壤中物理性砂粒和物理性黏粒的相对含量而将土壤分成不同质地类型。

(2)不同粒级土粒的矿物和化学组成　因为岩石、母质种类和风化、成土过程的不同,各种土壤及其各粒级土粒的矿物组成有很大的差异,但对于不同的土壤来说,粗细土壤中矿物组成的分配仍有共同的规律,因而不同粒级的化学组成、理化性质也可发生相应的规律变化。

从不同粒级土粒的矿物组成来看(图 2-3、表 2-5),砂粒和粉砂粒中以石英、云母等为主,而黏粒主要含有各种次生矿物,各种粒级土粒的化学组成相差较大(表2-6)。土粒越粗,二氧化硅含量越高,而铝、铁、钙、镁、钾、磷等含量下降;随着颗粒变细,这些元素含量的变化趋势正好相反。所以粒径越小的土粒中养分含量越高。

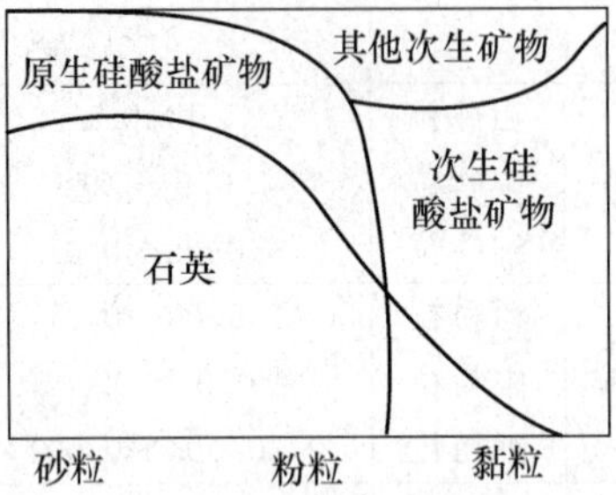

图2-3 土壤颗粒的矿物组成示意图

表2-5 不同粒级土壤颗粒的矿物组成 %

粒径/mm	石英	长石	云母	角闪石
1～0.25	86	14		
0.25～0.05	81	12		4
0.05～0.01	74	15	7	3
0.01～0.005	63	8	21	5
<0.005	10	10	66	7

表2-6 不同粒级土壤颗粒的化学组成 %

粒级	粒径/mm	SiO_2	Al_2O_3	CaO	MgO	P_2O_5	K_2O	Fe_2O_3
砂粒	1～0.2	93.6	1.6	0.04	0.6	0.05	0.8	1.2
	0.2～0.04	90.4	2.0	0.5	0.1	0.1	1.5	1.2
粉粒	0.04～0.01	89.4	5.1	0.8	0.3	0.2	2.3	1.5
	0.01～0.002	74.2	13.2	1.6	0.3	0.1	4.2	5.1
黏粒	<0.002	53.2	21.2	1.6	1.0	0.4	4.9	13.2

引自:《土壤肥料》,金为民,2001。

2. 土壤的质地

(1)质地 土壤中各粒级土粒所占比例及其表现出的物理性质称为土壤质地。有时也把各粒级土粒所占的重量比例称为机械百分数。土壤质地所呈现的物理性质主要体现在不同粒级对土壤水分、土壤空气、土壤热量、耕性及肥力的影响,因此,它是生产上反映土壤肥力状况的一个重要指标。

(2)质地分类 按照各土粒粒级含量的不同对土壤质地类型进行划分称为土壤质地分类。与土壤粒级分类一样,也有多种质地分类标准或分类制。如表2-7、表2-8所示。

表 2-7　国际制土壤质地分类标准　%

质地分类		颗粒组成(质量分数)		
类型	质地名称	黏粒	粉砂粒	砂粒
砂土	砂土和壤土	0～15	0～15	85～100
壤土	砂壤土	0～15	0～15	55～85
	壤土	0～15	30～45	40～55
	粉砂壤土	0～15	45～100	0～40
黏壤土	砂黏壤土	15～25	0～20	55～85
	黏壤土	15～25	20～45	30～55
	粉砂黏壤土	15～25	45～75	0～40
黏土	砂黏土	25～45	0～20	55～75
	粉砂黏土	25～45	45～75	0～30
	壤黏土	25～45	0～75	10～55
	黏土	45～65	0～75	0～55
	重黏土	65～100	0～35	0～35

表 2-8　卡庆斯基质地分类标准　%

质地名称		物理性黏粒(<0.01 mm)		
		灰化土	草原土,红壤	碱化土,碱土
砂土	松砂土	0～5	0～5	0～5
	紧砂土	5～10	5～10	5～10
	砂壤土	10～20	10～20	10～20
壤土	轻壤土	20～30	20～30	15～20
	中壤土	30～40	30～45	20～30
	重壤土	40～50	45～60	30～40
黏土	轻黏土	50～65	60～75	40～50
	中黏土	65～80	75～85	50～65
	重黏土	>80	>85	>65

引自:《土壤肥料》,金为民,2001。

①国际制质地分类　根据砂粒(2～0.02 mm)、粉砂粒(0.02～0.002 mm)和

黏粒(<0.002 mm)3 种粒级土粒含量的比例,分为 4 大类 12 种(表 2-7)。其分类特点是,首先根据黏粒(<0.002 mm)的含量确定 4 大类,再根据砂粒和粉砂粒的含量进一步细分:砂粒含量大于 55%者,在类别前加个"砂"前缀,如大于 85%,则为砂土类;粉砂粒含量大于 45%者,则在质地名称前加以"粉砂"前缀。

也可用土壤质地三角图(图 2-4)查质地名称。以黏粒含量为主要标准,小于 15%者为砂土组和壤土组;15%~25%者为黏壤土组;大于 25%者为黏土组。当土壤含粉粒大于 45%时,在各组质地的名称前冠以"粉质"字样;当砂粒含量在 55%~85%时,则冠以"砂质"字样,当砂粒含量大于 85%时,则称壤砂土或砂土。

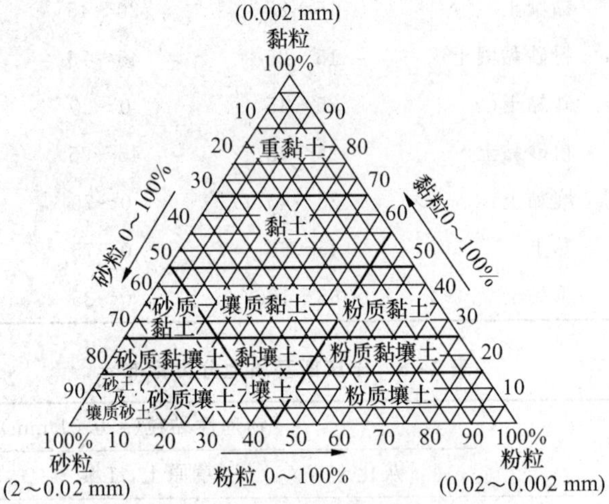

图 2-4 国际制土壤质地三角图

②卡庆斯基质地分类制(表 2-8) 是依据物理性黏粒或物理性砂粒的含量将土壤质地分成 3 大类,再根据各类粒级含量的变化进一步细分。根据不同土壤类型,划分标准稍有差异。对于大部分农业土壤,一般选用草原土、红黄壤类的分类级别,它在生产上应用较广,但在使用此分类制时应注意本地区的土壤类型。对于含有砾石或石块的土壤,应先将砾石取出,测其所占的比例。余下的土壤按百分含量比进行计算,得出初步的质地名称。再根据表 2-9 得到石砾含量分级,并将此作为前缀加在原先的质地名称前,就是完整的质地名称。

(3)土壤质地与土壤肥力的关系 土壤质地首先影响土壤的孔隙性及养分含量,进一步影响土壤的通透性、保肥性、供肥性、土壤的温度及耕性等性质。土壤质地(图 2-5)的不同所反映出的肥力特点也不同。

表 2-9　土壤石砾含量分级

1～3 mm 石砾含量/%	石砾分级
＜1	无砾质
1～10	砾质
＞10	多砾质

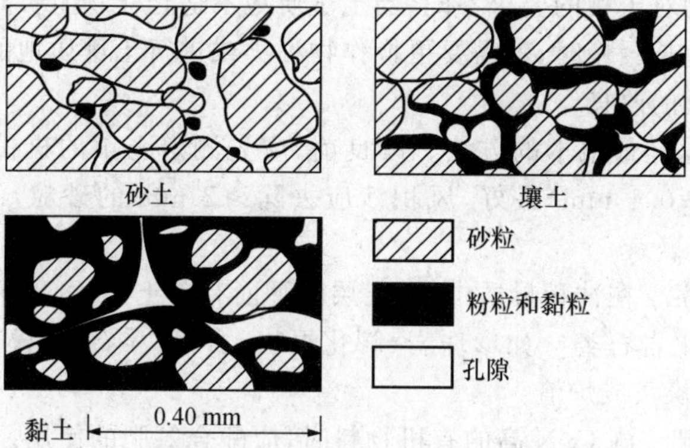

图 2-5　不同质地的区分

①砂质土　砂质土的主要肥力特征为蓄水力弱，养分含量少，保肥能力差，土温变化快，但通气性、透水性好，易耕作。

想一想

为什么在相同含水量时砂土、壤土、黏土对植物的有效性不同？

由于砂质土壤含砂粒较多，黏粒少，颗粒间空隙比较大，所以蓄水力弱，抗旱能力差。砂质土本身所含养料比较贫乏，由于缺乏黏粒保肥性差；通气性、透水性较好，有利于好气性微生物的活动，有机质分解快，肥效快、猛而不稳，前劲大后劲不足。

砂质土壤因含水量少，热容量较小，所以昼夜温差变化大，土温变化快，这对于某些作物生长不利，但有利于碳水化合物的累积。砂质土适宜种植耐旱、耐瘠、生育期短、早作的作物。化肥施用少量多次，后期勤追肥；多施未腐熟有机肥；勤浇水。

②黏质土　黏质土的主要肥力特征为保水、保肥性好，养分含量丰富，土温比

较稳定,但通气性、透水性差,耕作比较困难。

由于黏质土壤含黏粒较多,颗粒细小,孔隙间毛管作用发达,能保存大量的水分,但是水分损失快,保水抗旱能力差。黏质土壤含黏粒较多,一方面所含养分丰富,另一方面黏粒的胶体特性突出,保肥性好。

③壤土　它的肥力特点和农业生产特点介于砂土与黏土之间,是一种比较优良的质地类型,兼有砂土与黏土的优点,能适应大多数作物,其耕性也好。

(4)土壤质地的改良与利用　适宜作物种植和生长的土壤条件称为作物的土宜。不同的作物对土壤的要求不同,当土壤质地不适合作物生长时,或在某种质地的土壤上作物生长缓慢时,就需要更换作物种类或进行土壤质地的改良。

①黏重土壤的改良

a. 掺砂　这是最根本的方法。改良前,应先测定土壤的机械组成,计算掺砂量。河沙(0.5～0.1 mm)最好,风积沙应去除＞2 mm 的砂粒,海岸沙应将盐分洗掉。

b. 翻砂压淤　在冲积母质中,黏土层的下面有砂土层,可采用深翻措施。

c. 施用膨化岩石类　如珍珠岩、膨化页岩、岩棉、浮石、硅藻土等。在草坪建植中,不要用粉煤灰或炉渣。

d. 施有机肥　施 C/N 高的有机物料时,应配合氮肥的使用。

②砂质土壤的改良　掺入黏土、河泥、塘泥等;翻淤压砂;施用腐熟的细质有机肥、泥炭;翻压绿肥。

③砾质土壤的改良　对耐旱的树木、灌木,渣砾含量＜30%时,可以不改良;栽花、种草时,大的渣砾应尽量挖走,必要时要过筛,去除渣砾;渣砾过多如超过 50%时,植物无法生长,应掺土或采用换土的方法。

(三)土壤生物

土壤生物是土壤具有生命力的主要成分,在土壤形成与发育中起主导作用。也是评价土壤质地和健康状况的重要指标之一。

1. 土壤生物的数量

土壤中生活着形形色色的生物,既有动物也有植物;既有用肉眼能直接看到的大型生物,如蚯蚓、蚂蚁、昆虫等,也有需显微镜才能看到的微小生物,如各种细菌、放线菌、病毒等。不同土壤微生物的生物量相差不大,且均显著高于大型生物的生物量,这说明土壤中微生物发挥着更重要的作用。

查一查

各类微生物在土壤中的分布有什么规律?

通常将单位质量土壤中所有生物的干重称为土壤生物量。一般来讲,土壤生物量越大,则其越肥沃,反之越贫瘠。越是靠近根系的土壤,其生物量越大,说明根系周围的土壤要比远离根系的土壤肥沃,通常把受到微生物明显影响的土壤范围称为根际(一般距根表 2 mm 范围内)。

2. 土壤生物的类型

(1)土壤动物　主要包括线虫、蠕虫、蜗牛、千足虫、蜈蚣、螨、环节动物、蚯蚓、蚂蚁及昆虫等。线虫又称圆虫、丝线虫等,是土壤生物中最多的种类,每平方米可达几百万个。蚯蚓是土壤中无脊椎动物的主要部分,能分解枯枝落叶和有机质。蚯蚓、蚂蚁、白蚁可破碎并转移有机质进入深层土壤。

(2)土壤微生物

①细菌　根据生理作用分类:碳水化合物分解细菌——分解糖、淀粉、纤维素等;氨化细菌——分解含 N 有机化合物中的 N 素;硝化细菌——氨经硝化细菌作用转化为亚硝酸,然后转化为硝酸;反硝化细菌——硝态氮在反硝化细菌作用下,使硝酸还原成还原态氮;固 N 细菌——从大气中固定 N 素合成含 N 化合物。根据营养方式分类:分为自养和异养细菌,在异养方式中分好氧和厌氧型细菌。

②真菌　对酸度的适应范围较宽,在 $pH<4$ 时也能生长。在森林土壤和酸性环境中,是分解土壤有机质的主要微生物类群。有些真菌能在一些根上发育,共同发育成菌根。根据菌根的形态结构,可分为外生菌根和内生菌根。

③放线菌　属单细胞微生物,在土壤中以菌丝体存在,大量出现在分解的有机物上。有些嗜热性的放线菌属能耐高温(50～65℃),普遍存在于土壤、肥料及发热的干草和堆肥中。在已知的放线菌中,约有 50%能产生抗生素,具有抑制其他细菌的能力。

④藻类　是含叶绿素的低等植物,有些能进行光合作用,自身合成有机质,主要生活在土壤表层。地表藻类能够和土壤颗粒黏结在一起,增加土壤表面的强度,可使土壤侵蚀明显减轻。另外蓝绿藻可固定 N 素。

3. 土壤生物的主要作用

土壤生物的主要作用是转化土壤有机质。具体表现在:对进入土壤的生命残体和其他有机物质将其转化为肉眼不能直接看到的普通有机质;使土壤普通有机质进一步转化为无机物或有机物,如矿质化或腐殖化。

土壤生物特别是土壤微生物把各种有机质转化为无机物质及腐殖质,不但对土壤理化性质、土壤肥力和作物生长发挥重要作用,而且对环境保护也有重要意义。各种生物在土壤中不仅起转化有机质的作用,而且通过微生物与微生物之间、微生物与作物根系之间的相互作用间接或直接地影响到作物的生长,并对土壤其他理化性质也起到一定的作用。

(四)土壤有机质

有机质是土壤的重要组成部分。尽管土壤有机质只占土壤总重的很少一部分,但它在土壤肥力、环境保护、农业可持续发展等方面都有着重要的作用和意义。

土壤有机质的广义概念是土壤中一切生物残体、分解及半分解的有机化合物的统称,狭义概念是指有机质经生物化学作用而生成的一类特殊的高分子聚合物,它比原来物质稳定,称为腐殖质。对于一般的农业土壤来说,它的干重只占土壤干重的1%~5%,但其对土壤理化性质和肥力的作用远大于它在重量上所占比例。

土壤有机质在自然土壤中含量差异极大,其含量大于20%的称为有机质土壤,反之为矿质土壤。

1. 土壤有机质的来源及其组成特点

土壤有机质最早的来源是生物。自然土壤中植物残体、分泌物及排泄物是有机质的主要来源;耕作土壤中除了植物残体外还有动物性的有机肥。进入土壤的外来有机质(指植物残体)所含主要化合物、植物残体与土壤有机质组成的区别如表2-10所示。

表2-10 植物残体与土壤有机质组成的差异 %

成分	植物残体组成	土壤有机质组成
纤维素	20~50	2~10
半纤维素	10~30	0~2
木质素	10~30	30~50
蛋白质	1~15	28~35
脂肪、蜡质、树脂等	1~8	1~8

2. 土壤有机质的转化

无论是刚进入土壤的动植物残体还是在土壤中长期存在的腐殖质,进入土壤,由于土壤中动物和微生物的作用、自然作用、人为作用发生转化作用。这种作用包括两个方面,即矿质化过程和腐殖化过程。两方面作用同时进行。

(1)土壤有机质的矿质化　有机残体在土壤生物的作用下分解为无机物质的过程称为土壤有机质的矿质化,其最终产物是水、二氧化碳及无机养分离子,如N,P,K等元素的无机离子。

(2)土壤有机质的腐殖化　土壤有机质在微生物的作用下生成腐殖质的过程称为有机质的腐殖化,基本可分为2个阶段。一是组成腐殖质主要成分的原始材料阶段，二是合成阶段。经缩合等多种酶促反应和化学反应，合成为腐殖酸单体分子，再聚合形成不同分子量的复杂环状化合物即腐殖质。有机质的腐殖化作用的两个阶段是同时进行的。

3. 影响有机质转化的因素

土壤中单位质量有机质一年后形成腐殖质的量称为腐殖化系数。不同有机质腐殖化系数不同，例如紫云英绿肥与稻草在旱地条件下为 0.20～0.30，水田为 0.25～0.40。土壤中每年因矿化而消耗的有机质占土壤有机质总量的百分数称为土壤有机质矿化率。我国耕地一般在 1%～4%。

土壤有机质的矿质化和腐殖化受多种因素的影响，有些因素影响转化的方向，有些因素影响转化的速度。

(1)土壤通气状况　通气良好条件下，有机质易分解，矿质化中间产物积累少，所释放的养料多且成氧化状态，利于植物营养，无毒害，腐殖化系数低，不利于有机质保存；嫌气条件下，有机质分解速度慢，矿化速度低，中间产物易积累，如乙酸、丁酸、丙酸等简单有机酸及 CH_4，H_2，H_2S 等还原性气体，对作物生长有害，有机质矿化率低，利于腐殖质的保存。

(2)土壤水分　土壤水分主要通过影响土壤的通气状况和温度作用于土壤有机质的转化。土壤含水量越高，土壤的通气性越差，则有利于腐殖化作用；反之，有利于矿质化作用。一般来讲，土壤微生物活动的最适宜水分含量为田间持水量的 60%～80%。

(3)土壤温度　在 0～35℃范围内，温度升高促进有机质分解。超过 45℃，有机质分解受抑制。超过 50℃，导致纯化学的氧化分解或挥发。土壤微生物活动最佳温度为 25～30℃。温度的升高既可促进矿质化进程，也可促进腐殖化作用。

(4)土壤 pH 值　细菌活动最佳 pH 为 6.5～7.5，放线菌最佳 pH 略偏碱，真菌活动最佳 pH 偏酸，为 3~6。

(5)有机质碳氮比　碳氮比(C/N)是指有机物中碳素总量与氮素总量之比，不同来源的有机物中碳氮比不同，如表 2-11 所示。

土壤微生物每分解吸收 1 份的氮需要 5 份的碳组成其体细胞，另外还需要 20 份碳作为分解有机质和形成细胞的能量。也就是说，微生物生命活动过程，需要有机质的 C/N 约 25。

有机质新鲜、多汁，破碎，矿化率高，C/N 为 25～30 时微生物最活跃。大于此值，土壤中氮素不足，而氮是供应微生物细胞组成的要素和能源，这时微生物与植物争夺氮源，不利于植物生长，有机质分解慢，矿化慢。

表 2-11 常见有机物料的 C/N

名　　称	C/N 范围	平均 C/N
豆科草本植物		20
禾本科的秸秆	40～120	80
热带树木	27～32	30
温带树木	25～44	35
一般耕作土壤	8～10	9.4
幼嫩的草茎	12～15	
枯黄的草茎	20～80	
40 日龄三叶草根		17
40 日龄三叶草茎		16
长在叶片上的真菌	11～16	
细菌	5～14	

引自:《土壤肥料》,金为民,2001。

4. 土壤腐殖质的组成及性质

土壤腐殖质是土壤中微生物再合成的一类深色有机化合物的统称,它们并不是一个单纯的化合物,而是一类不同分子量和化学结构稍有差异的混合物,它们通常占土壤有机质的 85%以上。

(1)腐殖质的分离与组成　土壤腐殖质由三大部分组成,即胡敏素、胡敏酸和富里酸,如图 2-6 所示。胡敏素与土壤结合较紧,一般不易提取出来。胡敏酸与富里酸合称腐殖酸,不同土壤中所占比例不同,一般在 60%左右。其主体为有着不同分子质量和结构的腐殖酸及其和金属离子相结合的盐类,一般占 85%～90%,其余为微生物代谢产生的简单化合物,例如糖类等。

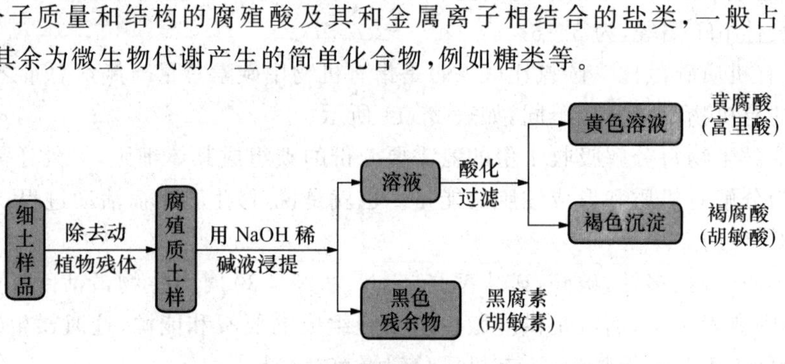

图 2-6 土壤腐殖质的分离与组成示意图

(2)腐殖质的主要性质

①腐殖质的元素组成 腐殖质的元素组成反映土壤自然条件和腐殖化特点，主要有C,H,O,N,S。其中：含碳55%～60%(以58%为平均数)；含氮3%～6%，平均为5.6%；C/N平均为(10～12)∶1；C∶N∶P∶S约为100∶10∶1∶1，甚至120∶10∶1∶1。

②腐殖质的官能团 腐殖质所表现的物理、化学和物化性质，主要是其表面官能团的作用。腐殖质胶体具有巨大的表面积，含有大量的官能团，例如羧基、酚羟基、醇羟基、醌基、酮基、甲氧基等。

③土壤和腐殖质中的氨基酸组成 土壤中的氨基酸主要存在于土壤有机质中，或与矿质胶体相结合，除一小部分由植物残体的蛋白质经微生物酶的作用水解而成外，大部分是微生物的蛋白质分解而成。不同土壤氨基酸组成有一致性，也有差异性，主要由生物气候带特点决定。

5. 土壤有机质的作用

(1)腐殖质供应多种养料 腐殖质是稳定长效的氮源物质，可供应多种养分。含氮多的腐殖质比一般腐殖物质易矿化，矿化速率可达4%～6%。矿化过程中不断释放N,S,P养分。

(2)增加土壤保肥力 腐殖质带正、负电荷，吸附土壤中的阴、阳离子，使其避免流失，保存土壤肥力。

(3)促进土壤团粒结构形成，改良土壤物理性质 腐殖质胶膜包被黏粒，使黏土块状结构变得松散，形成团粒结构；增加砂粒的黏结性，促进团粒结构的形成。使土壤通气蓄水，耕性好。

(4)增加土壤蓄水性，改善通气性 腐殖质蓄水性强，有机泥炭吸水率达800%～1 500%，一般矿质土壤中有机质吸水率至少为150%，高的可达400%～600%。

(5)增加土壤颜色，利于吸热增温 腐殖质色深，土壤中有机质含量高，有利于吸收太阳辐射能。

二、土壤的液相组成

土壤水分是植物生活的基本条件，是土壤肥力的重要因素。“有收无收在于水，收多收少在于肥”，说明水在农业生产中的重要作用。一般植物含水量达60%～70%，蔬菜和块茎、块根类植物含水量达90%～95%。土壤中矿物质的风化、有机质的合成与分解以及土壤中一切物质的转化和营养元素的溶解与吸收都必须有水分参与。同时，土壤水分是土壤肥力因素中最活跃的因素。

(一)土壤水分的类型及性质

依据水分在土壤中所受力(即吸附力、毛管力、重力)的类型把土壤水划分为吸附水、毛管水和重力水等。

1. 吸附水

(1)吸湿水(紧束缚水) 由固体土粒表面分子引力和静电引力对空气中的水汽分子产生的吸附力而紧密保持的水分称吸湿水,通常只有2～3个水分子层。由于土粒对水汽分子的这种吸附力高达成千上万个大气压,所以这层水分子是定向而紧密排列,水分不能自由移动,没有溶解能力,属于无效水。

土壤吸湿水含量的高低主要取决于土粒的比表面积和大气相对湿度。一般土壤质地越黏重,含水量越高,大气相对湿度越大,吸湿水的含量越高。土壤的吸湿水含量达到最大值时的土壤含水量称为最大吸湿量。

吸湿水有如下性质:①紧靠土粒表面的水分子受到的吸持力范围为(3.1～1 000)$\times10^6$ Pa。②密度1.2～2.4 g/cm^3,平均1.5 g/cm^3,表现出固态水的性质。③冰点低至−7.8℃,不能移动,没有溶解能力。

吸湿水对植物是一种无效水,土壤在水汽相对饱和的环境中(相对湿度100%)吸持水分子可达到最大量,此时土壤的含水量称为最大吸湿量或吸湿系数,不同土壤吸湿系数不同。

(2)膜状水(松束缚水) 吸湿水达到最大量时,土粒残余的吸附力吸附液态水分,在吸湿水的外围形成一层水膜,称膜状水。膜状水能从膜厚的地方向薄的部位移动,这部分能移动的水可被作物吸收利用,但是它仍然受到土粒吸附力的束缚,移动缓慢,不能满足植物的需要。

膜状水达到最大量时的土壤含水量称为最大分子持水量。它包括吸湿水和膜状水。作物无法从土壤中吸收水分而呈现永久凋萎,此时的土壤含水量称为凋萎系数。凋萎系数与土壤质地有关,一般黏土＞壤土＞砂土。

膜状水具有如下性质:①膜状水被土粒吸持的力为(0.625～3.1)$\times10^6$ Pa,所受引力大于常态水。由于一般植物根的吸水力平均为1.5$\times10^6$ Pa ,所以超过土粒吸持力1.5$\times10^6$ Pa的那部分膜状水就不能被植物利用。②平均密度为1.25 g/cm^3。③冰点约为−4℃,微有溶解能力。④膜状水虽不能在重力作用下移动,但本身可以从水膜厚处向水膜薄处移动,但速度非常缓慢,一般为0.2～0.4 mm/h。

查一查

如何判定植物出现永久凋萎?

2. 毛管水

当土壤水分含量达到最大分子持水量时，土壤水分就不再受土粒吸附力的束缚，成为可以移动的自由水，这时靠毛管力保持在土壤孔隙中的水分称为土壤毛管水。毛管水可以在土壤毛管中上下左右移动，具有溶解养分的能力，作物可以吸收利用。毛管水的数量主要取决于土壤质地、腐殖质含量和土壤结构状况。根据土层中毛管水与地下水有无连接，通常将毛管水分为毛管上升水和毛管悬着水。

(1)毛管上升水　地下水随毛管上升而保持在土壤中的水分称毛管上升水。毛管上升水与地下水位有密切的关系，会随着地下水位的变化而产生变化，地下水位适当时它是作物水分的重要来源。毛管上升水达到最大量时的土壤含水量称土壤毛管持水量。

(2)毛管悬着水　在地下水位很深的地区，降雨或灌水之后，由于毛管引力而保持在土壤上层中的水分称为毛管悬着水。它与地下水位没有关系，好像悬浮在土层中一样。它是植物水分的重要来源，对植物的生长意义重大。毛管悬着水达到最大量时的土壤含水量称田间持水量。田间持水量的变化范围：砂土为 160～220 g/kg，壤土为 220～300 g/kg，黏土为 280～350 g/kg。

3. 重力水

土壤含水量超过田间持水量时，多余的水分受到重力的作用而向下渗透，这种水分称重力水。重力水达到饱和时，土壤所有的孔隙都充满水分，这时的土壤含水量称为饱和持水量或全持水量。对于旱地土壤来说，重力水往往成为多余水或有害水，而对于水田，重力水的存在则是必需的。

(二)土壤含水量的表示方法

1. 质量含水量

土壤中保持的水分质量占干土质量的百分数称为土壤质量含水量。

$$\text{土壤质量含水量}=\frac{\text{湿土质量(g)}-\text{干土质量(g)}}{\text{干土质量(g)}}\times 100\%$$

干土质量是指在 105℃下烘至恒重时的土壤质量。

2. 容积含水量

土壤水体积占土壤容积的百分数称为土壤容积含水量。

$$\text{土壤容积含水量}=\frac{\text{土壤水体积}}{\text{土壤容积}}\times 100\%=\text{土壤质量含水量}\times\text{土壤容重}$$

3. 相对含水量

相对含水量即土壤含水量占田间持水量的百分率。避开质地对土壤水分含量的影响，说明毛管悬着水的饱和程度、水分的有效性以及水汽比例。一般相对含水量以60%～80%为宜。

$$相对含水量=\frac{土壤含水量}{田间持水量}\times 100\%$$

4. 水层厚度

水层厚度是指一定厚度、一定面积的土壤中的含水量相当的同面积水层的厚度。单位为mm。

水层厚度=土层厚度×质量含水量×土壤容量

(三)土壤水分的有效性

土壤水分的有效性是指土壤水分能够被植物吸收利用的难易程度，不能被植物吸收利用的水称无效水，能被植物吸收利用的水称为有效水(图2-7)。通常把土壤的凋萎系数看成土壤有效水分的下限，田间持水量看作旱地土壤有效水分的上限，所以

旱地土壤最大有效水分含量=田间持水量—凋萎系数

旱地土壤有效水分含量=土壤含水量—凋萎系数

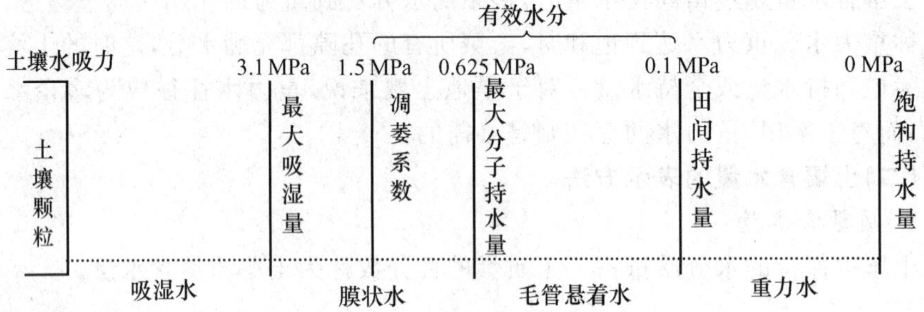

图2-7 土壤水分类型及其有效性

土壤水分有效性受质地、结构、有机质影响。①砂土持水量小，有效水范围小；黏土田间持水量高于壤土，但凋萎系数高，有效水范围小于壤土。②有机质吸水力高，凋萎系数也高，仅在一定程度上才能增大有效水范围。③团粒结构土壤田间持水量高于无结构土壤，有效水范围大。见表2-12。

(四)土壤水分的保蓄与调节

使土壤中经常保持适量的水分，及时满足作物对水分的需要，是取得作物丰产的关键。保蓄和调节土壤水分的方法有以下几个途径：

(1)改良土壤，增施有机肥料，提高保水能力　土壤保持水分主要靠土粒的总

表面积及土粒之间的毛管孔隙。因此，砂土持水力小，黏土持水力大。但黏土如过于紧实，所保持的水分多是无效态水。因此，深耕、耙地、冻融、晒垡、黏土掺砂、砂土掺黏、种植绿肥作物及增施有机肥料等都能有效地调节土壤的透水性和蓄水性，提高土壤的有效含水量。

表 2-12　土壤质地、有机质含量与土壤有效水分含量的关系　%

参数	土壤类型				
	砂土	砂壤土	壤土	黏土	泥炭土
田间持水量	3～6	6～12	12～23	21～23	160～200
凋萎系数	0～0.3	0.3～3.0	3.0～12	12～15	60～80
有效水分含量	2.9～5.7	5.7～9.0	9～11	9～8	100～120

(2)及时中耕松土，切断毛管联系，减少水分蒸发　土壤含水量大于田间持水量时，毛管水运动强烈，水分蒸发最快。当土壤水分介于田间持水量至毛管断裂含水量时，土壤水分充足，表土潮湿，是旱作适宜的土壤湿度，这阶段是保水的关键时期，应及时进行松土、耙地，切断毛细管，减少土壤蒸发；当含水量逐渐下降至小于毛管断裂含水量时，蒸发速度显著减少；当土壤含水量进一步降低时，土壤水分即以水汽扩散为主，蒸发速度很慢。因此，下雨或灌溉后，应及早中耕松土，切断毛细管联系，减少土壤蒸发。但是，当干旱严重时土壤水分含量锐减，毛管水运动已趋停止，以水汽扩散为主，这时如继续中耕松土，表面疏松，大孔隙多，会加剧水汽扩散，干旱现象越趋严重。

(3)搞好农田基本建设，合理耕作，减少水分渗漏　通过农田基本建设和耕作、灌溉、施肥、改土等措施，增强土壤的保水能力，减少水分的过度下渗，是保蓄土壤水分的重要措施。水田渗漏量的大小与水田梯距高低、田块大小、形状、质地层次、地下水位高低以及距排水沟远近有关。如田面过窄，上下梯距大，地下水位低，质地较轻，则排水困难。漏水田则多发生在富含蒙脱石的黏质田块上，由于过分落干或晒田，使土壤发生强烈收缩而形成大裂缝，再灌溉时就会出现漏水现象。种植绿肥、增施有机肥、多耕多耙、黏重稻田不过分晒田等均是防止水田漏水的重要措施。

(4)创造良好的土层构造　各土层中质地及松紧度的状况和层次排列，对土壤蓄水保水影响很大。在质地不同的土层中，如果土层的排列是上砂下黏，下雨或灌溉时，水分渗入较多、较快，透水、蓄水能力较强；天晴时上层水分主要由气态水扩散损失，下层黏土水分不易上升到砂层向地表蒸发，土壤水分损失少；同时在地下水位较高的情况下，地下水还能沿黏土层的毛管上升，丰富黏土层水分。上黏下砂的土壤，下雨或灌溉时，水分渗入困难，透水蓄水能力弱，抗旱能力弱。

质地相同的土壤中，土壤松紧度不同，则会造成不同的孔隙状况，如出现上松下实，有利于透水蓄水，抗旱保墒；上实下松的土层则反之。所以通过农业技术措施，创造上轻下重、上松下实的土层构造能有效地起到蓄水保墒、调节土壤水分供应的作用。

三、土壤的气相组成

土壤空气如同土壤水分一样，也是土壤肥力的重要因素之一。土壤空气的数量和组成直接影响到种子的萌发、根系的发育、微生物的活动以及土壤的理化性质。

(一)土壤空气组成特性

土壤空气主要来自大气，它占据于土壤孔隙中，其组成基本与大气相似，但是土壤中植物根系和微生物生命活动的影响及其生物化学作用的结果，使土壤空气和大气在组成和含量上存在一定的差异，见表 2-13。

表 2-13 大气与土壤空气的平均组成 %

气体	O_2	CO_2	N_2 和其他气体
大气	20.97	0.03	79
土壤空气	20.60	0.25	79.2

引自：《土壤肥料》，金为民，2001。

土壤空气与大气比较有以下特点：

(1)土壤空气中 O_2 的浓度比大气低，这是土壤中的各类生物消耗了 O_2 的结果。

(2)土壤中 CO_2 的含量比大气高，原因有三：①有机质氧化分解产生大量 CO_2；②植物根系在呼吸作用时，产生大量 CO_2；③土壤中的碳酸盐遇无机酸或有机酸的作用，产生 CO_2。

(3)土壤中的水汽呈饱和状态，而大气则呈非饱和状态。

(4)土壤空气中有时含少量的还原性气体，如 CH_4，H_2S，NH_3，H_2 等，一般是渍水土壤中含量较多，危害植物的生长。

(二)土壤通气性及其调节措施

1. 土壤空气交换的主要形式

土壤通气性又称土壤透气性，是指土壤空气与近地层大气进行气体交换以及土体内部允许气体扩散和流动的性能。产生通气性的机制主要有以下两方面。

(1)土壤空气的整体交换　土壤空气在温度、气压、风、雨水或灌溉水等因素的影响下,整体排出土壤,同时大气也整体进入土壤中,这种气体交换形式叫整体交换。

(2)气体的扩散作用　因土壤空气中 O_2 的浓度低于大气,而 CO_2 的浓度高于大气,因而使大气中的 O_2 进入土壤,CO_2 则由土壤进入大气。这是因为气体运动规律总是由高浓度向低浓度方向运动,浓度差愈大,扩散速度愈快。由于土壤中生物活动的结果,所以土壤中不断地吸收 O_2,放出的 CO_2,使扩散作用永远不会停止。

土壤孔隙状况,特别是非毛管孔隙的多少,是影响空气交换的主要因素。一般质地较砂、结构较好、有机质含量较高、水分含量较少的土壤都有利于进行空气交换。

2. 土壤空气状况的调节

(1)开沟排水,消除渍害　旱地作物的渍害主要是由地面水、浅层水和地下水造成的。地面水渍害时,由于地面有明水渍涝,易于及时观察。浅层水为害是由于暴雨、长期阴雨或灌水量过大等引起的。在底土层黏重或耕层之下有一透水性差的黏土层做隔离层,加之田间沟道不畅而发生的,因此浅层水为害比较广泛,在平原、丘陵、山区都可发生。地下水为害主要在地下水位高的平原湖区易发生。

开沟排水是预防和消除地面水为害的根本措施;消除地下水为害主要是采用开挖深沟大渠、深沟窄厢、埋设地下暗沟、暗管以及垄作等措施来降低地下水位,排除渍涝。各种作物对地下水位的限度要求见表 2-14。因此,必须根据不同作物的要求,将地下水位降到最高限度以下。

表 2-14　各种作物对地下水位的限度要求

作物	地下水位/m	作物	地下水位/m
棉花	1～1.4	小麦	0.5～0.6
大豆	0.5～0.6	油菜	0.8～1.0
大麦	0.6～0.7		

引自:《土壤肥料》,金为民,2001。

此外,改善土壤本身的条件,如掺砂改黏,增施有机肥,增加土壤大孔隙,加深耕层,破除隔离层等,都有助于通气排水,增强土壤抗渍能力。

(2)改善环境条件,合理灌溉排水　稻田如长期淹水,水层中溶解的 O_2 被水稻根的呼吸作用和有机物的氧化、分解而大量消耗,O_2 得不到及时更新。因此,稻田通气性差，氧化还原电位(Eh)值低。所以稻田灌水宜浅水勤灌，这有利于稻田土壤的气体交换和 O_2 的补给，减少还原性有毒物质为害。

排水晒田能显著改变稻田土壤的氧化还原状态，同时还促进了好气性细菌的活动和有机质的矿质化，使土壤有效养分增加；此外，晒田还对土壤的整个理化性状和田间小气候状况都产生良好的影响。

(3)合理施用有机肥　有机质，特别是新鲜易分解的有机质，是土壤中的强还原剂。因此，绿肥压青或施用其他新鲜易分解的有机肥时，应注意施肥量或配合其他难分解的粗有机质，以免分解过快而引起 Eh 值急速下降。同时，可利用排水晒田，加快有毒物质氧化，促进秧苗的扎根生长。

(三)土壤空气对土壤肥力和作物生长的影响

1. 影响种子的萌发

土壤空气中 O_2 浓度的提高可促进种子发芽，CO_2 浓度过高则抑制种子发芽。一般种子正常萌发要求 O_2 的浓度在 10%以上，如果土壤空气含 O_2 量低于 5%，种子萌发受到抑制。因此，O_2 浓度的高低对种子萌发是极为重要的。在生产中，播种过深、土壤渍水、雨后土壤板结等因素都会使种子得不到充分的 O_2，从而影响种子的发芽率。

2. 影响植物根系生长和吸收功能

土壤通气良好时，植物根系长，颜色浅，根毛多；通气不良，根系则短而粗，根毛大量减少。研究表明，土壤通气良好，在一定范围内，根系吸收矿质营养就多，见表 2-15。

表 2-15　土壤空气中氧浓度对营养元素吸收的影响

实验区氧浓度/%	单株营养元素吸收量/mg								
	番茄			黄瓜			茄子		
	N	P	K	N	P	K	N	P	K
2	280.1	31.3	252.3	317.4	35.2	253.8	297.2	27.9	296.5
5	526.5	64.1	561.9	445.8	70.7	472.5	459.0	45.9	554.2
10	550.2	85.0	686.2	555.3	90.1	660.6	623.3	58.0	691.7
20	524.9	88.3	674.6	720.0	102.1	762.8	618.4	58.0	697.1

3. 影响微生物活性与有毒物质的产生

土壤中空气的含量对微生物活动有显著影响。O_2 充足时，好气微生物活动旺盛，有机质分解速度快，土壤速效养分的含量高；反之，土壤中嫌气微生物活动旺盛，有利于土壤有机质的腐殖化，增加土壤有机质含量，但易产生大量还原性气体和低价的铁、锰等还原性物质，从而使作物受到抑制或毒害。此外，在不良通气条件下，因 O_2 不足，CO_2 过多，土壤酸度增加，适于致病霉菌生长，使作物易感染病害。

4. 影响土壤的氧化—还原状况

土壤通气良好时呈氧化状态，通气不良时则为还原状态。可用氧化还原电位(Eh)表示，Eh 值的高低反映土壤氧化还原的水平和土壤中物质转化与存在状态。如果土壤通气过强，而其他条件又很适宜，则有机物分解迅速，可能造成土壤速效养分的损失。若是土壤通气不良，Eh 值在 －100 mV 以下，则还原过程旺盛，土壤中会出现大量 Fe^{2+}，Mn^{2+} 和其他还原性物质，浓度过高都会对植物产生毒害。

技能训练 1　土壤农化样品的采集与制备

一、技能目标

土壤样品的采集与制备，是土壤分析工作中的一个重要环节。其正确与否，直接影响分析结果的准确性和有无应用价值，必须按科学的方法进行采样和制样。通过训练，使学生初步掌握耕层土壤混合样品的采集和制备方法。

二、方法原理

通过多点采样，用四分法取舍样品数量，使土样具有代表性；根据农化分析的要求，将采集的土样磨成一定的细度，以保证分析结果的可比性。

三、实验材料

小铁铲(或锄头)、布袋(或塑料袋)、标签、铅笔、钢卷尺、木锤、镊子、土壤筛(18 目、60 目)、广口瓶、研钵和盛土盘等。

查一查

土壤筛目数与筛孔直径如何换算？

四、训练操作规程

为使样品具有最大的代表性，在采集与制备样品的过程中，按“随机”、“多点”

和“均匀”的方法进行操作。

1. 土壤样品的采集

(1)选点与布点 根据土壤类型、地形、前茬及肥力状况，避免田边、路旁、沟边、挖方、填方及堆肥等特殊地方，选择典型地块；采用蛇形、对角线、棋盘式等方法布点(图 2-8)；根据采样区域大小和土壤肥力差异情况，酌情采集 5～20 个点。

(2)样品采集 在确定采样点上，先将 2～3 mm 表土刮去，然后用土钻或小铁铲垂直入土 15～20 cm 取土，每点的取土深度、数量应尽量一致。

(3)样品混合 将各点土样在盛土盘上集中起来，选去石砾、虫壳、根系等物质，混合均匀，采用四分法，弃去多余的土(图 2-9)，直至所需数量，以 1 kg 左右为宜。

(4)填写标签 采好后的土样装入布袋中，立即写标签，一式两份。一份系在布袋外，一份放入布袋内，标签写明采样地点、深度、样品编号、日期、土样名称等。同时将此内容登记在专门的记载本上备查。

2. 土壤样品的制备

(1)风干剔杂 将新鲜土样铺平放在木板上或光滑的厚纸上，厚 2～3 cm，放置在阴凉、通气清洁的室内风干，剔除根茎叶、虫体、新生物、侵入体等。严禁暴晒或受到酸、碱气体等物质的污染。

(2)磨细过筛 将风干以后的土样平铺在木板或塑料布上，用木棒碾碎，边磨边筛，直到全部通过 1 mm 筛为止，3/4 装瓶；剩余 1/4 土样，继续研磨至全部通过 0.25 mm 筛，装瓶。

(3)样品保存 过筛后的两份土样分别充分混合后，装入具有磨口塞的广口瓶中，内外各附标签一张，标签上写明土壤样品编号、采样地点、土壤名称、深度、筛孔号、采集人及日期等。保存期间应避免日光、高温、潮湿及酸碱气体的影响和污染，有效期一年左右。

五、方法说明

1. 布点方式

如图 2-8 所示。

2. 四分法

如图 2-9 所示。

六、分析思考

1. 在土样采集和制备过程中，应注意哪些问题？

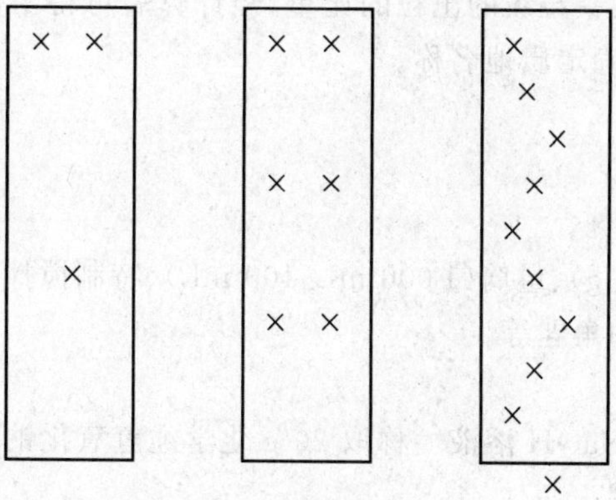

×代表采样点位置。

图 2-8　土壤采样点的布点方式

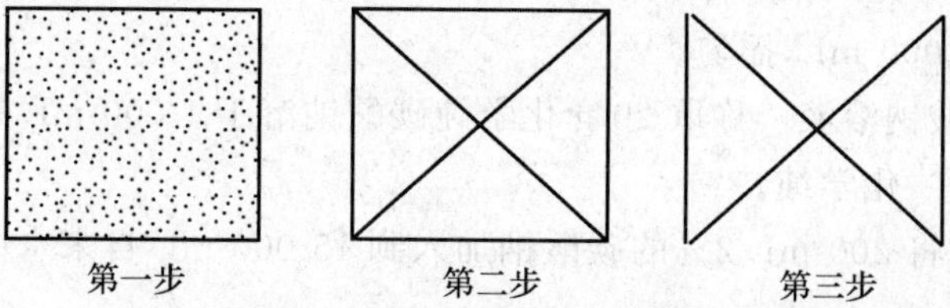

图 2-9　四分法取样步骤图

2. 为什么不能直接在磨细通过 18 目筛孔的土样中筛出一部分作为 60 目土样呢？

技能训练 2　土壤质地测定

一、技能目标

熟练应用简易比重计法和手测法判断当地土壤质地类型，为农业生产提供依据。

二、方法原理

土样经物理或化学方法分散成单粒后，制成一定容积的悬浊液，使土粒在其中自由沉降。粒径越大的颗粒，沉降的速度越快。根据司笃克斯定律计算在一定温度下某一粒级土粒下沉所需时间。经过一定的沉降时间后，用特制的甲种比重计测得悬浊液中小于某一粒级的土粒的比重，经计算后可得出该粒级土粒在土壤中的质量百分数，查表确定质地名称。

三、实验材料

1. 用具

天平(感量 0.01 g)、量筒(1 000 mL、100 mL)、特制搅拌棒、甲种比重计、温度计(100℃)、研磨棒和角匙等。

2. 试剂

(1)0.5 mol/L NaOH 溶液　称取 20 g 化学纯氢氧化钠，加蒸馏水溶解后，定容至 1 000 mL，摇匀。

(2)0.25 mol/L 草酸钠溶液　称取 33.5 g 化学纯草酸钠，加蒸馏水溶解后，定容至 1 000 mL，摇匀。

(3)0.5 mol/L 六偏磷酸钠溶液　称取 51 g 化学纯六偏磷酸钠，加蒸馏水溶解后，定容至 1 000 mL，摇匀。

(4)2%碳酸钠溶液　称取 20 g 化学纯碳酸钠溶于 1 000 mL 的蒸馏水中。

(5)异戊醇　化学纯。

(6)软水　将 200 mL 2%的碳酸钠加入到 15 000 mL 自来水中，静置过夜，上清液即为软水。

四、训练操作规程

1. 简易比重计法

(1)样品称量　称取通过 1 mm 筛孔的风干土样 50 g(称量精确到 0.01 g)，置于 500 mL 三角瓶，供分散处理用。

(2)样品分散　根据土壤 pH 选择加入相应的分散剂，石灰性土壤加 0.5 mol/L 六偏磷酸钠 60 mL；中性土壤加 0.25 mol/L 草酸钠 20 mL；酸性土壤加 0.5 mol/L NaOH 40 mL。再加 100～150 mL 软水，研磨至少 5 min 以上，静置 30 min。

(3)悬浊液制备　分散后的土样用软水洗入1 000 mL 量筒中，并定容至满刻度；将温度计插入悬浊液测定并记录温度，查表确定沉降时间(参见表 2-17)。用搅拌棒在沉降筒内沿上下方向充分搅拌悬浊液 1 min 以上。搅拌结束后，让土粒自由沉降并开始记录沉降时间。

(4)比重测定　快到沉降时间时，提前半分钟将甲种比重计放入沉降筒，沉降时间到开始读数，并记录读数。读数以弯月面上缘为准；若有气泡，可加几滴异戊醇。

(5)空白实验 必须同时做两个空白试验,取其平均值。

2. 手测法

手测法是凭手的感觉和经验来判断土壤质地的方法,一般分成干测法和湿测法两种,判定标准见表 2-16。

(1)干测法 剔除土样中的植物根、结核体、侵入体,取玉米粒大小的干土块,放在拇指和食指之间使之破碎,并进行摩擦,根据指压用力大小和摩擦时的感觉来判断。

(2)湿测法 取一小块土,放在手中捏碎,加少许水,以土粒充分浸润为度,根据能否搓成球、条及弯曲时断裂情况加以判断。

表 2-16 土壤质地手测法判断标准

质地名称	指间挤压或摩擦时的感觉	湿润揉搓时的表现
砂土	很粗糙,捏时有很重的沙性感,发出沙沙声	能捏成团,松散碎,不能成片
砂壤土	粗糙,干土块用小力可捏碎,摩擦有轻微的沙沙声	能搓成表面不光滑的小球,不能搓成条
轻壤土	干土块稍加力挤压可碎,手捻有粗糙感	可成较薄短片,较平滑,片长不超过 1 cm,可搓成直径约 3 mm 土条,但提起后易断裂
中壤土	干土块稍加大力能压碎,成粗细不同的粉末,稍有沙性感	可成较长薄片,平滑,可搓成直径 3 mm 土条,提起易断裂,弯成小圈即断裂
重壤土	干土块用大力可挤压破碎,成粗细不同粉末,无沙性感	可成较长薄片,平滑,有弱反光,可搓成直径 2 mm 土条,能弯成周长 2～3 cm 小圈,压扁时有缝
黏土	干土块很硬,用手不能压碎,摩擦有滑腻感	可成较长薄片,光滑,有强反光,不断裂,可搓成土条并弯成周长 2 cm 小圈,压扁无裂缝

五、结果计算与分析

1. 结果计算

(1)比重计读数校正

$$校正值=分散剂校正值+温度校正值$$

注:分散剂校正值=分散剂体积(mL)×分散剂浓度(mol/L)×分散剂相对分

子质量；温度校正值可从表 2 - 18 中查到。

$$校正后读数=比重计读数-校正值$$

(2)小于某粒径土粒含量

$$小于某粒径土粒含量=\frac{校正后读数}{烘干土样重}\times 100\%$$

2. 分析思考

(1)质地测定前，为什么要对土样进行分散？

(2)为什么要进行温度校正和分散剂校正？

3. 附表

不同粒径土粒的沉降时间和甲种比重计温度校正值见表 2 - 17 和表 2 - 18。

表 2 - 17　小于某粒径土粒的沉降时间

温度/℃	<0.05 mm			<0.01 mm			<0.005 mm			<0.001 mm		
	h	min	s	h	min	s	h	min	s	h	min	s
10		1	18		35		2	25		48		
11		1	15		34		2	25		48		
12		1	12		33		2	20		48		
13		1	10		32		2	15		48		
14		1	10		31		2	15		48		
15		1	8		30		2	15		48		
16		1	6		29		2	5		48		
17		1	5		28		2	0		48		
18		1	2		27	30	1	55		48		
19		1	0		27		1	55		48		
20			58		26		1	50		48		
21			56		26		1	50		48		
22			55		25		1	50		48		
23			54		24	30	1	45		48		
24			54		24		1	45		48		
25			53		23	30	1	40		48		
26			51		23		1	35		48		
27			50		22		1	30		48		
28			48		21	30	1	30		48		
29			46		21		1	30		48		
30			45		20		1	28		48		

表 2-18　甲种比重计温度校正值　℃

温度	校正值	温度	校正值	温度	校正值
15	−1.2	19	−0.3	23	+0.9
16	−1.0	20	0	24	+1.3
17	−0.8	21	+0.3	25	+1.7
18	−0.5	22	+0.6	26	+2.1

技能训练 3　土壤有机质含量的测定

一、技能目标

土壤有机质含量是衡量土壤肥力的重要指标，对了解土壤肥力状况，进行培肥、改土有一定的指导意义。通过训练了解土壤有机质测定原理，初步掌握测定有机质含量的方法及注意事项。能比较准确地测出土壤有机质含量。

二、方法原理

在加热条件下，用稍过量的标准重铬酸钾-硫酸溶液氧化土壤有机碳，剩余的重铬酸钾用标准硫酸亚铁（或硫酸亚铁铵）滴定，由所消耗标准硫酸亚铁的量计算出有机碳量，从而推算出有机质的含量，其反应式如下：

$$2K_2Cr_2O_7+3C+8H_2SO_4 \longrightarrow 2K_2SO_4+2Cr_2(SO_4)_3+3CO_2+8H_2O$$

$$K_2Cr_2O_7+6FeSO_4+7H_2SO_4 \longrightarrow K_2SO_4+Cr_2(SO_4)_3+3Fe_2(SO_4)_3+7H_2O$$

用 Fe^{2+} 滴定剩余的 $K_2Cr_2O_7$ 时，以邻啡罗啉（$C_2H_8N_2$）为氧化还原指示剂，在滴定过程中指示剂的变色过程如下：开始时溶液以重铬酸钾的橙色为主，此时指示剂在氧化条件下，呈淡蓝色，被重铬酸钾的橙色掩盖，滴定时溶液逐渐呈绿色（Cr^{3+}），至接近终点时变为灰绿色。当 Fe^{2+} 溶液过量半滴时，溶液则变成棕红色，表示颜色已到终点。

三、实验材料

1. 仪器用具

硬质试管（18 mm×180 mm）、油浴锅、铁丝笼、电炉、温度计（0～200℃）、分析天平（感量 0.000 1 g）、滴定管（25 mL）、移液管（5 mL）、漏斗（3～4 cm），三角瓶

(250 mL)、量筒(10 mL,100 mL)、草纸或卫生纸。

2. 试剂及配制

(1)0.133 3 mol/L 重铬酸钾标准溶液　称取经过 130℃烘烧 3～4 h 的分析纯重铬酸钾 39.216 g,溶解于 400 mL 蒸馏水中,必要时可加热溶解,冷却后用蒸馏水定容到 1 000 mL,摇匀备用。

(2)0.2 mol/L 硫酸亚铁($FeSO_4 \cdot 7H_2O$)或硫酸亚铁铵溶液　称取化学纯硫酸亚铁 55.60 g 或硫酸亚铁铵 78.43 g,溶于蒸馏水中,加 6 mol/L H_2SO_4 1.5 mL,再加蒸馏水定容到 1 000 mL 备用。

(3)硫酸亚铁溶液的标定　准确吸取 3 份0.133 3 mol/L $K_2Cr_2O_7$ 标准溶液各 5.0 mL 于 250 mL 三角瓶中,各加 5 mL 6 mol/L H_2SO_4 和 15 mL 蒸馏水,再加入邻啡罗啉指示剂 3～5 滴,摇匀,然后用 0.2 mol/L $FeSO_4$ 溶液滴定至棕红色为止,其浓度计算为:

$$c = \frac{6 \times 0.133\,3 \times 5.0}{V}$$

式中:c 为硫酸亚铁溶液摩尔浓度,mol/L;V 为滴定用去的硫酸亚铁的体积,mL;6 为 6 mol $FeSO_4$ 与 1 mol $K_2Cr_2O_7$ 完全反应的摩尔系数比值。

(4)邻啡罗啉指示剂　称取化学纯硫酸亚铁 0.659 g 和分析纯邻啡罗啉1.485 g 溶于 100 mL 蒸馏水中,贮于棕色滴瓶中备用。

(5)石蜡　(固体)或磷酸或植物油　2.5 kg。

(6)6 mol/L 硫酸溶液　在 2 体积水中加入 1 体积浓硫酸。

(7)浓 H_2SO_4　化学纯,密度 1.84 g/cm^3。

四、训练操作规程

1. 样品称量

准确称取通过 60 目筛的风干土样 0.100 0～0.500 0 g,放入干燥硬质试管中,记录土样质量。用移液管准确加入 0.133 3 mol/L 重铬酸钾溶液 5.00 mL,再用量筒加入浓硫酸 5 mL,小心摇动。

2. 样品的消煮

将试管插入铁丝笼内,放入预先加热至 185～190℃的油浴锅中,此时温度控制在 170～180℃,自试管内大量出现气泡时开始计时,保持溶液沸腾 5 min,取出铁丝笼,待试管稍冷却后,用草纸擦拭干净试管外部油液,放凉。

3. 消煮液的处理

经冷却后,将试管内容物用蒸馏水洗入 250 mL 的三角瓶中,使溶液的总体积为 60～80 mL，浓度为 2～3 mol/L，加入邻啡罗啉指示剂 3～5 滴，摇匀。

4. 样品滴定

用标准的硫酸亚铁溶液滴定，溶液颜色由橙色(或黄绿色)经绿色、灰绿色突变到棕红色即为终点。

5. 空白实验

在测定样品的同时，必须做两个空白试验，取其平均值，空白试验用石英砂或灼烧的土代替土样，其余步骤同土样测定(空白实验不能省略)。

五、结果计算与分析

1. 结果计算

$$有机质含量 = c \times \frac{(V_0 - V) \times 0.003 \times 1.724 \times 1.1}{风干土样质量 \times 水分系数} \times 100\%$$

式中：c 为硫酸亚铁消耗摩尔浓度，mol/L；V_0 为空白实验消耗的硫酸亚铁溶液的体积，mL；V 为滴定待测土样消耗的硫酸亚铁溶液的体积，mL；0.003 为 1/4 mmol 碳的质量，g；1.724 为由土壤有机碳换算成有机质的换算系数；1.1 为校正系数(用此法氧化率为 90%)。

2. 分析思考

(1)测定土壤有机质时，加入 $K_2Cr_2O_7$ 和 H_2SO_4 的作用是什么？

(2)为什么在滴定时，消耗的硫酸亚铁量小于空白 1/3 时要弃去重做？

(3)为什么重铬酸钾溶液需要用移液管准确加入，而浓硫酸则可用量筒取呢？

(4)试述滴定时溶液的变色过程，为什么会出现这样的颜色变化？

技能训练 4　土壤含水量测定

一、技能目标

土壤含水量是衡量对植物供应水分状况的重要指标，同时也是土壤各项分析结果计算的基础。通过训练，使学生掌握烘干法及酒精燃烧法测定土壤含水量的方法，能准确地测定土壤含水量，为及时进行灌溉、保墒或排水及总结作物丰产的水肥条件奠定基础。

二、方法原理

1. 烘干法

在(105±2)℃的条件下，水分从土壤中全部蒸发，而结构水不易破坏，土壤有机质也不致分解。因此，将土壤样品置于(105±2)℃下烘至恒重，根据烘干前后质量之差，计算土壤质量含水量。

2. 酒精燃烧法

本法是利用酒精在土壤样品中燃烧放出的热量，使土壤水分蒸发，通过土壤燃烧前后质量之差，计算土壤质量含水量。

烘干法是目前国际上土壤水分测定的标准方法，它具有准确度高、可批量测定的特点。酒精燃烧法测定的含水量准确度稍低，但具有快速简便的特点，在生产上有很高的应用价值。

三、实验材料

烘干箱、天平(感量 0.01 g，0.000 1 g)、干燥器、火柴、石棉网、称量瓶(或铝盒)、牛角勺、锹、小刀、95%酒精等。

四、训练操作规程

1. 酒精燃烧法

(1)称取新鲜土样 10.0 g 左右(精确到 0.01 g)，放入已知质量的铝盒中。

(2)向铝盒中滴加酒精，直到全部土面刚浸没为止，将铝盒在桌面上轻轻敲几下，使土样被酒精浸透。

(3)将铝盒放在石棉网上，点燃酒精，在酒精快要燃烧完时，用小刀轻轻翻动土样，加速水分蒸发，待火焰熄灭，样品冷却后，再滴加酒精至刚浸没土样，进行第二次燃烧，一般烧 3～4 次即可达到恒重，即前后两次之差小于 0.03 g。

2. 烘干法

烘干法适用于新鲜土样和风干土样。操作内容与酒精燃烧法基本相同，只是将酒精燃烧处理改为放入烘箱中烘干处理。计算方法也相同。

五、结果计算与分析思考

1. 结果计算

$$\text{土壤含水量}(W) = \frac{B-C}{C-A} \times 100\%$$

式中:A 为铝盒的质量,g;B 为土样与铝盒的质量,g;C 为烘干土与铝盒的质量,g。

2. 分析思考

(1)用酒精燃烧法测定土壤吸湿水含量是否适合？为什么？

(2)酒精燃烧法为什么不适合测定有机质含量高的土壤的水分？

单元小结

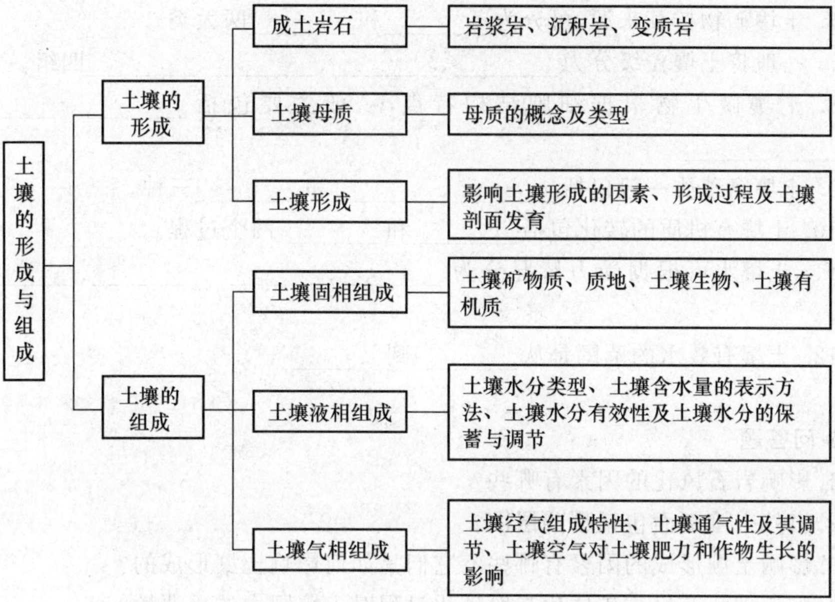

学练结合

➤名词解释

成土母质　土壤剖面　原生矿物　次生矿物　土壤粒级　土壤质地　土壤有机质　土壤腐殖质　土壤矿质化过程　土壤腐殖化过程　土壤吸湿水　土壤毛管水　吸湿系数　凋萎系数　田间持水量

➤填空题

1. 自然土壤是在________、________、________、________、________等成土因素的综合作用下逐渐发育形成的。

2. 自然土壤剖面的基本层次有________、________、________、________等；旱地耕作土壤剖面的基本层次有________、________、________、________等，水田土壤剖面的基本层次有________、________、________、________等。

3. 土壤固相物质主要包括________、________和________。

4. 根据岩石形成的方式不同，可将其分为________、________和________三大类。

5. 岩石风化作用有________、________和________三种类型。

6. 土壤矿物按其来源，可分为________和________两大类。

7. 一般将土壤粒级分为________、________、________、________四组。

8. 土壤微生物根据细胞结构特点，一般主要包括________、________、________、________等。

9. 土壤腐殖质一般包括________、________和________三种。

10. 土壤有机质的转化包括________和________两个过程。

11. 土壤水可根据受力情况分为________、________、________、________等类型。

12. 土壤有效水的范围是从________到________。

➤问答题

1. 影响岩石风化的因素有哪些？
2. 自然土壤剖面包括哪些层次？
3. 影响土壤形成的因素有哪些？它们是如何影响土壤形成的？
4. 如何理解有机质矿质化与腐殖化过程对土壤肥力的重要性？
5. 土壤水分有哪几种表示方法？
6. 为什么在相同含水量时砂土、壤土、黏土对植物的有效性不同？
7. 土壤空气组成有什么特点？

单元三　土壤的基本性质

学习目标

知识目标：

• 掌握土壤孔性、结构性、物理机械性、耕性、热特性、吸收性能、酸碱性及缓冲性等基本性质

• 了解土壤基本性质对土壤肥力和作物生长的影响

技能目标：

• 能够正确进行土壤容重测定，计算土壤孔隙度，判断土壤松紧状况

• 能够正确进行土壤酸碱度测定，判断土壤酸碱度状况

• 能够合理调节土壤基本性质，培肥土壤

第一节　土壤的物理性质

一、土壤孔性

土壤孔性是土壤的一项重要物理性质，对土壤肥力有多方面的影响。土壤的孔性反映在土壤的孔度、大小孔隙的分配及其在各土层中的分布情况等方面。土壤的孔性如何，决定于土壤的质地、有机质含量、松紧度和结构性。调节土壤的孔性，使其有利于土壤肥力的发挥和作物的生长发育，是土壤耕作管理的重要任务之一。

（一）土壤密度、容重的概念

1. 土壤密度

单位体积的固体土粒（不包括粒间孔隙）的质量叫做土壤密度或土粒密度，单位 g/cm^3。

土壤密度的数值大小，主要决定于土壤矿物质颗粒组成和腐殖质含量的多少。一般土壤的密度在 2.60～2.70 g/cm^3 范围内，通常取其平均值 2.65 g/cm^3，一般

土壤有机质的密度为 1.25～1.40 g/cm^3，故土壤中有机质含量愈高，土壤密度愈小。

2. 土壤容重

(1)概念　土壤容重即自然状态下单位体积干燥土壤(包括土壤孔隙在内)的质量，单位 g/cm^3。其数值大小随孔隙而变化，不是常数，大体为 1.00～1.80 g/cm^3。它与土壤内部性状如土壤结构、腐殖质含量及土壤松紧状况有关。

水田土壤水分饱和时的单位体积土壤(折成烘干土)质量称浸水容重。浸水容重的大小在一定程度上能反映出水稻土在泡水时的淀浆、板结和肥沃程度。

查一查

水田土壤耕层浸水容重一般是多少?

(2)特点

①土壤容重的数值小于土粒密度　因为计算容重的体积包括土粒间的孔隙部分。

②土壤容重可反映土壤的孔隙状况和松紧程度　砂土孔隙粗大，但数目较少，总的孔隙容积较小，容重较大；反之，黏土的孔隙容积较大，容重较小；壤土的情况介于两者之间。土壤愈疏松，或是土壤中有大量的根孔、小动物穴或裂隙，则孔度大而容重小；反之，土壤愈紧实则容重愈大。

③土壤容重值经常变化　由于经常受外部因素，如降雨、灌水、耕作活动的影响，因此土壤容重值经常发生变化。一般说来，砂质土壤的容重变化于 1.2～1.8 g/cm^3 之间，黏质土壤的容重变化于 1.0～1.5 g/cm^3 之间。一定条件下土壤容重值的大小是土壤肥力高低的重要标志之一。

(3)应用　土壤容重是一个十分重要的基本数据。生产实践中有多种用途。

①根据容重判断土壤的松紧状况　在土壤质地相同的条件下，容重的大小可以反映土壤的松紧度。容重小，表明土壤疏松多孔，结构性良好；反之，表明土壤紧实板结而缺少团粒结构。各种作物对土壤松紧度有一定的要求，过松过紧均不相宜。适宜于作物生长发育的土壤松紧度，因气候条件、土壤类型、质地和作物种类而异(表 3-1)。

②计算土壤重量　例如，1 hm^2 土地，耕层厚度为 20 cm，土壤容重为 1.15 g/cm^3，则它的总重量为：

$$100\times100\times0.2\times10^6\times1.15=2.3\times10^9(g)=2.3\times10^6\ kg$$

表 3-1　土壤容重、土壤孔隙度和土壤松紧状况的关系

土壤容重/(g/cm^3)	<1.00	1.00～1.14	1.14～1.26	1.26～1.30	>1.30
孔隙度/%	>60	60～56	56～52	52～50	<50
松紧程度	最松	松	适当	稍紧	紧

资料来源于原北京农业大学，为华北平原旱地土壤数据。

③计算土壤中一定土层内各种组分的数量　根据土壤容重可以计算单位面积土壤的含水量、有机质含量、养分含量和盐分含量等，作为灌溉排水、养分和盐分平衡计算以及施肥的依据。

例如，上例中的土壤耕层，现有土壤含水量为 5%，要求灌水后达到 25%，则每公顷的灌水定额应为：

$$2.3\times10^6\ \text{kg}\times(25\%-5\%)=4.6\times10^5\ \text{kg}$$

④计算土壤孔隙度　土壤孔隙度是土壤孔隙的数量标度，是指单位体积自然状态的土壤中所有孔隙容积占土壤总容积的百分数。

$$\begin{aligned}\text{土壤孔隙度}&=\frac{\text{孔隙体积}}{\text{土壤体积}}\times100\%=\frac{\text{土壤体积}-\text{土粒体积}}{\text{土壤体积}}\times100\%\\&=\left(1-\frac{\text{土粒体积}}{\text{土壤体积}}\right)\times100\%=\left(1-\frac{\text{土粒质量/土粒密度}}{\text{土粒质量/土壤容重}}\right)\times100\%\\&=\left(1-\frac{\text{土壤容重}}{\text{土粒密度}}\right)\times100\%\end{aligned}$$

土壤孔隙度的变幅一般在 30%～60%，适宜的孔隙度为 50%～60%。

(二)孔隙的类型和性质

1. 土壤孔隙的分级

(1)非活性孔隙　非活性孔隙是指土壤当量孔径<0.002 mm 的孔隙。这样的孔隙中充满着土粒吸附水(束缚水)，水分移动极慢且极难被植物利用，通气性差，所以称非活性孔或无效孔。

查一查

土壤当量孔径是怎么测出来的？

(2)毛管孔隙　毛管孔隙是指土壤中毛管水所占据的孔隙。土壤当量孔径为 0.02～0.002 mm。这种孔隙具有毛管作用，水在其中的传导率大，且易于被植物

吸收利用。

(3)通气孔隙(非毛管孔隙) 是指当量孔径＞0.02 mm的孔隙。这种孔隙中的水分可在重力作用下排出，因而成为空气的过道，所以叫做通气孔隙或非毛管孔隙。

2. 土壤的分级孔隙度

按照土壤中各级孔隙占的容积，可以计算各级孔隙度如下：

$$非活性孔隙度=\frac{非活性孔隙容积}{土壤总容积}\times 100\%$$

$$毛管孔隙度=\frac{毛管孔隙容积}{土壤总容积}\times 100\%$$

$$通气孔隙度=\frac{通气孔隙容积}{土壤总容积}\times 100\%$$

土壤总孔隙度＝非活性孔隙度＋毛管孔隙度＋通气孔隙度

3. 土壤松紧和孔隙状况与土壤肥力、作物生长的关系

(1)土壤松紧和孔隙状况与土壤肥力的关系 土壤孔隙的大小和数量影响着土壤的松紧状况，土壤松紧状况的变化反过来又影响土壤孔隙的大小和数量。土壤紧实时，总孔隙度小，其中小孔隙多，大孔隙少，土壤容重增加；土壤疏松时，土壤孔隙度增大，容重下降。

土壤的松紧、孔隙状况，密切影响着土壤保水透水能力、影响水气含量、养分的有效化和保肥供肥性能，还影响土壤的增温与稳温，因此土壤松紧状况对土壤肥力的影响是巨大的。

(2)土壤松紧和孔隙状况与作物生长的关系 各种植物对土壤松紧和孔隙状况的要求是不同的，因为各种作物的生物学特性不同，根系的穿透能力不同。如小麦为须根系，其穿透能力较强，当土壤孔隙度为38.7%，容重为1.63 g/cm^3 时，根系才不易透过。蔬菜中的黄瓜，其根系穿透能力较弱，当土壤容重为1.45 g/cm^3，孔隙度为45.5%时，即不易透过。另外，同一种作物，在不同的地区，由于自然条件的悬殊，对土壤的松紧和孔隙状况要求也不同。

查一查

当地主要植物生长要求的适宜孔隙度是多少？

紧实黏重的土壤，种子发芽与幼苗出土均较困难，出苗比一般较疏松土壤迟1～2 d，特别是播种后遇雨，幼苗出土更为困难，易造成缺苗断垄，因此黏重土壤播种量要适当加大。耕层“坷垃”较多、土壤孔隙过大的土壤，植物根系往往不能与土壤紧

密接触,吸收水肥均感困难,作物幼苗往往因下层土壤沉陷将根拉断出现“吊死”现象。有时由于土质过松,植物扎根不稳,容易倒伏,因此在干旱季节,在过松与孔隙过大的土壤上播种,往往采取深播浅盖镇压措施,保墒、提墒,以利于作物苗齐苗壮。

(三)土壤孔性的调节

影响土壤孔性的因素多种多样,概括起来有两个方面。

1. 土壤本身性状及其调节

(1)土壤结构 有良好团粒结构的土壤,大小孔隙比例适当。孔隙度可达50%～60%。其他不良结构的土壤中土壤孔隙都过大或过小,而且大小孔隙比例失调,对农业生产不利。

(2)土壤有机物质 有机物质能促进土壤结构的形成。所以,有机质多的土壤孔隙度较高,大孔隙也较多,并对形成土壤团粒结构有良好作用。在生产中,通过施有机肥、秸秆还田、翻压绿肥以及调节有机质转化速度与强度,均可影响以上两个因素。

(3)土壤质地 土壤质地密切影响着土壤孔隙状况,土质细,土壤总孔隙度大而土壤容重小;土质粗,土壤总孔隙度小而土壤容重大。

(4)土粒排列状况 一定容积土壤中由于土粒排列的松紧不同,孔度有很大差异。土粒排列紧的孔度低,排列疏松的孔度高。一般耕翻、耙、锄、灌溉、降雨、镇压都可影响土粒排列的松紧。

2. 外部因素及其调节

土壤孔性除受土壤本身性状影响外,还受诸多外部因素如降雨、灌溉、施肥、耕作等影响。对于某一特定地块,由于其本身性状相对稳定,该土壤孔性则因气象变化、农田土壤管理措施的影响而时刻发生着改变,并在水平和垂直分布上都有较大的差异。人们可以根据生产实际的需要,采取相应措施对土壤孔性进行调控。

二、土壤结构性

(一)土壤结构体

自然界中,土壤固体颗粒在内外因素的综合作用下,相互团聚成大小、形状和性质不同的土团、土块、土片等团聚体,称为土壤结构,或土壤结构体。土壤结构性是指土壤中单粒和复粒(包括结构体)的数量、大小、形状、性质及其相互排列和相应的孔隙状况等的综合特性。它是一项重要的土壤物理性质。通常根据土壤结构体的大小和形状划分土壤结构体类型。常见的结构体有以下几种。

(1)块状结构 块状结构体属立方体形,纵轴与横轴大体相等,边、面一般不明显,但也不呈球形,内部较紧实。按照其大小分为大块状(轴长大于5 cm)、块状(3～5 cm)和碎块状(0.5～3 cm)。此类结构体多出现在有机质缺乏而耕性不良的黏质土壤中，一般表土中多为大块和块状结构体，心土和底土中多为块状和碎块状结构体。

(2)核状结构　结构体长、宽、高三轴大体近似，边、面棱角明显，较块状小，大的直径为 10～20 mm 或稍大，小的直径为 5～10 mm。核状结构一般多以石灰与铁质作为胶结剂，在结构面上往往有胶膜出现，故常具水稳性，在黏重而缺乏有机质的底土层中较多。

(3)柱状和棱柱状结构　纵轴远大于横轴，在土体中直立，棱角不明显的叫做柱状结构体，棱角明显的叫棱柱状结构体。柱状结构体常出现于半干旱地带的心土和底土中，以碱土和碱化层中的最为典型。棱柱状结构体常见于黏重且有干湿交替的心土和底土中。

(4)片状结构　横轴远大于纵轴，呈扁平薄片状，常出现于森林土壤的灰化层和老耕地的犁底层中。此外，在雨后或灌水后所形成的地表结壳和板结层，也属片状结构体。这种结构体不利于通气透水，会阻碍种子发芽和幼苗出土。因此，生产上要进行雨后中耕松土，以破除地表结壳。

(5)团粒结构　包括团粒和微团粒。团粒指的是近似球形、疏松多孔的小团聚体，直径为 0.25～10 mm。粒径在 0.25 mm 以下的称为微团粒。农业生产上最为理想的团粒结构粒径为 2～3 mm。

团粒和微团粒是结构体中比较好的类型，尤其是团粒。改良土壤结构性就是指促进团粒结构的形成。土壤结构是成土过程的产物，不同的土壤及其发生层都具有一定的土壤结构，如图 3-1 所示。

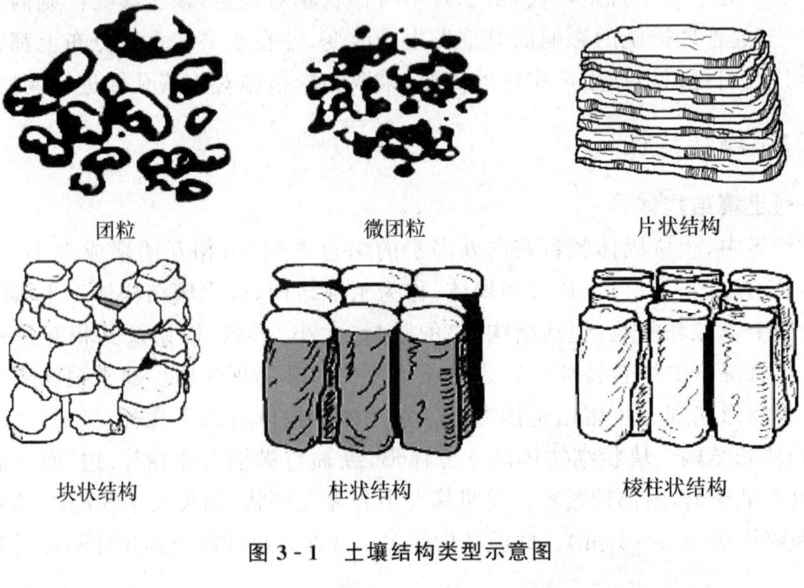

图 3-1　土壤结构类型示意图

(二)土壤结构与土壤肥力

土壤结构主要是通过土壤孔径的分布来影响肥力。土壤结构对土壤肥力的作用主要体现在对土壤孔隙和土壤紧实度的影响。

块状、核状、片状和柱状结构,在形成的初期,遇水易造成土体膨胀而被堵塞,通气透水作用极微,结构体内部压实,极细孔增多。在结构体上包有氧化物胶膜时,整个结构体对作物生长更为不利。

无结构的土壤,由于土粒高度分散,遇水后易淀积形成一个通透性极差的土层。所以,也不是农业上理想的土壤结构。理想的土壤结构应是大小适中、紧实度适宜,大小孔隙比例适当,土壤松紧状况适宜。团粒结构是一种优良的土壤结构,其主要特点和肥力特征如下。

(1)良好的孔隙性质　团粒结构体之间主要为通气孔隙,起到通气透水的作用;结构体内部以毛管孔隙为主,这种状况为土壤水、肥、气、热的协调创造了条件(表 3-2)。

表 3-2　团粒大小与土壤孔性的关系

土壤性质	团粒直径/mm				
	<0.5	0.5～1.0	1.0～2.0	2.0～3.0	3.0～5.0
土壤总孔度/%	47.5	50.0	54.7	59.6	62.6
土壤通气孔度/%	2.7	24.5	29.6	35.0	38.7
土壤毛管孔度+非活性孔度/%	44.8	25.5	25.1	24.5	23.7
土壤空气中含氧量/%	5.4	18.6	19.3	19.4	—
土壤团聚体中含氧量/%	0.1	4.5	5.7	6.7	7.5
每千克土中硝酸盐生成量(以氮计)/(mg/kg)	9.0	19.1	—	34.0	45.8

(2)良好的土壤水气状况　有团粒结构的土壤中,水和空气能同时并存。水能保存在团粒内部的小孔隙中,空气存在于团粒间的大孔隙中,所以能同时供给植物水分和空气。每一个团粒就是一个“小水库”。因此,具有团粒结构的土壤其通透性和保蓄性适当,有利于土壤中微生物的活动和作物的生长。

(3)养分供应和贮藏比例适当　养分方面,由于团粒间的大孔隙内有空气存在,故团粒表面的有机质能够被微生物进行好气分解,成为植物可以利用的养分;团粒内部因为有水分充塞,又因为外部进行的好气分解作用消耗了氧气而造成嫌气环境,则腐殖质得以累积,养分可以得到保存。团粒结构起到“小肥料库”的作用。

查一查

团粒结构常出现在当地哪些土壤中？

(三)土壤结构的改良

采取有效而全面的措施恢复和创造团粒结构有以下途径：

(1)精耕细作、增施有机肥料　精耕细作、增施有机肥料是我国目前绝大多数地区创造良好结构的主要方法。通过晒垡、冻垡以及在适耕期内进行深耕，耙、耱等耕作措施使土壤散碎，促进团粒结构的形成。施用有机肥料必须与精耕细作相结合，使土粒与有机质混合均匀，做到土肥相融，才能充分发挥腐殖质的胶结作用。表 3-3 是取样深度为 0～16 cm 时测定的不同有机肥处理方式对土壤水稳性团粒结构的影响。

表 3-3　深耕施用有机肥对水稳性团粒结构含量的影响(麦豆轮作区)　%

处理	测定方法	土壤粒径/mm								结构保持率
		>5	5～3	3～2	2～1	1～0.5	0.5～0.25	<0.25	>0.25	
深耕高肥	干筛	13.8	10.1	10.8	16.5	11.2	13.2	19.4	80.6	66.4
	湿筛	—	3.6	4.2	12.6	12.9	20.2	46.5	53.5	
深耕低肥	干筛	20.3	9.4	9.1	14.1	12.3	15.7	19.1	80.9	53.6
	湿筛	—	—	0.5	3.3	11.0	28.2	56.6	43.4	

(2)注意灌水方法　大水漫灌或畦灌都易引起团粒结构破坏，使土壤板结龟裂；细流沟灌、地下灌溉等对团粒结构的破坏作用最小；进行喷灌，要注意控制水滴大小和喷水强度，尽量减轻对团粒结构的破坏。在尚无地下灌溉和喷灌条件的地区，对于密植作物只能采用畦灌，宜改大畦为小畦，以减轻破坏作用，并尽量在灌后及时松土。

(3)扩种绿肥或牧草，实行合理轮作　作物本身的根系活动和相应的耕作管理制度，对土壤结构性可以起很好的影响。一般说来，不论禾本科或豆科作物，一年生作物或多年生牧草，只要生长健壮、根系发达，都能促进土壤团粒形成，只是它们的具体作用仍有很大区别。

种植绿肥、实行牧草与作物轮作、水旱轮作，对于改良土壤结构，培养地力，促进增产均具有重要的作用，都是改良土壤结构性的有效途径(表 3-4)。

表 3-4　绿肥轮作对土壤团粒结构含量的影响　%

处理	水稳性团粒直径					有机质含量
	＞5 mm	5～3 mm	3～1 mm	1～0.5 mm	＜0.5 mm	
水稻＋紫云英	44.5	34.5	13.6	2.3	5.1	1.45
水稻＋蚕豆	74.5	10.0	9.7	2.1	3.7	1.20
水稻＋小麦	87.8	3.9	2.0	1.6	4.7	1.09

(4)石灰、石膏等的施用　酸性土施用石灰，钠离子饱和度高的碱土施用石膏，均有改良土壤结构性的效果。

(5)土壤结构改良剂的应用　土壤结构改良剂有两种类型，一是以植物残体、泥炭、褐煤等为原料，从中提取腐殖酸、纤维素、木质素等物质，作为团聚土粒的胶结剂；二是模拟天然团粒胶结剂的分子结构和性质合成的高分子聚合物，如聚乙烯醇、聚丙烯酰胺及其衍生物等。结构改良剂的优点是：使用浓度低（一般为0.01%～0.1%），形成结构的速度快，能提高土壤贮水率和渗透率，减少土壤蒸发，改善土壤物理性，且效果可维持2～3年，对改良盐碱土理化性状及防止水土流失均有很大作用。但是，改良剂不能代替有机、无机肥料。改良剂的使用方法有干施和液施两种，施后需要耕耙土壤，使其与土壤充分混匀。

三、土壤耕性

(一)土壤的物理机械性

1. 土壤黏结性

黏结性是指土粒间由于分子引力而相互黏结在一起的性质，这种性质使土壤具有抵抗外力不被破碎的能力，是耕作时产生阻力的重要原因之一。

黏结性的大小因土壤质地与水分含量而不同。黏性土壤土粒黏结力强，湿润土壤水膜愈薄，黏结力愈强；水分增加，水膜增厚，分子引力减弱，黏结性较小；砂性土因土粒间分子引力弱，故黏结性小，但水分增加时，由于水膜拉力而产生微弱的黏结性。

2. 土壤黏着性

黏着性是土壤在一定含水量情况下，土粒黏着其他物质的性质，因此土壤过湿时进行耕作，土壤黏着性大，增加耕作阻力。

黏着性是由于土粒分子与接触物体表面分子之间通过水分子引力所产生。当土壤含水量低、水膜很薄时，土壤主要表现黏结现象；当含水量增加、水膜加厚到一定程度时，水分子除了能被土粒吸引外，也能为各种物质（如农具、木器或人体）所吸引，表现出黏着性；随着含水量的增加黏着性增强，达到最高后又逐渐降低。所以，土壤黏着性是在一定含水量范围内表现出来的性质。

3. 土壤可塑性

土壤在一定的含水量范围内可由外力塑成任何形状，当外力消失或土壤干燥后仍能保持其形状，这种性质称为可塑性。

开始表现可塑性的最低含水量称为下塑限；随着土壤含水量增加，使土壤可塑性消失时的土壤含水量称为上塑限，二者间的含水范围称为塑性范围。二者的差数称为塑性值，塑性值大的土壤则可塑性强。

土壤的可塑性除与水分含量有密切关系外，还与黏粒含量及其类型密切相关。如表 3-5 所示。

表 3-5　土壤质地与可塑性的关系 %

土壤质地	物理黏粒	下塑限	上塑限	塑性值
中壤偏重	＞40	16～19	34～40	18～21
中壤	28～40	18～20	32～34	12～16
轻壤偏重	24～30	21±	31±	10
轻壤偏砂	20～25	22±	30±	8
砂壤	＜20	23±	28±	5

资料来源于原北京农业大学。

4. 土壤胀缩性

土壤吸水后体积膨胀、干燥后体积收缩的性质称为土壤胀缩性。

影响胀缩性的主要因素是土壤质地、黏土矿物类型、土壤有机质含量、土壤胶体上交换性阳离子种类以及土壤结构等。一般具有胀缩性的土壤均是黏重而贫瘠的土壤。

土壤胀缩性对农业生产影响很大，胀缩性大的土壤，湿时黏闭泥泞，土壤透水困难，通气性较差；土壤干旱时，体积收缩，土表发生龟裂，造成漏风跑墒，扯断植物根系。

(二)土壤耕性

土壤耕性是一系列土壤物理性质和物理机械性的综合反映，是土壤在耕作时反映出来的特性，它是土壤的物理性与物理机械性的综合表现。土壤耕性的好坏可从以下 3 个方面来评价。

1. 耕作难易

耕作难易常作为判断土壤耕性好坏的首要条件。凡是耕作时省工、省劲、易耕的土壤，群众称之为“土轻”、“口松”、“绵软”；耕作时费工、费劲、难耕的土壤，群众称之为“土重”、“口紧”、“僵硬”等。通常黏质土、有机质含量少及结构不良的土壤耕作较难。

2. 耕作质量好坏

即土壤经耕作后所表现出来的土壤状况。凡是耕后土垡松散，容易耙碎，不成坷垃，土壤松紧、孔隙状况适中，有利于种子发芽、出土及幼苗生长的，谓之耕作质量好，相反即称为耕作质量差。

3. 适耕期长短

耕性良好的土壤，适宜耕作时间长，表现为“干好耕，湿好耕，不干不湿更好耕”；耕性不良的土壤则适耕期短，一般只有一两天，错过适耕期不仅耕作困难，费工费劲，而且耕作质量差，表现为“早上软，晌午硬，到了下午锄不动”，群众称为“时辰土”。适耕期长短与土壤质地及土壤含水量密切相关（表 3-6）。

查一查

北方旱地如何判断宜耕状态？

表 3-6 土壤水分状态与土壤结持性及耕性的关系

项 目	水分状态					
	干燥	湿润	潮湿	泞湿	多水	极多水
土壤结持性	坚硬	酥软	可塑	黏韧	浓泥浆	薄浆
主要性状	具有固体的性质，不能捏成团，强黏结性	松散，无可塑性，黏结性低，不成块	有可塑性，但无黏着性	有可塑性和黏着性	成浓泥浆，可受重力影响而流动	成悬浮体，如液体一样易流动
耕作阻力	大	小	大	大	大	小
耕作质量	成硬土块	成小土块	成大土块	成大土块	成浮泥状	成泥浆
宜耕性	不宜	宜	不宜	不宜	不宜	宜稻田耕耙

（三）土壤耕性的改良

土壤耕性改良应当从以下几方面进行。

（1）增施有机肥料　有机肥料能够提高土壤有机质含量，利于形成良好的土壤团粒结构，从而降低黏质土的黏结性、黏着性与可塑性，而对砂质土则略有增加，因此增施有机肥料，对砂、黏、壤土的耕性均有改善。

（2）客土　过砂过黏的土壤，均可通过客土掺砂或掺黏改善其耕性。客土可与施用有机肥料结合进行。另外，还可根据土层质地排列状况，采取翻砂压黏或翻黏压砂的办法。

(3)合理灌排，适时耕作　根据土壤水分状况合理灌排，可以调节与控制土壤水分，维持在宜耕范围内，以达到改善耕性、提高耕作质量的目的。

四、土壤的热特性

(一)土壤的热容和导热性

1. 土壤热容

土壤热容是指单位质量或体积的土壤，温度每升高或降低1℃所吸收或放出的热量。可分为质量热容(c_m)和容积热容(c_v)两种，单位分别是J/(g·℃)和J/(cm^3·℃)。在干燥土壤中，土壤容积热容等于土壤质量热容与土壤容重之积：

$$c_v = c_m \times 土壤容重$$

土壤是一个多相混合体，不同组分的热容不同(表3-7)。但土壤热容的大小，主要决定于土壤含水量的多少。在得到同等热量的条件下，土壤热容大的升温慢，热容小的升温快。反之，降温时，失掉同等热量，热容大的降温慢，热容小的降温快。

表3-7　土壤不同组分的密度和热容

土壤组分	密度/(g/cm^3)	质量热容/[J/(g·℃)]	容积热容/[J/(cm^3·℃)]
矿物质	2.60～2.70	0.71～1.09	1.93
有机质	1.30	1.93	2.51
土壤固相部分	2.65	0.84	2.22
土壤水分	1.0	4.19	4.19
土壤空气	0.001 2	1.00	0.001 3

2. 土壤导热率

土壤吸收一定热量后，一部分用于它本身升温，一部分传送给邻近其他土层。土壤传导热量的性质称为导热性。导热性的大小用导热率来衡量。导热率是指在单位厚度(1 cm)土层，温差为1℃时，每秒经单位断面(1 cm^2)通过的热量，其单位为J/(cm·S·℃)。土壤导热率大小决定于土壤固、液、气三相组成比例。干土疏松、土壤含水分少、空气多时，热量传导慢；紧实土壤、潮湿土壤，含水多、空气少时，传热快。

3. 土壤导温率

导温率是指在标准状况下，在单位厚度(1 cm)土层，温差为1℃时，每秒经单位断面(1 cm^2)进入的热量使单位体积(1 cm^3)土壤发生的温度变化。它与导热率的关系为：

$$K=\frac{\lambda}{c_v}\quad (cm^2\cdot s)$$

式中：λ 为土壤导热率，c_v 为土壤容积热容，K 为土壤导温率。由此可知，导温率与导热率成正比，与容积热容成反比。当土壤热容不变时，导温率与导热率的增加是一致的，如因为土壤含水量变化而影响热容，则导温率与导热率的变化就不一致。

4. 土壤吸热性和散热性

(1)土壤吸热性　土壤吸热性是指土壤吸收太阳辐射的性能。土壤吸热性的强弱决定于土壤颜色、湿度和地面状况等。土壤颜色愈深，湿度愈大，地面凹凸不平，吸热性就愈强。

(2)土壤散热性　土壤散热性是指土壤向大气散失热量的性能。土壤散热性主要与土壤水分蒸发和土壤的热辐射有关。土壤水分蒸发愈强烈，土壤散失的热量也愈多。当天气晴朗无遮蔽物时，土壤辐射强，散热多，降温快；如果天气有云雾或烟雾，则辐射弱，散热少。

(二)土壤温度

1. 土壤温度对土壤肥力的影响

(1)土温升高，土壤养分的溶解度增大，有效性提高，微生物对有机质的矿化速率提高，养分释放量增加。所以，作物吸收养分的能力增强。

(2)土温过低，可导致缺乏氮素，旱地作物显著减少对磷的吸收，水稻对磷的吸收力下降。

2. 土壤温度对作物生长的影响

(1)土壤温度与种子萌发　任何作物种子的萌发必须有一个适宜的土壤温度范围，在这个范围内土壤温度愈高，种子萌发就愈快；反之，土温愈低就愈慢。当土温低于此范围时，种子就不萌发。

(2)土壤温度与作物根系生长　一般作物根系在 2～4℃时开始微弱生长，土温高于 10℃以上时，根系生长比较活跃，超过 30～35℃，根系生长受阻。冬季根系可在土层深处生长，但土温过低易产生冻害；而夏季土温过高也常使根系组织加速退化，甚至发生“烧根”或“烧茎”现象。

(三)土壤温度变化规律与调节

1. 土壤温度的变化规律

(1)土壤温度的日变化　土壤温度的高低随昼夜发生周期性变化称为土壤温度的日变化。一般情况是，最低土温出现在 5:00～6:00，最高土温出现在 13:00～

14:00。土壤表层温度变幅最大,而底层变幅小以至基本稳定。

(2)土壤温度的年变化　土壤温度随一年四季发生周期变化称为土温的年变化。土壤温度和四季气候变化类似,通常全年表土层最低温出现在1～2月,最高温度出现在7～8月。

(3)设施农业土壤温度的变化规律　设施农业保护地中最高温度与最低温度出现的时间与露地相近。由于设施农业容积小,与外界空气热量交换微弱,所以增温快,最高温度比露地高得多;夜间有覆盖物设施,室内气温下降缓慢,最低温度比露地高2～4℃。

2. 土壤温度的调节

(1)非设施农业土壤温度的调节

①灌溉排水　土壤水分对土温的影响很大。实践中常根据气温变化,分别采取排灌措施,达到增温、保温和降温的目的。

②增施有机肥料　通过增施有机肥料可改变土壤热状况,如砂土温度变幅大,增施有机肥料后可使土温变幅减小;黏土土温不易升高,通过增施有机肥料改良后,有利于提高土温。

③覆盖　通过地面覆盖物来改善土温状况也是常采用的一项措施。如早稻育秧,利用塑料薄膜覆盖可以保温防冻。夏季地面覆盖可防止土温上升过高。

(2)设施农业土壤温度的调节

①保温调节　首先要设计合理的设施方位和屋面坡度,尽量减少建材的阴影,选用透光度高的覆盖材料,以增大透光率,提高土壤蓄热率;其次是减少设施内土壤蒸发和作物蒸腾量,以降低潜热损失,提高设施内白天土壤蓄热量。

②降温调节　主要方式有3种:第一种是采用室内喷雾、喷水或设置蒸发器,通过扩大水分蒸发"消除"太阳辐射能的加湿(蒸发)降温法;第二种是在屋顶上以一定间隔设置遮光被覆物降温;第三种是利用换气扇等人工方法进行强行换气降温的方法。

第二节　土壤的化学性质

一、土壤的吸收性能

(一)土壤胶体

1. 胶体的概念

胶体是指直径在1～100 nm的物质颗粒。对于土壤来讲,直径在1～1 000 nm

之间的土粒都归属于土壤胶粒的范围。根据卡庆斯基制和国际制的粒级分类表，粒径<0.001 mm或<0.002 mm的土粒属于黏粒，所以土壤黏粒大部分具有胶体的性质。土壤胶体分散系是以土壤胶粒为分散相和土壤溶液为分散介质所组成的。

2. 胶体的构造

胶体微粒从内到外的构造如图3-2所示。

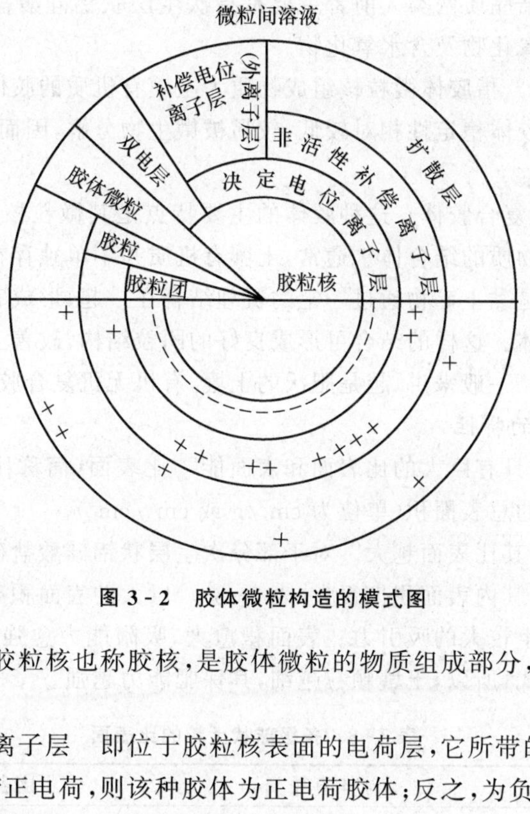

图3-2　胶体微粒构造的模式图

(1)胶粒核　胶粒核也称胶核，是胶体微粒的物质组成部分，由各种有机、无机物质组成。

(2)决定电位离子层　即位于胶粒核表面的电荷层，它所带的电荷性质决定了胶体的类型。若带正电荷，则该种胶体为正电荷胶体；反之，为负电荷胶体。

(3)补偿电位离子层　由于胶粒核表面带有电荷，必须要吸附带相反电荷的质点以平衡其电荷，形成补偿离子层。在胶体溶液中，带相反电荷的质点通常是各种离子。如果胶粒核带正电荷，则吸附阴离子；反之，吸附阳离子。

根据被胶粒核内部电荷层吸附的紧密程度，补偿电位离子层可分为2个亚层。①非活性补偿离子层，即紧贴着决定电位离子层的补偿离子层。由于距离较近，电荷引力较大，移动性较小，因此称为非活性补偿电位离子层。②扩散层，非活性补偿离子层的外层，距决定电位离子层较远，电荷引力较小，离子运动性较强，可与土壤溶液中的阴、阳离子发生交换反应。

双电层的决定电位离子层和补偿电位离子层所带的电荷符号相反，而电荷的数目相等，因此就整个胶体微粒而言，呈电中性。

3. 土壤胶体的种类

根据胶体微粒核的组成物质的不同将土壤胶体分成三大类。

(1)无机胶体　也叫矿质胶体，指胶体微粒核组成物质是无机物质的胶体。可分成结晶质和非结晶质两类。前者主要是指次生层状铝硅酸盐矿物；后者是指土壤中硅、铁、铝的氧化物及含水氧化物。

(2)有机胶体　指胶体微粒核组成物质为土壤有机质的胶体，其主要成分是土壤腐殖质。这类胶体稳定性相对较低，较易被微生物分解，因而要经常通过施用有机肥来补充。

(3)有机无机复合胶体　这种胶体的主要特点是其微粒核的组成物质是土壤有机质与土壤矿物质的结合体。通常，土壤有机质并不单独存在于土壤中，而是与土壤矿物质特别是黏土矿物通过一定的机理结合在一起，形成有机无机复合体，又称为吸收性复合体。这样的结合可形成良好的团粒结构，改善土壤保肥、供肥性能和多种理化性质。一般来讲，越是肥沃的土壤，有机无机复合胶体的比例越高。

4. 土壤胶体的特性

(1)土壤胶体具有巨大的比表面和表面能　比表面(简称比面)是指单位质量或单位体积物体的总表面积(单位为 cm^2/g 或 cm^2/cm^3)。

越细的颗粒，其比表面越大。对于部分次生层状铝硅酸盐矿物来讲，不但具有较大的外表面积，其内表面积也很大(表 3-8)。巨大的表面积产生较大的表面能，对分子和离子产生较大的吸引力。表面积愈大，吸附能力愈强。表面吸附也是土壤的一种保肥方式，所以，土壤颗粒越细，其保肥能力越强。

表 3-8　各级球状土粒的比表面

颗粒名称	球体直径/mm	比表面/(cm^2/g)
粗砂粒	1	22.6
中砂粒	0.5	45.2
细砂粒	0.25	90.4
粗粉粒	0.05	452
中粉粒	0.01	2 264
细粉粒	0.005	4 528
粗黏粒	0.001(1 000 nm)	22 641
细黏粒	0.000 5(500 nm)	45 283
胶粒	0.000 05(50 nm)	452 830(45.283 m^2/g)

(2)土壤胶体具有带电性　所有土壤胶体都带有电荷,使土壤具有带电性。根据土壤胶体电荷产生的原因,可将电荷分为两种。

①永久电荷　黏粒矿物或小部分次生矿物晶层内的同晶置换作用所产生的电荷称为永久电荷。该种电荷的数量主要与矿物类型及其化学结构有关,而与土壤溶液的 pH 高低没有直接关系,故称为永久电荷。对于次生层状铝硅酸盐矿物而言,蒙脱石所带电荷最多,高岭石最少,水云母介于两者之间。

②可变电荷　土壤胶体中电荷数量和性质随溶液 pH 变化而变化的那部分电荷称为可变电荷。正电荷数量与负电荷数量相同时,即净可变电荷为零时的土壤 pH 称为等电点。当土壤溶液的 pH 大于等电点时,胶体带负电荷;小于等电点时带正电荷。

总之,永久电荷的数量和电性不受土壤溶液 pH 变化的影响,可变电荷的数量和电性情况则正相反,见图 3-3。

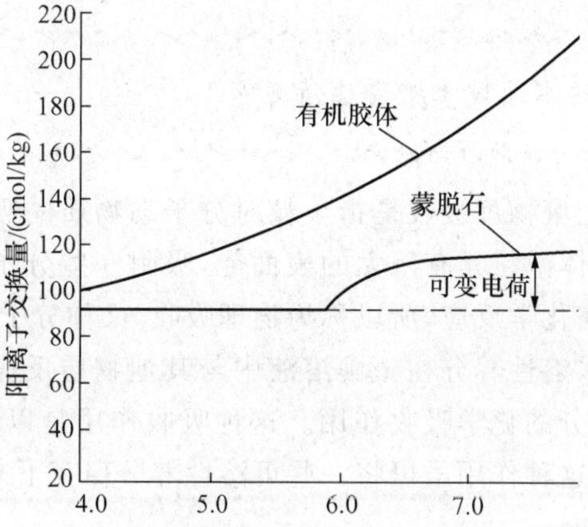

图 3-3　土壤 pH 对蒙脱石和有机胶体电荷的影响

土壤中离子的吸附和交换,土壤的酸碱性、缓冲性、结构性、耕性等,都与土壤的表面积、带电性密切相关。

(3)土壤胶体的凝聚性和分散性　土壤胶体有两种状态,一是溶胶,即胶体颗粒均匀地分布在分散剂中;另一种状态为凝胶,即胶体颗粒相互团聚在一起而呈絮状沉淀。

胶体由溶胶变成凝胶的过程称为胶体的凝聚作用;由凝胶变成溶胶的过程则称为胶体的分散作用。胶体的凝聚和分散作用主要取决于胶体微粒表面的电荷状况的变化。

在土壤中，胶体处于凝胶状态，可以形成水稳性团粒，对土壤理化性质有良好的作用。所以，农业生产上常用干燥、冻结、晒田等方法增加土壤溶液中电解质的浓度，以促进土壤胶体的凝聚，改善土壤的结构和一些不良的物理性质。

(二)土壤吸收性能

土壤吸收性能是指土壤能吸收和保留土壤溶液中的分子、离子、悬浮颗粒、气体以及微生物的能力。这种能力在土壤肥力和土壤性质上起着极为重要的作用。

1. 土壤吸收性能的类型

根据土壤对不同形态物质吸收、保持方式的不同，其吸收性能可分为以下几种类型。

(1)机械吸收　机械吸收是指土壤对进入其内部的固态物质的机械阻留作用，使这部分物质保留在表层土壤中。机械吸收能力的大小，主要取决于土壤的孔隙状况，故土壤机械吸收性能与土壤质地、结构、松紧度等情况有关。

想一想

为什么混浊的水通过土壤会变清呢?

(2)物理吸收　土壤物理吸收是指土粒对分子态物质的吸附而起到的保肥作用。这是由于土壤胶体微粒具有巨大的表面能，吸附一些分子态的物质在土壤胶体的表面，而不起任何化学反应，所以称为物理吸收，又称分子吸收。

(3)化学吸收　水溶性养分在土壤溶液中与其他物质反应生成难溶性化合物的过程称为土壤对养分的化学吸收作用。这种吸收作用是以纯化学作用为基础，所以称为化学吸收。这种作用虽可将一些可溶性养分保存下来，减少流失，但却降低了养分的有效性。

(4)离子交换吸收　离子交换吸收是指土壤溶液中的阳离子或阴离子与土壤胶粒表面扩散层中的阳离子或阴离子进行交换的过程。又称物理化学吸收作用。这种吸收途径是土壤胶体所特有的性质，是土壤保肥供肥最重要的一种方式。

(5)生物吸收　指各种生物将土壤中的速效性养分吸收保留在其体内的过程。生物吸收的养分可以通过其残体重新回到土壤中，且经土壤微生物的转化可被作物吸收利用，所以这部分养分是缓效性的。

试一试

比较一下各种吸收作用保存的养分有什么不同。

2. 土壤阳离子交换吸收作用

由于土壤胶体主要带负电，所以，阳离子交换吸收作用是土壤的主要保肥机理，对供给作物养分起着重要的作用。阳离子交换作用就是各种阳离子在土壤胶体颗粒表面和土壤溶液之间不断地进行吸附和解吸的动态过程。

(1)阳离子交换的特点

①可逆反应　阳离子交换作用是一个可逆反应，一般能迅速达成动态平衡。即吸附过程和解吸过程是同时进行的。如果溶液的浓度和组成发生改变时，就会打破这种平衡，继续发生吸附和解吸，建立新的平衡。

查一查

哪些因素影响阳离子交换能力？

②等电荷交换　即以相等单价电荷摩尔数进行交换。如 1 mol Na^+ 可以交换 1 mol 的 K^+ 或 NH_4^+，或交换 1/2 mol 的 Ca^{2+} 或 Mg^{2+}，或 1/3 mol Al^{3+} 等。

(2)阳离子交换能力　阳离子交换能力是指一种阳离子将胶体上另一种阳离子交换出来的能力，即在溶液中浓度相同的各种阳离子被吸附到胶体扩散层中的比例。如这个比例越大，而残留在溶液中的浓度越低，则此阳离子的交换能力越强；反之则弱。土壤中主要阳离子交换能力的顺序为：

$$Fe^{3+} > Al^{3+} > H^+ > Ca^{2+} > Mg^{2+} > NH_4^+ > K^+ > Na^+$$

(3)阳离子交换量

①概念　是指在一定 pH 条件下每 1 kg 干土所能吸附的全部交换性阳离子的厘摩尔数(cmol/kg)。

阳离子交换量越大，则土壤的保肥性越强；反之，保肥性越弱。一般来讲，阳离子交换量大于 20 cmol/kg 的土壤，保肥性强；10～20 cmol/kg 的土壤，保肥性中等；小于 10 cmol/kg 的土壤，保肥性弱。不同地区的土壤由于自然条件和耕作方式的不同，其阳离子交换量相差很大(表 3-9)。

表 3-9　江苏省各主要土类的阳离子交换量的平均值

土类	有机质含量/%	阳离子交换量/(cmol/kg)
黄棕壤	2.30	12.5
黄褐土	1.50	19.8
棕壤	0.80	10.7
褐土	1.07	20.5

续表 3-9

土类	有机质含量/%	阳离子交换量/(cmol/kg)
潮土	1.17	13.2
水稻土	2.10	17.9
滨海盐土	1.25	10.5
砂姜黑土	1.35	24.7

引自:《江苏土壤》,为全省该土类的平均值。

②影响阳离子交换量大小的因素

a. 土壤质地　土壤质地越黏重,阳离子交换量越高;土壤质地越砂,阳离子交换量越小。如表 3-10 所示。

表 3-10　不同质地土壤的阳离子交换量范围　cmol/kg

质地	砂土	砂壤土	壤土	黏土
阳离子交换量	1～5	7～8	7～18	25～30

b. 土壤有机质　有机质含量越高的土壤,阳离子交换量越大,土壤的保肥性越强;反之阳离子交换量小,保肥能力弱。如表 3-11 所示。

表 3-11　不同土壤胶体的阳离子交换量　cmol/kg

胶体种类	腐殖质	蒙脱石	水云母	高岭石	铁铝氧化物
阳离子交换量	150～500	60～100	20～40	3～15	微量

c. 土壤胶体类型　一般来讲,有机胶体所带负电荷远高于无机胶体;不同的无机胶体带电荷量不同,其中以蒙脱石带电量最多,而铁、铝等的含水氧化物带电量最少。

d. 土壤 pH　通常,随着 pH 的降低,可变负电荷减少,阳离子交换量下降;当 pH 升高时,阳离子交换量增加。

(4)盐基饱和度　是指交换性盐基离子占交换性阳离子总量的百分数,可以用下式表示:

$$\text{盐基饱和度}=\frac{\text{交换性盐基离子量(cmol/kg)}}{\text{阳离子交换总量(cmol/kg)}}\times 100\%$$

根据阳离子溶解于水后的性质可将它们分成两大类,一类是致酸离子,只有 H^+ 和 Al^{3+};另一类是盐基离子,是除了致酸离子以外的所有阳离子。

土壤盐基饱和度的高低主要反映土壤的保肥能力和成土作用的强度。一般来讲，盐基饱和度高，土壤的保肥能力强，成土作用的强度弱；反之，保肥能力弱，成土作用强度大。同时，盐基饱和度基本上决定着土壤的酸碱性。一般而言，盐基饱和度大的土壤呈中性或碱性；饱和度小的土壤呈酸性。从土壤肥力角度来看，以盐基饱和度为70%～90%较好。

(5)影响交换性离子的有效性的因素　交换性阳离子对植物的有效性如何，在很大程度上取决于它们从胶体上解吸或交换的难易，影响这些过程的因素有以下几点。

①交换性阳离子的饱和度　土壤吸附的某种交换性阳离子的量占土壤阳离子交换量的百分数，称为该离子的饱和度。交换性离子的有效度，不仅与某一种交换性离子的绝对数量有关，而且与该离子的饱和度的关系更大。某离子的饱和度愈大，被交换而解吸的机会愈多，则有效度愈大；反之则低(表3-12)。甲土交换性Ca^{2+}数量虽小于乙土，但其饱和度大，故有效度大。若种植同一作物于甲土和乙土，则乙土更需要施钙肥。

想一想

谚语"施肥一大片不如一条线"说明了什么道理？

表3-12　土壤中交换性阳离子饱和度对其有效性的影响

土壤	阳离子交换量/(cmol/kg)	交换性Ca^{2+}量/(cmol/kg)	交换性Ca^{2+}的饱和度/%	Ca^{2+}的有效度
甲	10	4	40.0	大
乙	40	5	12.5	小

②陪补离子效应　在土壤胶体上同时吸附着多种阳离子，如Al^{3+}，H^+，Ca^{2+}，Mg^{2+}，K^+，Na^+等，对其中某种离子(如K^+)来说，其余的各种离子(Al^{3+}，H^+，Ca^{2+}，Mg^{2+}，K^+，Na^+等)都称为它的陪补离子。一般说来，陪补离子与土壤胶粒之间的吸附力愈大，则愈能提高被陪补的那种离子的有效度。这种因陪补离子的不同而产生的效应称为陪补离子效应(表3-13)。

表3-13　陪补离子对交换性钙有效性的影响(小麦盆栽试验)

土壤	交换性阳离子的组成	盆中幼苗干重/g	盆中幼苗吸钙量/mg
甲土	$40\%Ca^{2+}+60\%H^+$	2.80	11.15
乙土	$40\%Ca^{2+}+60\%Mg^{2+}$	2.79	7.83
丙土	$40\%Ca^{2+}+60\%Na^+$	2.34	4.36

3. 阴离子交换作用

阴离子交换作用的原理与阳离子一样，但只发生在带正电荷的胶体中。目前对阴离子交换作用的机理了解不多，且阴离子交换量远小于阳离子交换量。只有在极少数富含铁铝氧化物及其含水氧化物的土壤中，可能发生阴离子交换作用。

(1)阴离子吸附类型

①易被土壤吸附的阴离子　如磷酸根离子($H_2PO_4^-$，HPO_4^{2-}，PO_4^{3-})以及部分有机酸根(如草酸根、柠檬酸根等)离子等阴离子。通常这些酸根离子是与阳离子反应生成不溶性化合物而沉淀在土粒表面，并不是真正的离子交换作用。

②很少被吸收甚至不吸收的阴离子　如 Cl^-，NO_3^- 等，它们基本不被土壤胶体吸收。与土壤中大部分阳离子作用生成的盐也易溶于水而随水淋失，所以硝态氮肥一般不在水田施用，否则易造成氮素损失。

③介于上述两者之间的阴离子　这部分阴离子通常与部分阳离子生成可溶性化合物，而与另一些阳离子生成难溶性化合物。

(2)影响土壤对阴离子吸收的因素

①阴离子的价数　一般价数越大，吸收力越强。土壤对一些常见阴离子的吸收力的大小顺序如下：$Cl^- < NO_3^- < SO_4^{2-} < PO_4^{3-} < OH^-$。

②胶体组成成分　随着土壤胶体中铁、铝氧化物增多，土壤吸收阴离子的能力也逐渐增大。

③土壤 pH 值　酸碱度变化会引起胶体电荷改变。碱性加强，增大负电荷量，而酸性增强，则正电荷增多。因此，在酸性条件下，土壤胶体吸附阴离子能力增大；反之，在碱性条件下，吸收力减弱。

(三)土壤吸收性能的调节

(1)调节土壤胶体状况　对于保肥性能差的砂土，可增加其胶体物质的含量。有条件的可实行翻淤压砂、放淤压砂或掺黏改砂等。施用有机肥料或种植绿肥作物也是改善土壤胶体性状的重要措施。

(2)调节土壤交换性阳离子的组成　酸性土壤施用石灰，以 Ca^{2+} 交换胶体上的 H^+，可改良土壤性质，并使土壤微生物的活动加强；碱性土壤用 Ca^{2+} 交换 Na^+，也可收到良好效果。

二、土壤的酸碱性与缓冲性

(一)土壤的酸碱性

土壤酸碱性是指土壤溶液的反应，即溶液中 H^+ 浓度和 OH^- 浓度比例不同而表现出来的酸碱性质。它是土壤重要的化学性质，对土壤的保肥与供肥能力、作物的生长发育及土壤有毒物质的转化分解，起着重要的作用。

土壤酸碱性是衡量土壤形成过程和熟化过程的良好指标，对土壤肥力有多方面的影响。而高等植物和土壤微生物对土壤酸碱度也有一定的要求。

土壤酸碱度的等级通常分为：

pH＜4.5 为强酸性；pH 4.5～5.5 为酸性；pH 5.5～6.5 为微酸性；pH 6.5～7.5 为中性；pH 7.5～8.5 为微碱性；pH 8.5～9.5 为碱性；pH＞9.5 为强碱性。

1. 土壤酸性的产生

(1)生命活动　植物根系的活动以及土壤有机质的分解产生有机酸和大量的 CO_2，还有某些微生物，如硝化细菌产生的 HNO_3，硫细菌产生的 H_2SO_4 等，这些都是土壤溶液中 H^+ 的来源。其中普遍和大量存在的碳酸有重要作用。

由生命活动所产生的酸，并不能使所有土壤的溶液显酸性，只有在降水多，土体受淋溶强烈，致使钙、镁、钾、钠等盐基离子被淋溶到土体外，不能中和由生命活动所产生的酸时，土壤才呈酸性反应。所以，湿润气候带的土壤，几乎普遍呈现酸性反应(在基性母质上形成的土壤例外)。干旱或半干旱地区的土壤其酸碱性情况则完全相反。

(2)土壤溶液中活性铝的作用　土壤中活性铝的产生，是由于胶粒上吸附 H^+ 达到一定数量后，黏粒矿物的晶格遭到破坏，致使黏粒矿物中的铝被溶解出来。溶液中出现的活性铝按下面反应产生出 H^+：

$$Al^{3+}+H_2O=Al(OH)^{2+}+H^+$$
$$Al(OH)^{2+}+H_2O=Al(OH)_2^{+}+H^+$$
$$Al(OH)_2^{+}+H_2O=Al(OH)_3+H^+$$

(3)吸附态 H^+ 和 Al^{3+} 的作用　胶粒上吸附的 H^+ 和 Al^{3+} 可被其他阳离子交换到溶液中，使土壤溶液变成酸性。其反应如下：

$$\boxed{胶粒}-xH+Ca^{2+}\rightleftharpoons\boxed{胶粒}\begin{matrix}=Ca\\-(x-2)H\end{matrix}+2H^+$$

$$\boxed{胶粒}-xAl+3Ca^{2+}\rightleftharpoons\boxed{胶粒}\begin{matrix}=3Ca\\-(x-2)Al\end{matrix}+2H^+$$

$$Al^{3+}+H_2O=Al(OH)_3+3H^+$$

土壤溶液中的 H^+，Al^{3+} 和吸附态 H^+，Al^{3+} 在土壤中是呈平衡状态的，它们都可以使土壤产生酸性反应。对于耕作土壤，施肥也能给土壤补充酸性物质。再有施用一些 C/N 较小的新鲜有机肥，微生物转化分解时产生一些小分子的有机酸等。

2. 土壤酸性的种类

根据土壤酸性物质存在的部位和反应的活性不同，可分为以下几种。

(1)活性酸　活性酸是指土壤溶液中的 H^+ 浓度，通常用 pH 表示。活性酸对土壤的理化性质、作物生长和微生物的活动有直接影响，它是土壤酸性的强度指标。

我国土壤反应大多数 pH 值在 4～9，在地理分布上有“东南酸而西北碱”的规律性，即由北向南，pH 值逐渐减小。

(2)潜性酸　是指吸附在土壤胶体颗粒表面的酸性物质如(H^+ 和 Al^{3+})进入土壤后所显示出的酸性。这些酸性物质只有被交换到土壤溶液中，形成溶液中的 H^+ 时，才能显示出酸性的强弱，故称潜性酸。通常以 cmol/kg 为单位表示。潜性酸是土壤酸性的容量指标。

潜性酸和活性酸是同属一个平衡系统中的两种存在状态，它们同时存在，并可以相互转化，处在动态平衡之中。即当土壤中酸性物质由于某种原因减少时，胶粒表面的部分酸可通过解离作用补充溶液中的酸度；而当溶液酸性物质增加时，则通过吸附作用进入胶体颗粒表面。

由于吸附在胶粒表面的 H^+ 和 Al^{3+} 所处的位置不同，它们被交换到溶液中的难易程度也不相同。因此不同的提取剂可得到不同的潜性酸。

①交换性酸　土壤胶体上吸附 Al^{3+} 和 H^+，用中性盐溶液如 1 mol/L KCl 或 0.06 mol/L $BaCl_2$ 溶液(pH＝7)浸提土壤测得到的酸量为交换性酸。用中性盐做浸提液所测得的酸度只是潜性酸的大部分，而不是它的全部。这种数据在人工调节土壤酸度时(如施石灰改良酸性土)有重要的参考价值。

②水解性酸　水解性酸是土壤潜性酸的另一种表示方法，即用弱酸强碱盐(常用 pH 8.2 的 1 mol/L CH_3COONa)浸提土壤时测得的酸量。其反应的过程如下：

$$CH_3COONa + H_2O = CH_3COOH + NaOH$$

$$\boxed{\text{土壤胶粒}}\,H + Na^+ + OH^- \rightleftharpoons \boxed{\text{土壤胶粒}}\,Na + H_2O$$

$$\boxed{\text{土壤胶粒}}\,Al + 3CH_3COONa \xrightleftharpoons{3H_2O} \boxed{\text{土壤胶粒}}\begin{matrix}Na\\Na\\Na\end{matrix} + Al(OH)_3 + 3CH_3COOH$$

土壤水解性酸一般都大于交换性酸，也可作为酸性土改良时计算石灰需要量的参考数据(表 3-14)。

3. 土壤碱性的产生

土壤碱性产生的原因主要有 3 个方面：

表 3-14　几种土壤中的交换性酸和水解性酸的比较　cmol/kg

土　壤	潜性酸	
	交换性酸	水解性酸
山地黄壤(旧称灰化土),广西南宁	3.62	6.81
山地黄壤(旧称灰化土),重庆璧山	2.06	2.94
黄棕壤(旧称棕壤),安徽嘉山	0.20	1.97
黄棕壤(旧称棕壤),湖北孝感	0.01	0.44
红壤,广西桂林	1.48	9.14

一是土壤中碱性盐的水解。土壤的碱性主要来自土壤中大量存在的碱金属和碱土金属如钠、钾、钙、镁的碳酸盐和重碳酸盐,其中以 $CaCO_3$ 分布最为广泛。

二是土壤胶体吸收的 Na^+ 达到一定饱和度时,可起交换水解作用,使土壤呈碱性。

三是硫酸钠被还原产生 OH^-,在土壤中含有 Na_2SO_4 和较多的有机质,而又处于嫌气状态时,土壤中的 Na_2SO_4 被还原成 Na_2S,Na_2S 再与 $CaCO_3$ 形成 Na_2CO_3,Na_2CO_3 水解产生大量的 OH^-,使土壤致碱。

因此,从土壤碱性产生的原因来看,土壤中钠(Na^+)和钙(Ca^{2+})的含量越高,则土壤的碱性越强;反之土壤的碱性越弱。

4. 土壤碱化度

土壤碱性强弱的程度称为土壤碱度。土壤溶液的碱性反应也用 pH 值表示。含有碳酸钠、碳酸氢钠的土壤,pH 在 8.5 以上。我国北方的石灰性土壤的实验室碱度测定值一般为 pH 7.5～8.5,而在田间测定 pH 7.0～8.0。

土壤的碱性还决定于土壤胶体上交换性 Na^+ 的数量。所以,对于一些可溶性盐含量较高的土壤,即通常的盐碱土,除了用 pH 表示其酸碱状况外,还可用碱化度来表示。碱化度是指交换性 Na^+ 的数量占土壤阳离子交换量的百分数。碱化度在 5%～10%称为轻度碱化土壤;碱化度在 10%～15%称为中度碱化土壤;碱化度在 15%～20%称为强碱化土壤;若碱化度大于 20%,则为碱性土。当土壤碱化度达到一定程度时,土壤土粒高度分散,湿时泥泞,干时硬结,耕性极差。

5. 影响土壤酸碱性的因素

(1)气候　高温多雨的地区,风化淋溶较强,盐基易淋失,容易形成酸性的自然土壤;半干旱或干旱地区的自然土壤,盐基淋溶少,土壤水分蒸发量大,下层的盐基物质容易随着毛管水的上升而聚集在土壤的上层,使土壤具有石灰性反应。

(2)地形　在同一气候的小区域内,处于高坡地形部位的土壤,淋溶作用较强,其 pH 值常比低地形部分的低。干旱及半干旱地区的洼地土壤,由于承纳高处流入的盐碱成分较多，或因地下水矿化度高而又接近地表，使土壤常呈碱性。

(3)母质　在其他成土因素相同的条件下，酸性的母岩(如流纹岩、花岗岩)常较碱性母岩(如石灰岩、大理岩)所形成的土壤有较低的 pH 值。

(4)植被　不同植被因组分的差异而对土壤酸碱性产生不同的影响。例如，在南方沿海地区的滨海沉积物上，生长着一种叫红树林的常绿灌木林，由于其含有硫化物，分解后氧化生成硫酸，因此在此类沉积物上发育的水稻土常呈强酸性反应。

(5)人类活动　耕作土壤的酸碱度受人类耕作活动特别是施肥影响很大。施用石灰、草木灰等碱性肥料可以中和土壤酸度，但有些水稻土由于施用石灰过多而变成石灰性水稻土。长期施用硫酸铵等生理酸性肥料，因遗留酸根而导致土壤变酸。近年来，酸雨对土壤酸度影响已越来越明显。

6. 土壤酸碱性与作物生长和土壤肥力的关系

(1)对作物生长发育的影响　由于长期的自然选择和人工选择的结果，不同作物都有一个适合自身生长发育的酸碱度范围。有些作物对土壤酸碱度的适应范围较宽，而一些作物则对土壤酸碱度的要求较高(表 3-15)。

表 3-15　主要作物最适宜的 pH 范围

作物	pH	作物	pH
水稻	6.0～7.0	马铃薯	4.8～5.4
小麦	6.0～7.0	紫云英、苕子	6.0～7.0
玉米	6.0～7.0	紫苜蓿	7.0～8.0
大豆	6.0～7.0	桃、梨	6.0～8.0
甘蔗	6.0～8.0	西瓜	6.0～7.0
棉花	6.0～8.0	甘蓝	6.0～7.0
甜菜	6.0～8.0	番茄	6.0～7.0
甘薯	5.0～6.0	南瓜	6.0～8.0
花生	5.0～6.0	黄瓜	6.0～8.0
烟草	5.0～6.0	桑	6.0～7.0
茶	5.0～5.5		

(2)对土壤养分的影响　土壤养分无论是通过微生物转化的，还是依靠物理化学过程转化的都与土壤 pH 的高低有关。大多数养分在中性(pH 6.5～7.5)时有效性较高。

(3)对土壤物理性质的影响　土壤酸碱状况影响土壤的理化性质，主要是通过胶粒表面的离子组成状况的改变作用于土壤。例如，土壤呈强碱性时，胶粒表面的 Na^+ 含量较高，土壤的分散性强，并易淀积，导致土壤的透水性下降；而在强酸性土壤中，胶粒表面的 H^+ 和 Al^{3+} 含量高，黏粒矿物易于分解和形成大的团聚体。

(4)对植物吸收养分的影响　土壤溶液的碱性物质会促使细胞原生质溶解，破坏植物组织；酸性较强也会引起原生质变性和酶的钝化，影响植物对养分的吸收。

查一查

当地土壤的 pH 大约是多少？土壤为酸性还是碱性？

7. 土壤酸碱性的改良和利用

(1)因土选种适宜的作物　南方酸性很强的山地黄壤，不需改良就可发展喜酸的茶；而甜菜、向日葵、紫苜蓿、棉花等作物的耐碱、耐盐能力较强，在盐碱地上也能正常生长；对酸碱反应敏感、适应 pH 值范围窄的经济作物，如西洋参(药用植物)、茉莉(香料)、郁金香(花卉)等，引种培育则要慎重。酸性和碱性不强的土壤，如北方大面积的石灰性土壤等，一般不需先治理再利用，只要根据土壤和作物的特性，因地种植即可。

(2)酸碱性土壤的化学改良　酸性土壤主要是通过施用石灰、石灰质肥料等治"酸"，减少潜性酸，提高盐基的饱和度；碱性土壤主要可通过施用石膏、磷石膏、明矾、绿矾、硫黄粉等，改良其碱性。必须强调指出，改良盐碱土，除采用一些化学改良措施外，更主要的是采取多种农业技术措施，进行综合治理，方能取得成效。

(二)土壤的缓冲性

土壤的缓冲性是指土壤抵抗外来物质引起土壤酸碱反应剧烈变化的能力和性质，即在土壤中加入少量酸性或碱性物质后，土壤的 pH 值并不相应改变，仍能保持其相对稳定的能力。土壤的缓冲能力是有限的。

1. 土壤产生缓冲性能的原因

(1)土壤溶液中具有弱酸及其盐类组成的缓冲体系　土壤溶液中含有多种无机酸和有机弱酸及与它们组成的盐，如碳酸及碳酸盐、磷酸及磷酸盐、硅酸及硅酸盐、腐殖酸及腐殖酸盐等，构成了良好的缓冲体系。如醋酸及醋酸钠盐的缓冲作用如下：

$$CH_3COONa + H^+ \rightarrow CH_3COOH + Na^+ \quad (1)$$

$$CH_3COOH + OH^- \rightarrow CH_3COO^- + H_2O \quad (2)$$

在反应式(1)中，当外来的酸性物质进入土壤，与醋酸钠反应，使得溶液中的 H^+ 浓度不至于上升太高；而在反应式(2)中，外来的碱性物质与醋酸反应，中和了碱性物质。土壤中其他弱酸与它们的盐也有上述类似的反应，从而使土壤 pH 不至于发生太大的变化。

(2)土壤胶体的离子交换吸收作用　当土壤因加入酸而使 H^+ 浓度增加时，部分 H^+ 通过阳离子交换作用进入胶粒表面，其他阳离子解吸进入土壤溶液；而当碱性物质进入土壤时,土壤胶粒上的部分 H^+ 进入溶液与 OH^- 反应,而溶液中其他阳离子进入胶粒表面。

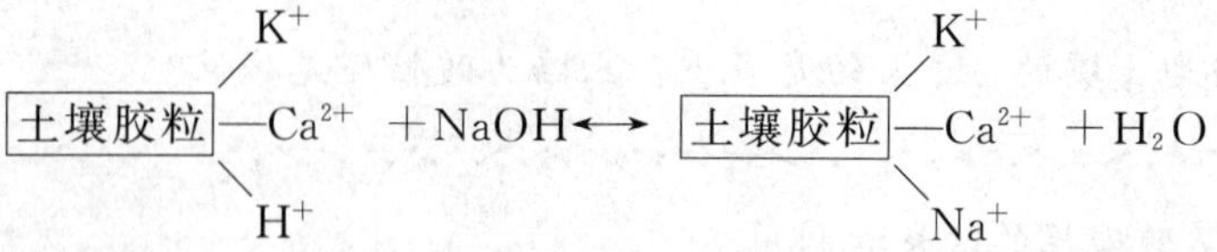

(3)两性物质的作用　两性物质是指在一个分子中既可带正电荷也可带负电荷的物质,通常是一些高分子有机化合物。土壤中的蛋白质、氨基酸、胡敏酸等都是两性物质。

两性物质的存在,使带正电荷的基团可以与酸结合,带负电荷的基团可以与碱结合,起到了稳定土壤的 pH 的作用。如:

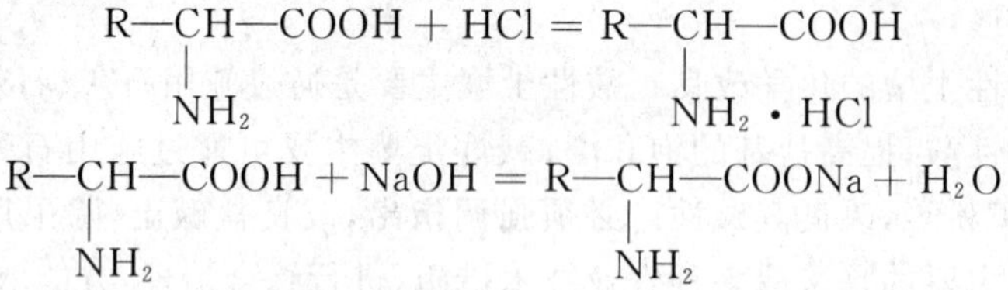

2. 影响土壤缓冲性能的因素

(1)黏粒的含量　土壤质地越细,黏粒含量越高,土壤的缓冲性越强;反之则弱。

(2)土壤胶体的种类　有机胶体的缓冲性能大于无机胶体,而在无机胶体中,缓冲性能的大小顺序为:蒙脱石>水云母>高岭石>铁铝氧化物及其含水氧化物。

(3)有机质含量　土壤有机质的缓冲能力远大于无机胶体。所以,有机质含量越高的土壤,其缓冲性越强;反之则弱。

(三)土壤酸碱性及缓冲性的调节

1. 土壤酸碱性的调节

(1)土壤酸性的调节　通常施用石灰以提高其 pH。石灰除了有中和土壤酸性的作用外,还能增加土壤中的钙素,这样有利于土壤中有益微生物的活动、促进有机质的分解、减少磷素被活性铁、铝的固定以及改良土壤结构。

不同 pH 和不同肥力的土壤,石灰施用的效果不同。强酸性(pH 4.5～5.5)、有机质含量高的水稻土上,效果明显,而中性(pH 6.5 以上)、有机质较少的水稻土效果较差。石灰使用经验做法是在 pH 4～5 时石灰用量为 750～2 250 kg/hm^2;pH 5～6 时石灰用量为 375～750 kg/hm^2。

(2)土壤碱性的调节　生产上用石膏、硫黄粉、明矾、腐殖酸肥料等来改良碱性土。一方面中和了碱性,另一方面增加了土壤中的多价离子,促进土壤胶粒的凝聚和良好结构的形成。另外,在碱性或微碱性土壤上栽培喜酸性的花卉,可加入硫黄粉、硫酸亚铁来降低土壤碱性,使土壤酸化。

2. 土壤缓冲性的调节

调节土壤缓冲性时应考虑土壤胶体类型、有机质含量、土壤质地等因子,因为土壤缓冲性能与这些因子密切相关。

虽然土壤具有缓冲能力,但外来酸碱加入量过多,以及不同土壤的缓冲容量不同,可导致土壤 pH 的变化超出作物和土壤其他生物能够忍受的程度,这时就需要调节土壤的 pH。

技能训练1 土壤容重与孔隙度测定

一、技能目标

通过测定土壤容重,掌握土壤松紧情况,学会计算任何单位面积一定厚度的土壤质量,及土壤水分和其中的各种养分含量。

二、方法原理

用已知质量的环刀去套取一定容积的土壤,利用土壤含水量将湿土重换算成干土重,再与体积的比值,计算出土壤容重,利用公式换算出孔隙度。

三、实验材料

天平(感量 0.01 g)、环刀、恒温干燥器、削土刀、小铁铲、铝盒、酒精、草纸、剪刀和滤纸等。

四、训练操作规程

(1)检查环刀与上下盖和环刀托是否配套,用草纸擦净环刀的油污,记下环刀编号,并称重(准确至 0.01 g),同时,将事先洗净、烘干的铝盒称重、编号,带上环刀、铝盒、削土刀、小铁铲到田间取样。

(2)先在田间选择有代表性的地点,然后挖掘土壤剖面,按剖面层次,分层采样,每层重复 3 次。如果只测定耕作层土壤容重,则不必挖土壤剖面。先用铁铲铲平表土,将环刀托套在环刀无刃口一端,把环刀垂直压入土中,到整个环刀全部充满土壤为止(注意保持土样的自然状态)。

(3)用铁铲将环刀周围的土壤挖去,在环刀下方切断,取出环刀,使环刀两端均留有多余的土壤。

(4)擦去环刀周围的土,并用小刀细心地沿环刀边缘分别将两端多余的土壤削去,使土样与环刀容积相同,立即称重。如果带回室内称重时,应在田间立即盖上环刀,以免水分蒸发影响测定结果。

(5)在田间进行环刀取样的同时,在同层采样处取 20 g 左右的土样放入已知质量的铝盒中,用酒精燃烧法测定土壤含水量(或直接从称重后的环刀内取土 20 g 测定土壤含水量)。

五、结果计算与分析

1. 结果计算

$$土壤容重(g/cm^3)=\frac{(M-G)\times 100}{V(100+W)}$$

式中:M 为环刀及湿土重,g;G 为环刀重,g;V 为环刀容积,cm^3;W 为土壤含水量,%。

$$土壤总孔隙度=\left(1-\frac{土壤容重}{土壤密度}\right)\times 100\%$$

$$土壤毛管孔隙度=土壤田间持水量\times 土壤容重$$

$$土壤非毛管孔隙度=土壤总空隙度-土壤毛管孔隙度$$

式中:土壤密度值取 2.65 g/cm^3。

2. 分析思考

(1)测定土壤容重时为什么要保持土样的自然状态?

(2)测定中应注意哪些问题?

技能训练 2　土壤酸碱性的测定

一、技能目标

通过本项技能训练,使学生明确测定土壤酸碱度的意义并了解其测定原理,初步掌握电位法和混合指示剂法测定土壤酸碱度的测定方法。

二、方法原理

1. 混合指示剂比色法

利用指示剂在不同 pH 溶液中显示不同颜色的特性,根据其显示颜色与标准酸碱比色卡进行比色,确定土壤溶液的 pH。

2. 电位测定法

用水浸液或盐浸液提取土壤中水溶性或交换性氢离子,再用指示电极(玻璃电极)和另一参比电极(甘汞电极)测定该浸出液的电位差。由于参比电极的电位是固定的,因而电位差的大小取决于试液中的氢离子活度。在酸度计上可直接读出 pH。

三、实验材料

1. 混合指示剂比色法的材料与试剂

(1)用具　白瓷比色板、玛瑙研钵等。

(2)pH 4～8 混合指示剂　分别称取溴甲酚绿、溴酚紫及甲酚红各 0.25 g 于研钵中,加 15 mL 0.1 mol/L NaOH 及 5 mL 蒸馏水,共同研匀,再加蒸馏水稀释至1 000 mL,此指示剂的 pH 变色范围如表 3-16 所示。

表 3-16　所配 pH4～8 混合指示剂变色范围

pH	4.0	4.5	5.0	5.5	6.0	6.5	7.0	8.0
颜色	黄	绿黄	黄绿	草绿	灰绿	灰蓝	蓝紫	紫

(3)pH 4～11 混合指示剂　称取 0.2 g 甲基红、0.4 g 溴百里酚蓝、0.8 g 酚酞,在玛瑙钵中混合研匀,溶于 400 mL 95%酒精中,加蒸馏水 580 mL,再用 0.1 mol/L NaOH 调至 pH=7(草绿色),用 pH 计或标准 pH 溶液校正,最后定容至1 000 mL,其变色范围如表 3-17 所示。

表 3-17　所配 pH4～11 混合指示剂变色范围

pH	4	5	6	7	8	9	10	11
颜色	红	橙	黄	草绿	绿	暗蓝	紫蓝	紫

2. 电位测定法的材料与试剂

(1)用具　酸度计(附甘汞电极、玻璃电极)、高型烧杯(50 mL)、量筒(25 mL)、天平(感量 0.01 g)、洗瓶、磁力搅拌器等。

(2)pH 4.01 标准缓冲液　称取经 105℃ 烘干 2～3 h 苯二甲酸氢钾($KHC_8H_8O_4$,分析纯)10.21 g,用蒸馏水溶解,定容至 1 000 mL,即为 pH 4.01,浓度 0.05 mol/L 的苯二甲酸氢钾溶液。

(3)pH 6.87 标准缓冲液　称取经 120℃烘干的磷酸二氢钾(KH_2PO_4,分析纯)3.39 g 和无水磷酸氢二钠(Na_2HPO_4,分析纯)3.53 g,溶于蒸馏水中,定容至1 000 mL。

(4)pH 9.18 标准缓冲液　称 3.80 g 硼砂($Na_2B_4O_7 \cdot 10H_2O$,分析纯)溶于无 CO_2 的蒸馏水中,定容至 1 000 mL。溶液的 pH 容易变化,应注意保存。

(5)1 mol/L 氯化钾溶液　称取化学纯氯化钾(KCl)74.6 g,溶于 400 mL 蒸馏水中,用 10%氢氧化钾和盐酸调节 pH 至 5.5～6.0,然后稀释至 1 000 mL。

四、训练操作规程

1. 混合指示剂比色法操作规程

取黄豆大小待测土样品，置于清洁白瓷比色板的穴中，加指示剂3～5滴，以能全部湿润样品而稍有剩余为宜，用玻璃棒充分搅拌，稍澄清，倾斜瓷板，观察溶液色度与标准色卡比色，确定pH。

2. 电位测定法操作规程

(1)仪器校准

①将待测液与标准缓冲液调到同一温度，并将温度补偿器调到该温度值。

②用标准缓冲溶液校正仪器时，先将电极插入与所测样品pH相差不超过2个pH单位的标准缓冲液，启动读数开关，调节定位器使读数刚好为标准液的pH。

③取出电极洗净，用滤纸条吸干水分，再插入第二个标准缓冲液中，进行校正。

(2)土壤水浸提液pH的测定

①称取通过1 mm筛孔的风干土样25.0 g，放入50 mL烧杯中，用量筒加入无CO_2蒸馏水25 mL，在磁力搅拌器上(或用玻棒)剧烈搅拌1～2 min，使土体充分分散。放置30 min，此时应避免空气中NH_3或挥发性酸等的污染。

②将电极插入待测液中，轻轻摇动烧杯以除去电极上水膜，使其快速平衡，静置片刻，按下读数开关，待读数稳定时记下pH。

③放开读数开关，取出电极，用水洗涤，用滤纸条吸干水分，再进行第二个样品测定。

(3)土壤的氯化钾盐浸提液pH的测定　对于酸性土，当水浸提液的pH低于7时，用浸提液测定才有意义。测定方法除1 mol/L氯化钾溶液代替无CO_2蒸馏水外，其余操作步骤与水浸提液相同。

五、结果计算与分析

1. 结果计算

(1)混合指示剂比色法通过观察溶液色度与标准色卡比色，直接确定土壤pH值。

(2)电位测定法在酸度计上直接读取的值即为pH值。

2. 分析思考

(1)测定土壤酸碱度有何意义？

(2)用电位法测土壤酸碱度时，以蒸馏水和氯化钾做浸提剂分别测得的土壤酸碱度有什么不同？

单元小结

- 土壤基本性质
  - 土壤孔性
    - 土壤密度和容重——土壤密度和容重及其应用
    - 孔隙类型和性质——孔隙分级及与肥力和作物的关系
    - 土壤孔性调节——基本性状及外部因素调节
  - 土壤结构性
    - 土壤结构体——各种结构体类型
    - 土壤结构与肥力——团粒结构、不良结构体土壤肥力
    - 土壤结构改良——精耕细作、施有机肥、改良剂等
  - 土壤耕性
    - 土壤物理机械性——黏结性、黏着性、可塑性等
    - 土壤耕性——衡量标准、影响耕性的因素等
    - 土壤耕性改良——合理耕作、灌溉、施有机肥等
  - 土壤热特性
    - 土壤热容和导热性——热容、导热率及对土壤热特性的影响
    - 土壤温度——土温对土壤及作物的影响
    - 土温变化规律与调节——日变化和年变化；非设施农业土壤及设施农业土壤温度调节
  - 土壤吸收性能
    - 土壤胶体——胶体构造、种类及特性
    - 土壤吸收性能与土壤肥力——吸收性能类型、离子交换作用
    - 吸收性能的调节——胶体状况、胶体离子组成调节
  - 土壤酸碱性与缓冲性
    - 土壤的酸碱性——产生原因及肥力和作物生长影响
    - 土壤的缓冲性——产生原因及影响因素
    - 酸碱性与缓冲性的调节——酸性调节、碱性调节及缓冲性的调节方法

学练结合

➤名词解释

土壤密度　土壤容重　土壤孔隙度　土壤结构体　土壤黏结性　土壤黏着性　土壤可塑性　土壤耕性　土壤热容　土壤胶体　土壤吸收性能　离子交换吸收　阳离子交换量　盐基饱和度　陪补离子效应　土壤缓冲性　土壤活性酸　土壤潜性酸　土壤碱化度

➤填空题

1. 根据土壤孔隙的通透性及持水能力，将其分为________、________、________三种类型，多数植物生长适宜的土壤孔隙度为________。

2. 土壤结构体按照大小、形状、发育程度，可将其类型分为________、________、________、________、________，其中________是最理想的土壤结构体。

3. 衡量土壤耕性好坏，可以从________、________、________等指标来评价。

4. 同一块土壤，含水量高时的土壤热容________于含水量低时的情况；土壤导温率越________，则土壤温度越易随环境温度的变化而变化。

5. 土壤温度日变化、年变化的幅度随着土壤深度增加而逐渐________。

6. 根据微粒核的物质组成不同，土壤胶体可分为________、________、________三类。

7. 根据土壤对不同形态物质吸收、保持方式等的不同，土壤吸收性能的类型分为________、________、________、________、________等形式。

8. 根据土壤中 H^+ 存在的位置，可将土壤酸度分为________和________两种。

➤问答题

1. 如何调节土壤孔隙性？

2. 创造团粒结构的主要生产措施有哪些？

3. 生产中常怎样确定宜耕期？

4. 土壤酸碱度对土壤肥力及植物生长有何影响？

5. 测得土壤的容重为1.2 g/cm^3，计算每公顷耕层为25 cm的土壤重量是多少。

6. 测得土壤的容重为1.2 g/cm^3，土壤密度为2.6 g/cm^3，计算土壤的孔隙度。

7. 某土壤密度为2.6 g/cm^3，容重为1.50 g/cm^3，若现在田间土壤自然含水量为25%，问此土壤水气状况是否适合于一般作物生长的需要？为什么？

单元四 土壤的利用及改良

◎ 学习目标

知识目标：

- 掌握我国土壤定性分类的原则和分类依据
- 掌握高产肥沃土壤的特征和培肥土壤的措施
- 掌握当地主要土壤的利用及改良方法

技能目标：

- 能熟练地判断当地的土壤类型，合理选择适宜的种植方法
- 掌握土壤剖面设置、挖掘和性状观察及记录的方法

第一节 我国的土壤资源

一、我国土壤资源概况

土壤资源是具有农、林、牧业生产能力的各种土壤类型的总称，是人类生存最基本、最重要、不可替代的自然资源。我国人口众多，人均土地占有量低，随着社会经济的高速发展，人们对土壤资源的需求量必然越来越大；另外，现有耕地中生产力水平不高，部分土壤资源退化，生态环境日益恶化。为此，我们必须了解我国土壤资源的现状，掌握资源合理开发的基本手段，珍惜土壤资源，合理利用好每一块耕地，为我国农业持续发展服务。

(一)我国土壤资源的特点

1．我国土壤资源的特点

(1)土壤类型多，生产潜力大　我国地域辽阔，土地总面积约 960 万 km^2，从南到北随着纬度的增大，从东至西随着海拔高度的增高，由于水、热组合的差异及复杂的地质地貌条件，悠久的耕作历史，形成了多种多样的土壤类型，为农林牧副渔业的全面发展创造了有利条件。

(2)山地面积大,平地面积少　我国是个多山的国家,平原面积少,平原盆地只占国土面积的 26%,丘陵占 10%,山地高原占 64%,而且许多海拔在 2 000 m 以上。寒漠、冰川有 2 万 km^2,沙漠、戈壁约 110 万 km^2,石质山面积约 43 万 km^2。所以我国土地面积中有 20%开发利用中是有困难的。但从另一角度来看,广阔的丘陵、山地,复杂而多变的山地气候,也为我国发展多种果林、药材等经济林木以及开发牧场提供了场所。

(3)耕地面积少,肥力不均匀　截至 2008 年,我国现有耕地面积已减少到 1.22 亿 hm^2,占全国土地总面积的 13%左右。从分布上看,约 85%的耕地集中于仅占全国土地面积 44%的东部季风区的 22 个省(市)内。而占全国面积一半以上的西部各省、区,其耕地只占全国耕地的 15%,耕地只占这些省(区)土地总面积的 3.4%。总的来说,我国人均耕地不仅少,而且分布也过于集中。

(4)土地资源分布不均,土壤生产力的区域差异显著　我国土壤资源不仅数量有限,而且区域分布上差异很大。在自然地理上可划分为东南部湿润与半湿润季风区,西北部干旱与半干旱内陆区,西部青藏高原区。大部分地区水、热条件不协调,区域差异较大。

(5)后备耕地资源少　我国较易开发利用的土地基本已被开发,现有 3 300 万 hm^2 荒地中,可供开垦为农田的仅有 800 万 hm^2。因此,可供开垦的后备耕地资源数量有限。

(6)水土资源匹配不协调　我国水资源不足,且地区分布不均衡。长江以南,河川径流量占全国 82%,耕地只占全国 36%;黄淮海平原耕地占全国的 17%,河川径流量只占全国的 4%。这种水、土资源的不协调,限制了农业的发展。

2. 我国土壤资源利用中存在的问题

(1)耕地面积不断减少　在我国,可利用土地资源特别是农用土地资源数量不足和人口增长之间的矛盾十分突出。自新中国成立以来,耕地面积一直呈逐年减少趋势。主要原因有城乡建设、工业、交通基础设施建设和农业内部的产业结构调整等。

(2)土壤退化日益严重　土壤退化是一个非常宽泛的概念,目前人们认为包括土壤侵蚀、荒漠化、盐渍化、水涝及土壤有机质含量下降等几种形式。我国土壤退化不但形势严峻,而且发展趋势不容乐观。侵蚀在多数省(区)存在。

(3)重用轻养,经营不当　农田有机物投入少,只种地不养地的现象普遍存在且日益严重,生态环境处于恶性循环之中。

(4)土壤污染面积扩大　随着工业、特别是乡镇企业的发展和农业集约化水平的提高,工业“三废”和生活废弃物以及化肥、农药等越来越多地进入土壤,造成土壤污染，农田环境恶化。土壤污染不仅影响农业生产，而且将危害到人体健康，这也是当前土壤资源存在的主要问题之一。

（二）我国土壤资源的合理开发利用

（1）宜农荒地资源的开发与利用　为适应人口增长和基本建设的需要，减缓耕地面积减少的趋势，合理尽快地把宜农荒地开垦出来是我国一项有战略意义的重要措施。我国宜农荒地资源主要分布在西北干旱区、东北及内蒙古东部和南方山区。

（2）山地资源的开发利用　我国山地资源丰富，山地类型复杂。大体可分为北方山地、南方山地和青藏高原高山三大类。合理开发山地资源，必须正确认识山地环境条件和类型复杂多样的特点，因地制宜、扬长避短，发挥优势。

（3）退化土壤的开发利用　水土流失区域，必须从合理利用土地着手，走农、林、牧综合发展的道路。控制水土流失，制止掠夺式经营；盐碱地的开发利用首先是在搞好水利工程的基础上，进行综合治理盐碱和次生盐渍化；沙化土地，在保护植被的前提下合理利用沙化区域资源，改造沙地。

二、我国土壤分类与分布

（一）我国土壤的分类

土壤分类就是根据土壤的发生发展规律和自然性状，按照一定的分类标准，把自然界的土壤划分为不同的类别。土壤分类处于一个不断发展和变化的历史进程中。在不同的国家以及同一国家不同的时期，使用的土壤分类体系不同。目前我国的土壤分类状况是定量的土壤系统分类和定性的发生分类并存。

1. 土壤分类原则

（1）发生学原则　土壤是客观存在的实体，土壤分类必须坚持发生学的原则，即坚持以成土因素、成土过程和土壤属性相结合作为土壤发生学分类的基础依据，这样才能最大限度地体现土壤分类的客观性和真实性。

（2）统一性原则　在土壤分类中必须将耕地土壤和自然土壤作为统一的整体进行土壤类型的划分，力求揭示自然土壤与耕作土壤在发生上的联系及演变规律。

2. 我国现行土壤分类系统

我国现行的土壤分类系统分土纲、亚纲、土类、亚类、土属、土种和亚种 7 级。前 4 级为高级分类，后 3 级为基层分类（表 4 - 1）。现行的中国土壤分类系统是 1995 年的修订方案，是中国土壤分类系统中的高级分类，将我国土壤分为 14 个土纲 141 个土类。但比较习惯且实用的是 1992 年首次提出的方案（表 4 - 2）。

表 4-1 我国现行土壤分类系统

分类级别	分类依据
土纲	分类系统中的最高一级,用以概括土类之间的某些共同性
亚纲	在土纲范围内,根据反映控制现代成土过程的水热条件划分
土类	基本分类单元,根据成土因素、成土过程和由此产生的土壤属性划分
亚类	土类之间的过渡类型,根据主导过程以外的另一个次要或新的成土过程来划分
土属	在发生学上具有承上启下意义的分类单元,根据母质、水文等地方因子划分
土种	土壤分类的基层单元,根据发育程度或熟化程度划分
亚种	土种范围内的变异,常以表层或耕层的某些变化划分

表 4-2 中国土壤分类系统(首次方案,1992)

土纲	土类
铁铝土	1. 砖红壤 2. 赤红壤 3. 红壤 4. 黄壤
淋溶土	5. 黄棕壤 6. 黄褐土 7. 棕壤土 8. 暗棕壤 9. 白浆土 10. 棕色针叶林土 11. 漂灰土 12. 灰化土
半淋溶土	13. 燥红土 14. 褐土 15. 灰褐土 16. 黑土 17. 灰色森林土
钙成土	18. 黑钙土 19. 栗钙土 20. 栗褐土 21. 黑垆土
干旱土	22. 棕钙土 23. 灰钙土
漠土	24. 灰漠土 25. 灰棕土 26. 棕漠土
初育土	27. 黄绵土 28. 红黏土 29. 新积土 30. 龟裂土 31. 风沙土 32. 石灰土 33. 火山灰土 34. 紫色土 35. 磷质石灰土 36. 石质土 37. 粗骨土
半水成土	38. 草甸土 39. 砂浆土 40. 山地草甸土 41. 淋灌草甸土 42. 潮土
水成土	43. 沼泽土 44. 泥炭土
盐碱土	45. 盐土 46. 漠境盐土 47. 滨海盐土 48. 酸性硫酸盐土 49. 寒原盐土 50. 碱土
人为土	51. 水稻土 52. 灌淤土 53. 灌漠土
高山土	54. 高山草甸土 55. 亚高山草甸土 56. 高山草原土 57. 亚高山草原土 58. 山地灌丛草原土 59. 干寒高山漠土 60. 亚高山漠土 61. 寒冻高山荒漠土

(二)我国土壤的分布

1. 我国主要土壤的分布规律

土壤是各种成土因素综合作用的产物,而生物、气候、地形等因素都具有特定的地理规律,所以,土壤类型及其分布也呈现地理的规律性。我国土壤种类繁多,形态各异,分布组合不同,土壤的利用与管理十分复杂。我国的土壤类型在自然环境条件的综合作用下,呈现出明显水平地带分布、垂直地带分布和区域性分布的特点(表 4-3)。

表 4-3　我国土壤分布规律

分布规律类型	分布规律
水平地带性分布	水平方向上土壤分布因生物气候带变化而变化。包括纬度和经度地带性。东部湿润区由北向南土壤水平分布:暗棕壤(黑龙江、吉林大小兴安岭和长白山地区)—黑土和黑钙土(东北松嫩平原和三江平原)—棕壤(辽东半岛等)—黄棕壤(苏、皖、鄂、湘等省)—黄壤和红壤(长江以南)—赤红壤和砖红壤(南岭以南);内陆干旱区,由东向西分布:黑钙土—栗钙土—棕钙土—灰钙土—荒漠土;由东北大兴安岭向西南至黄土高原分布:黑土—黑钙土—栗钙土—褐土—黑垆土
垂直地带性分布	土壤随海拔高度增加而呈现分布的规律性。暖温带湿润区分布是棕壤—山地棕壤—山地暗棕壤;半湿润区是垆土—山地褐土—山地淋溶褐土—山地棕壤—山地暗棕壤—山地草甸土;珠穆朗玛峰由下向上分布的土壤类型是红黄壤—山地黄棕壤—山地酸性棕壤—山地漂灰土—黑毡土与草毡土—高山寒漠土—冰雪线
区域性分布	在地带性土壤分布规律的基础上,由于受地形、地质、水文等自然因素等影响,其土壤类型有别于地带性土壤类型,显示出土壤的区域性。也称非地带性分布。按区域面积分为中域或微域

2. 我国主要土壤类型的分布与成土特点

我国土壤资源丰富,其成土过程与特性存在显著差异。现将我国部分重要土壤类型的分布与成土特点总结如表 4-4 所示。

表 4-4　我国部分土类的分布与特征

土类	分布	成土特点
砖红壤	热带雨林、季雨林	风化脱硅强烈,脱硅富铝化严重,游离铁占全铁的 80%,盐基饱和度<15%,pH 4.5~5.5,具有深厚的红色风化壳
赤红壤	南亚热带季雨林	脱硅富铝化作用仅次于砖红壤,比红壤强,游离铁介于二者之间,pH 4.5~5.5,盐基饱和度 15%~25%
红壤	中亚热带常绿阔叶林	中度脱硅富铝化,游离铁占全铁的 50%~60%,盐基饱和度<35%,pH 4.5~5.5
燥红土	热带亚热带干旱河谷与稀树草原	盐基饱和的红色土壤,多数 pH 6~7,有时可达 pH 7.5
黄壤	中亚热带湿润常绿阔叶林	中度富铝化风化,富含水合氧化物,pH 4.5~5.5,盐基饱和度 15%~25%
黄棕壤	北亚热带湿润落叶、常绿阔叶林或针叶混交林	弱度富铝化风化,黏化特征明显,铁的游离度较红壤低,pH 5.5~6.0,透性差,保水力强

续表 4-4

土类	分布	成土特点
黄褐土	北亚热带丘陵岗地	由下蜀黄土母质发育而成，剖面无游离碳酸钙，在黏聚层下出现石灰结核层，表层 pH 6.0～6.8，底层 pH 7.5，由上向下盐基饱和度趋于饱和
棕壤	暖温带湿润落叶林	土体具有黏化特征，棕色，盐基充分淋失，pH 6.0～7.0，见少量游离铁，土质黏重，耕性不良
褐土	暖温带半湿润、半干旱区	处于硅铝风化阶段，有明显黏化与钙质淋移沉积，pH 7.0～7.5，盐基饱和度达 80%以上，有时过饱和
黑垆土	暖温带半干旱向干旱过渡草原	由黄土发育而成，腐殖质层厚；原位黏化，无明显黏化层，有假丝状石灰积累，无盐化特征
灰钙土	暖温带干旱草原	低腐殖质、弱淋溶特征
棕漠土	暖温带极端干旱荒漠	从表层起有易溶性盐出现，盐分以氯化物为主，有机质含量低，强碱性反应，没有碱化现象
暗棕壤	温带湿润区针阔混交林	有明显有机质富集和弱酸性淋溶，淀积层有铁锰胶膜，呈弱酸反应，盐基饱和度 70%～80%，土壤冻结期长
黑土	温带半湿润草甸草原	有深厚腐殖质层和钙积层，含盐量多，无石灰反应，底层具有轻度滞水还原淋溶特征
黑钙土	温带半湿润半干旱草甸草原	有深厚的腐殖质层和碳酸钙淋溶淀积层，pH 7.0，下层达 pH 8.0～8.5，冬季冻层达 1.3～1.5 m
栗钙土	温带半干旱草原	有明显的腐殖质层和钙积层，有草原土壤的特性，含盐量多，表层中性，下层呈微碱性反应
潮土	近代河流冲积平原或低平阶地	地下水位浅，潜水参与成土过程，底土氧化还原作用交替，形成锈色斑纹和小型铁子
碱土	干旱地区	土壤黏粒下移积累，交换性钠离子高，pH 9.0～10.0
水稻土	长期季节性淹灌脱水、水下耕翻，氧化还原交替	原来成土母质或母土的特性发生重大改变。由于干湿交替，形成糊状耕作层、较坚实的犁底层、渗育层、斑纹层与青泥层
沼泽土	地势低洼，长期地表积水	有机质累积明显，甚至有泥炭层或腐泥层，还原作用强烈，形成潜育层
风沙土	半干旱、干旱漠境地区及滨海地区，风沙移动堆积	成土时间短，无剖面发育，反映了沙流动与固定的不同阶段
灌淤土	长期引用高泥沙含量灌溉水淤灌	根本上改变了原来土壤的层次，包括表土及其他土层，均作为埋藏层，土体深厚，色泽、质地均一

三、高产肥沃土壤的特征及培肥措施

(一)高产肥沃土壤的特征

我国土壤资源极为丰富,农业利用方式十分复杂,因此高产稳产肥沃土壤的性状也不尽相同,有其特殊性。但比较起来,高度肥沃土壤比同地区一般土壤具有以下特征。

1. 良好的土体构造

土体构造一般是指在 1 m 深度内上下土层的垂直结构。包括土层厚度、质地和层次组合。

肥沃土壤一般具有上虚下实的土体构造。耕作层疏松,深厚,质地较轻;心土层较坚实,质地较重,上下土层密切配合,成为能协调供应作物高产所需水、肥、气、热等条件的良好构型。

查一查

当地肥沃土壤的养分含量状况如何?

2. 适量协调的土壤养分

肥沃土壤的养分含量不是越多越好,而要适量协调,达到一定的水平。北方高产旱作土壤,有机质含量一般在 15～20 g/kg,全氮含量达 1～1.5 g/kg,速效磷(P_2O_5)含量 10 mg/kg 以上,速效钾(K_2O)含量 150～200 mg/kg。

肥沃水稻土的适量有机质含量为 20～40 g/kg,全氮量为 1.3～2.3 g/kg,全磷和全钾量分别为 1～15 g/kg。

3. 良好的物理性质

肥沃土壤具有良好的物理性质,如质地适中,有较多的水稳性和临时性的团聚体,孔隙性好,因此,有良好的水、气、热状况。此外肥沃水稻土必须有适度的渗漏性质。

(二)土壤培肥措施

农业土壤是在自然土壤基础上,通过开垦耕种,加入人工肥力演变而成。主要有农田土壤、设施农业土壤、山丘果园土壤、城市绿地土壤等类型。它们在利用中存在的问题及培肥措施如表 4－5 所示。

不管哪种类型的土壤,培肥的措施基本上包括如下几个方面:

(1)搞好农田基本建设　根据制约土壤肥力提高的因素,因地制宜地采取各种治水改土的农田基本建设措施。改造土壤环境,培肥土壤,使土壤肥力不断提高。

我国地域辽阔，土壤资源极为丰富，但我国土壤退化十分严重，我们应运用合理的农、林、牧、水利等综合措施来建设基本农田。

表 4-5 各种土壤在利用中存在的问题和培肥措施

利用形式	存在问题	培肥措施
旱田	干旱缺水；风蚀沙化；盐碱化和盐渍化；施肥不当造成的土壤板结和耕性变差等	加强田间工程建设，提高土壤蓄水和灌溉能力；增施有机肥，提高土壤肥力；消除酸碱盐危害，改善土壤酸碱性；合理轮作倒茬，用地与养地相结合；防止土壤侵蚀，地膜覆盖等
水田	长期淹水，土壤 O_2 浓度与 CO_2 浓度失调；水气不协调，渗漏性逐渐变差；氧化还原电位低等	深耕改土；增施有机肥；合理轮作，平衡养分；加强排水洗盐；消除障碍因子等
设施农业土壤	土温高；水分散失少；养分转化快，淋失少，盐分易积累；离子间拮抗作用；气体扩散不畅，易产生气体危害	采取科学的轮作方式；改良土壤质地；用物理方法进行消毒；以水排盐；科学施肥；种植耐盐植物等
山丘果园土壤	南方果园土壤有机质含量低、质地黏重，耕性不良，养分含量较低，酸性强等	加强果园的土、水、肥管理；适度深耕，增施有机肥熟化土壤；干旱果园增加地表覆盖；黄河故道等沙荒地要设置防护林网，种植绿肥等增加覆盖
草原土壤	水热条件不协调，肥力特性较差；肥力水平相差较大，且不稳定	加强草原土壤资源利用的管理；合理利用，加强保护；科学放牧，建设人工草地等
森林土壤	土壤淋溶作用强，土壤中盐基离子较少；土壤反应趋酸性	加强森林土壤资源保护；加强森林地面凋落物的保护；加强森林抚育管理
城市绿地土壤	土层较薄；土壤熟化度差，养分失衡；土壤紧实，透气性差；保水性差，易干燥；土壤障碍因素较多	客土改良土壤质地；增施有机肥；适当耕作、松土与覆盖；喷施土壤改良剂；建筑工地土壤要分类管理

(2)利用生物改土　植树造林，保持水土，涵养水源，调节雨量，减少水、旱灾害，为培肥土壤建立稳固基础。种植绿肥培肥地力，同时会使土壤有机质逐年递增，是用地养地、改良土壤理化性状的有效措施。据中国农科院土壤研究所在红壤和黄壤上试验，以 1∶1 的比例加入稻草和紫云英，剪成 5 cm 左右，加入量为 5% 后，黄壤的容重由 1.34 g/cm^3 下降到 1.24 g/cm^3，红壤的容重由 1.36 g/cm^3 降到 1.22 g/cm^3 左右。

(3)增施有机肥改土　增施有机肥料，对提高土壤肥力有特殊作用。有机肥可改良土壤的理化性状及耕作性能，丰富植物营养元素，促进土壤有益微生物的活动,有利于保水保肥,增加通透性。在肥力的培育方面,有机物料的培肥作用占有突出的地位,它能有效地增加土壤的团粒结构。

(4)耕作改土　采取以深耕为中心的耕、耙、耱、压等耕作措施,或采用旱改水田的方法,加速生土熟化,加厚土壤耕作层,改善土壤结构,提高地力。合理的耕作可以调节土壤固、液、气三相的物质比例,增强土壤通透性能。深耕要注意逐步加深,不乱土层,时间要适宜。不论是伏耕、秋耕、冬耕,只要茬口允许,都要力争提早,争取有较长的风化时间,以促进土壤熟化和养分的释放。

(5)客土改土　增施塘泥、沟渠泥、垃圾泥和表土等进行改土,可改善土壤结构,提高土壤肥力。也可以通过砂掺黏、黏掺砂等客土方法,改变土壤通透性,都有利于提高土壤肥力。

(6)合理轮作　正确的轮作可使土壤中的养分、水分得到合理利用,充分发挥生物养地、培肥增产的良好作用。同时还可以减少病虫对作物的危害,促进丰产丰收。轮作倒茬的类型很多,各地必须根据当地的自然条件和生产条件,因地制宜地进行。

四、土壤退化及其防治

(一)土壤退化概述

1. 土壤退化的概念

土壤退化是指土壤数量减少或质量降低。数量减少表现为表土丧失,或整个土体的毁坏或土地被非农占用;质量降低表现在土壤理化性质、生物学性质下降。

从生态学观点看,土壤退化就是植物生长条件恶化和土壤生产力下降。土壤退化常是由自然因素和人为因素共同作用和相互叠加的结果。人类高强度的土地利用,不合理的种植、耕作、施肥等经济活动,是导致耕地土壤生态平衡失调、环境质量变劣、再生能力衰退、生产力下降的主要原因。

2. 土壤退化的分类

根据我国的实际情况,将土壤退化分为土壤侵蚀、土壤沙化、土壤盐化、土壤污染及不包括上列各项的土壤性质恶化、耕地的非农业占用等 6 大类(表 4 - 6)。

3. 我国土壤退化的特点

(1)土壤退化的发生广,强度大,类型多　我国土壤侵蚀严重,在不同地区、区域有不同表现。水蚀、风蚀面积占国土面积的 1/3,流失土壤每年达 50 亿 t,沙漠戈壁面积 110 万 km^2,沙化土壤面积达 32.83 万 km^2;盐碱荒地 33.3 万 km^2,盐碱耕地 13.3 万 km^2;环境恶化,各种形式造成的土壤污染严重;土壤肥力普遍下降。

(2)土壤退化发展快,影响深远　我国土壤退化发展速度惊人,见表 4 - 7。

表 4-6 我国土壤退化分类

一级分类	二级分类
土壤侵蚀	水蚀;冻融侵蚀;重力侵蚀
土壤沙化	悬移风蚀;推移风蚀
土壤盐化	盐渍化和次生盐渍化;碱化
土壤污染	无机物污染;农药污染;有机废物污染;化学废料污染;污泥、矿渣和粉煤灰污染;寄生虫、病原菌和病毒污染
土壤性质恶化	土壤板结;土壤潜育化和次生潜育化;土壤酸化;土壤养分亏缺
耕地非农业占用	—

表 4-7 我国土壤退化发展速度 $10^4 hm^2/a$

土壤退化类型	发展速度	土壤退化类型	发展速度
耕地被占用	15	土壤沙化	21.5
耕地剥离	10	草地退化	200
土壤流失	30～40		

土壤退化的直接后果是土壤生产力下降,致使化肥用量不断提高,不但增大农业投入,而且成为环境污染的主要原因。

(二)土壤退化的防治

1. 土壤侵蚀的防治

(1)土壤侵蚀的概念　土壤侵蚀是指土壤及其母质在各种外力作用下被破坏、剥蚀、搬运和沉积的全过程。它是土壤退化的主要原因,也是导致生态环境恶化最为严重的问题。

(2)土壤侵蚀的危害

①破坏土地资源　土壤侵蚀造成全国每年流失土壤 50 亿 t,相当于毁坏土地 100 万 hm^2。

②土壤质量下降　土壤侵蚀降低土壤肥力主要表现在以下几方面:土壤物质循环过程失调,水土流失带走的物质大于进入土壤中的物质;土壤薄层化和逆向发育过程加剧;使土壤向原始状态发展;土壤沙化和石质化,使土壤完全失去生产力和承载力。

查一查

当地主要存在着哪些形式的土壤退化问题?

③恶化生态环境　随着侵蚀的发展，土壤生态相应变化，土层变薄、肥力下降，水、气、热不协调，甚至还可能引发地质灾害。

(3)土壤侵蚀的防治

①水利工程措施　按其作用可分为梯田、坡面蓄水工程和截流防冲工程。梯田是治坡工程的有效措施；坡面蓄水工程主要是为了拦蓄坡面的地表径流，解决人畜和灌溉用水；截流防冲工程的功能是可以改变坡长，拦蓄暴雨，并将其排至蓄水工程中，起到截、缓、蓄、排等调节径流的作用。

②生物工程措施　生物工程措施是指为了防治土壤侵蚀、保持和合理利用水土资源而采取的造林种草，绿化荒山，农林牧综合经营，以增加地面覆被率，改良土壤，提高土地生产力，发展生产，繁荣经济的水土保持措施，也称水土保持林草措施。

③耕作措施　主要包括以改变地面微小地形、增加地面粗糙率为主的水土保持农业技术措施；以增加地面覆盖为主的水土保持农业技术措施；以增加土壤入渗为主的农业技术措施3个方面。

2. 土壤沙化的防治

(1)土壤沙化的概念　土壤沙化是指因风蚀，土壤细颗粒物质丧失，或外来沙粒覆盖原有土壤表层，造成土壤质地变粗的过程。土壤沙化是当今人类面临的十大生态环境问题之一。我国土壤沙化危害十分严重。

(2)土壤沙化的危害

①降低土壤肥力，缩小耕地面积　沙化过程中被风吹走了土壤中细小的颗粒和营养物质，恶化了土壤理化性质和水分状况，沙化使大面积土壤失去农、牧生产能力。

②毁坏农作物　在遭受风蚀的土壤上，常使作物种子和幼苗被吹走吹露，造成缺苗断垄，降低产量，甚至绝收。

③沙埋耕地和草场　在风蚀的下风向形成覆沙和小丘，使耕地被沙埋，造成作物死亡或减产；草场退化，牧草种类减少，生物生产量下降。

④危害工矿、交通和居民点；危害河流、水库；使大气环境恶化。

(3)土壤沙化的防治

①营造防沙林带　建立封沙育草带、前沿阻沙带、草障植物带、灌溉造林带、固沙防火带等。

②实施生态工程　建立农林草生态复合经营方式。

③合理开发水资源　调控河流上、中、下游流量，挖蓄水池、打井机等。

④控制农垦　正在沙化的地区，应合理规划，控制农垦；草原地区应控制载畜

量，原则上不宜农垦。

⑤采取综合治沙措施　将机械固沙、化学固沙、生物固沙等方法综合运用。

3. 土壤潜育化的防治

(1)土壤潜育化的概念　土壤潜育化是指土壤处于受积滞水分的长期浸渍，土体内氧化还原电位过低，并出现青泥层、腐泥层或泥炭层的过程。

(2)土壤潜育化的危害

①地下水位高，土温低　由于地势低，长期被水浸泡，水土温度一般比水田还要低4～5℃。

②还原性强，有害物质多　由于渍水和地下水位高，排水不良，通气性差，氧化还原电位低，土壤还原性物质较多，影响根系生长。

③土粒分散，结构不良　此类土壤一般耕层较厚，质地多数较为黏重，土粒分散，结构不良；有机质含量高，养分有效性差。

(3)土壤潜育化的防治

①排水除渍　开挖截洪沟、环田沟等，排除山洪水、冷泉水、铁锈水、渍水和矿毒水，降低地下水位。

②合理耕作　冬季耕作层犁翻晒白，且早耕早晒，晒白晒透，利于土壤结构的形成和改善土壤的通气性和渗漏性。

③合理轮作　改单连作为轮作，进行水旱轮作，既可改良土壤，提高肥力，又可提高土壤的生产效益。

④合理施肥　潜育化土壤有机质含量较高，但有效养分少，应实行因土施肥。

⑤多种经营　采取稻田与养殖或种植相结合。

4. 土壤盐渍化的防治

(1)土壤盐渍化的概念　土壤盐渍化是指易溶性盐在土壤表层积累的现象或过程。当表层土壤中的可溶性盐含量超过0.1%时，对作物生长有抑制作用；总盐量超过1%，对作物危害极大。土壤碱化程度的分级见表4-8。

表4-8　土壤碱化程度的分级指标　%

碱化程度	非碱化土壤	弱碱化土壤	碱化土壤	强碱化土壤	碱土
钠化率	<5	5～10	10～15	15～20	>20

(2)土壤盐渍化的危害

①高浓度盐分引起植物"生理干旱"　土壤中可溶性盐含量增加时，土壤溶液浓度和渗透压增大，当大于细胞液的渗透压时，作物吸水困难，严重时产生生理脱水而萎蔫死亡。

②影响作物对养分的吸收　土壤溶液中某种离子的浓度过高时，会妨碍作物对其他离子的吸收，造成作物营养紊乱。某些离子浓度过高时，对一般作物会产生直接的毒害。

③强碱性降低土壤养分的有效性　土壤中碱盐过多时，水解使土壤呈强碱性反应，使很多植物营养元素形成难溶性化合物，降低其有效性。

④恶化土壤的物理和生物学性质　由于土壤中交换性 Na^+ 的存在，土粒高度分散，导致土壤干硬湿黏，通透性不良，耕性变坏，土壤性质恶化。过量的盐碱物质还会直接抑制土壤微生物的活动。

查一查

治理盐渍化过程中，常用哪些物质做化学改良剂？

(3)土壤盐渍化的防治

①水利工程措施　利用排水、洗盐或放淤压盐的方法，将土壤中过多盐分排出土体或淋洗到底土层。

②农业改良措施　通过种植水稻、耕作改良与增施有机肥等方式加速洗盐、防止返盐、培肥盐碱土。

③生物措施　主要包括植树造林和种植绿肥牧草等，培肥改土或抑制返盐。

④化学改良措施　碱土与重碱化土壤，由于 pH 值太高，一般的水利与生物改良措施均难以达到土壤改良的目的。因此，在改良中往往要配施一些化学物质。

5. 土壤环境污染的防治

(1)土壤环境污染的概念　土壤环境污染是指人类活动所生的各种污染物，通过不同途径进入土壤，数量和速度超过土壤的自净能力的现象。

(2)土壤环境污染的危害　土壤环境污染可导致严重的经济损失；导致农产品污染超标、品质不断下降；导致大气环境次生污染；水体富营养化并成为水体的祸患；成为农业生态安全的克星。

(3)土壤环境污染的防治

①减少污染源　加强对土壤环境污染的调查和监测，控制和消除工业“三废”，控制化学农药使用，合理施用肥料。

②综合治理　一是采取客土、换土、隔离法等工程措施；二是采取生物吸收、生物降解等生物措施；三是加入沉淀剂、抑制剂等化学改良剂；四是增施有机肥、控制土壤水分、合理施用肥料、改变耕作制度等农业措施；五是完善法制，发展清洁生产。

第二节 主要土壤类型的利用及改良

一、我国南方主要土壤类型的利用及改良

(一)红壤

1. 概况

红壤是我国铁铝土纲中分布面积最广的土类,多在北纬 25°～31°之间的中亚热带广大低山丘陵地区。包括江西、湖南的大部分地区。除此之外,在云南、广西、广东、福建、台湾的北部以及浙江、四川、安徽、贵州的南部都有红壤的分布。分为红壤、棕红壤、黄红壤和山原红壤 4 个亚类。

2. 理化性状

①全剖面呈酸性,表土层与心土层的 pH 5.0～5.5,底土层 pH 4.0。

②黏土矿物主要为高岭石、赤铁矿,黏粒硅铝率为 2.0～2.4,一般可占黏粒总量的 80%,少见三水铝石,表现对磷的固定较强。

查一查

当地的主要土壤类型有哪些?利用状况如何?

③阳离子交换量低,常为 5～25 cmol/kg,红壤交换性铝为 2～6 cmol/kg,占潜性酸的 80%～95%,盐基饱和度为 40%左右。

④土壤中有较多的游离态 Fe,Al,而 P 易被固定,细土游离 Fe_2O_3 不小于 2%,红壤富铝化作用显著,风化程度深,质地较黏重,尤其在第四纪红色黏土上发育的红壤,黏粒可达 40%以上。

⑤红壤有机质通常在 2%以下,腐殖质 H/F 为 0.3～0.4,胡敏酸分子结构简单,分散性强,不易絮凝,故红壤土壤结构水稳性差,因富含铁铝氢氧化物胶体,临时性微团聚体较好。

3. 利用及改良

(1)防治水土流失,保护红壤资源　充分发挥森林在生态平衡中的主导作用,大力发展林业。

(2)全面规划,合理布局　红壤山丘区土地后备资源的潜力很大。在开发红壤荒地时,要做到宜农则农,宜林则林,宜牧则牧,宜果则果,建立林、果、草、农、畜等人工复合生态模式,建立农林牧有机结合的生态农业新体系。

(3)调整产品结构,发展商品生产　红壤区要处理好粮食生产与多种经营的关系。粮食生产从稳定面积、提高单产着手,同时积极利用荒山荒坡发展多种经营,真正地把经济效益和生态效益统一起来。

(4)种草兴牧,发展草食畜禽　南方红壤区必须因地制宜地调整以生猪为主的畜禽结构,充分利用草山草坡面积大的资源优势,建立人工和半人工的优良饲、牧草场,同时利用作物秸秆做饲料,大规模开发兔、鹅、羊、牛等节粮草食畜禽,发展南方农区养畜业。

(5)用地与养地结合,加强地力建设　红壤旱地要获得作物高产,必须采用合理的耕作制度,扩大绿肥、豆类和花生等作物的种植比例,以用为主,用中有养,用养结合,使土壤资源永续利用。

(6)推广以保水抗旱为中心的农业技术配套措施　红壤地区的主要自然灾害是干旱缺水。因此,除兴修水利,引水上山,提高灌溉抗旱能力外,首先,要改坡地为梯地,稳定水土条件;其次,在水利条件较好的地方,实行旱地改水田,加速土壤培肥熟化。

(二)砖红壤

1. 概况

砖红壤是我国最南端热带雨林或季雨林地区的地带性土壤。水平分布在北纬22°以南琼雷台地及滇南低丘谷地西双版纳热带区。垂直分布海拔在450 m以下,滇南在800～1 000 m以下。根据砖红壤成土条件、成土过程和过渡性特征,可分为砖红壤、黄色砖红壤、褐色砖红壤3个亚类。

2. 理化性质

①全剖面呈酸性,pH为4.5～5.5,土中铁铝氧化物增加,交换性盐基为0.34～2.6 cmol/kg,盐基饱和度多在20%以下。

②土壤质地黏重,黏粒含量多在50%以上,且红色风化层可达数米乃至十几米,一般土体厚度多在3 m以上。黏土矿物主要为高岭石和三水铝石,黏粒硅铝率<1.75,砖红壤黏粒的硅铝率、硅铁铝率最小,黏土矿物80%为高岭石,其余为三水铝石和赤铁矿。

③热带风化作用极强,砖红壤中原生矿物分解最彻底,盐基淋失最多,硅迁移量最高,铁铝聚集最明显。

④植被茂密的砖红壤表土有机质含量可达5%以上,含氮0.1%～0.2%,但腐殖质品质差,H/F为0.1～0.4,故不能形成水稳性有机团聚体。阳离子交换量低(小于10 cmol/kg),速效养分含量低,速效磷极缺,土壤中有大量的游离态Fe,Al,而P易被固定。

3. 利用及改良

砖红壤土体深厚，质地偏砂，易耕作，宜种性广；灌溉水源不足，常有干旱威胁；养分含量很低，特别缺磷、缺钾，作物生长欠佳，产量不高。

改良利用措施有：改善排灌系统，改善农田生态条件，能灌能排；由于土壤缺肥，应增施有机肥，分次多施钾肥及因土配施磷肥，提高土壤供肥力；由于下层土壤质地较好，养分相对较高，可适当轮作深根作物，以利于改良土壤。目前在开发利用中由于粗放垦殖，存在着水土流失和肥力退化现象，应有计划地合理垦殖，并进行多种经营；在橡胶树林间，可种植云南大叶茶、金鸡纳、可可、肉桂、三七等短期热作，充分利用热带土壤资源。

(三)黄壤

1. 概况

黄壤广泛分布于我国北纬30°附近亚热带、热带山地、高原，以川黔两省居多。在中亚热带山地，在南亚热带和热带的山地也有分布。依据黄壤特定成土条件的变异和附加成土过程可分为黄壤、表潜黄壤、漂洗黄壤、暗黄壤和黄壤性土壤等5个亚类。

2. 理化性质

①全剖面呈酸性到强酸性，pH为4.0～5.5，由于中度风化强度淋溶，黄壤呈酸性至强酸性反应。交换性酸以活性铝为主，交换量为4～10 cmol/kg，最高达18 cmol/kg。

②因黄化和弱富铝化过程使土体呈黄色而独具鲜黄铁铝B层，黏粒硅铁铝率2.0左右，黏土矿物以蛭石为主，高岭石、伊利石次之，还有拜来石和埃洛石，亦有三水铝石出现，黄壤质地一般较黏重，多为黏土、黏壤土。

③土壤交换性盐基含量低，盐基饱和度小于20%，比红壤低，交换量为10～20 cmol/kg。

④因湿度大，黄壤表层有机质含量可达5%～20%，较红壤高1～2倍，且螯合淋溶较强，表层以下淀积层亦在1.0%左右。腐殖质组成以富里酸为主，H/F为0.3～0.5，黄壤质黏，有机质含量高，阳离子交换量可达20～40 cmol/kg；开垦耕种后表层有机质可急剧下降至2%～3%，而盐基饱和度和酸碱度均相应提高。

3. 利用及改良

黄壤是我国南方的主要林木基地，也是西南旱粮、油菜和烤烟生产基地。分布区域山体大，谷深坡陡，侵蚀严重，土体浅薄，土体中含有较多未风化的碎石块，农业利用水平低，耕作粗放，作物产量低，同时林地破坏后恢复缓慢。改良利用黄壤，应大力发展林业，有计划地种树种草，增加覆盖，改善生态环境，减少冲刷。一般陡坡地以用材林为主，缓坡地带以经济林为主，低海拔地区适宜农业耕地。首先要稳定面积，提高耕作管理水平，大力发展绿肥；同时补充锌、硼微肥，提高土壤肥力；推广间作套种，扩大烤烟、花生、萝卜等经济作物种植面积，提高产量，增加收益。

（四）黄棕壤

1. 概况

分布在北亚热带常绿阔叶林或落叶林下。其分布范围大致为：北起秦岭、淮河，南到大巴山和长江，西自青藏高原东南边缘，东至长江下游地带。黄棕壤分布于亚热带北缘，主要分布在江苏、安徽、湖北北部、陕西南部。划分为普通黄棕壤、黏磐黄棕壤、暗黄棕壤性土等亚类。

2. 理化性质

弱富铝化特征是北亚热带黄棕壤的本质特征，黄棕壤全剖面呈酸性反应，各发生层均含较高的交换性 H^+，Al^{3+}。由于黄棕壤中原生矿物转变为次生矿物的过程比较快以及黏粒自上而下的移动淀积，因此在心土层部位出现黏粒含量比上下土层增高的现象。

3. 利用及改良

黄棕壤地区的水热条件优越，自然肥力较高，很适宜多种林木的生长，是我国经济林的集中产地、也是重要的农作区，盛产多种粮食和经济作物。在土壤改良与利用中应注意以下几个方面。

(1)适地适树，发展经济林业　山地黄棕壤要恢复和发展适于当地经济的林业生产。在引种经济林木时要注意它分布于南北过渡地带的特点，根据具体情况进行因土造林。在土层浅薄处，宜栽耐旱耐瘠的马尾松、刺槐、山杨等；土层厚、肥力好的地方，可大力发展栎类、杉木以及油茶、油桐、漆树、竹茶、桑等经济林木；排水较差处可种植经济价值较高的油料乌桕。

(2)高度重视水土保持　坡度较大的山地，加之过去滥伐森林及不合理开垦，引起严重的水土流失，使一些地区的土壤肥力大为降低，特别在大别山区尤为严重。因此，应大力加强水土保持工作，首先应搞好小流域规划，在那些土裸露、沟壑众多的地方，应选择速生和侧根发达的树种，营造护坡林（如马尾松、刺槐等）和沟底防冲林（如乌桕）；其次，在坡地上的茶、桑、果园，应采用等高种植、修筑梯田等方法，并结合绿肥覆盖，既能防止水土流失，又能达到林牧双丰收。

(3)深耕改土、增施有机肥料　对于丘岗部位大面积分布的黏磐黄棕壤，因其质地黏重，物理性质不良，如容重大、孔隙度低，雨季滞水，旱季则保水供水能力差，是农林业利用的主要障碍因素。一般采取逐年加深耕层，重施有机肥、增施磷肥，使土壤逐渐熟化；或施用煤渣、炉灰和利用休闲季节炕地、熏土，从而改善土壤的通气透水状况和耕作性能。

(五)燥红土

1. 概况

燥红土是分布于我国热带与南亚热带且相对干旱地区的主要土壤。如海南岛的西南部及滇南的元江河谷等地。除典型燥红土外,还分淋溶燥红土和褐红土,共3个亚类。

2. 理化性状

①表面富铁化特征显著,有脱钾;钙镁有移动现象,脱硅不明显,Fe_2O_3 在 A,B 层产生明显富集。

②矿物组成以水云母和高岭石为主,有石英和少量蒙脱石。说明矿物风化的脱硅富铝化不甚明显。

③土壤的盐基饱和度高,可达70%～100%,pH 6.0～7.0,有机质含量则根据土壤利用方式而异。

3. 利用及改良

燥红土区是祖国最宝贵的"天然温室",适宜多种热带、南亚热带作物、特种经济植物、热带果树和蔬菜生长。但气候干热,土壤严重缺水,以及"焚风"、谷深坡陡、植被稀疏、水土流失较严重,给开发利用带来了很大的困难,因而开发程度很低。目前主要种植甘蔗、玉米、花生、甘薯。在有水灌溉时,水稻一季可产 500 kg,甘蔗单产 5～7 t。种早蔬菜、早果,如西瓜、番茄、洋葱、辣椒以及柑橘、番木瓜、芭蕉等,其经济效益最好。

在开发过程中,要充分认识该区是极为宝贵的光热水土和生物资源宝库,有极大的生产潜力和经济价值,利用上应因地制宜,采取生物与工程(水利和水土保持)相结合。在力所能及的情况下,逐步兴修水利,解决缺水和灌溉问题;同时,采取林、灌、草相结合措施,以耐旱抗瘠的灌草打先锋,发展具有一定经济价值的植物,如余甘子、刺枣、小桐子,也可开发橄榄、西西果生产,以及西瓜、冬季早蔬菜等多种食品的系列生产。随着林、灌、草植被覆盖率提高,水利、水电、水土保持措施的实施,可加速改善农业生态环境条件,提高干热燥红土区的经济水平。

二、我国北方主要土壤类型的利用及改良

(一)棕壤

1. 概况

地处暖温带湿润地区,纵跨辽东半岛、山东半岛;也出现在半湿润、半干旱地区的山地中;在秦岭、燕山、伏牛山、吕梁山、太行山等一些山脉的垂直分布中有棕壤

的分布。棕壤根据其主要成土过程所表现的程度和有关附加成土过程的影响，可划分为棕壤、酸性棕壤、白浆化棕壤、潮棕壤和棕壤性土5个亚类。

2. 理化性状

①棕壤的剖面层次构造为O_2(O_1)-A-Bt-C型。

②剖面通体呈不同程度的棕色。

③土壤阳离子交换量为15～30 cmol/kg，交换性盐基以Ca^{2+}为主，其次为Mg^{2+}，而Na^+，K^+甚少；盐基饱和度多在70%以上，同一剖面没有明显变化，而不同亚类之间变化较大。土壤呈中性—微酸性反应，pH 5.5～7.0，无石灰反应。

④土壤质地因母质类型不同变化较大，发育于片岩、花岗岩等岩石风化残积物上的棕壤质地较粗，表土层多为砂壤土或壤质砂土，剖面中部多为粉质壤土，而坡积物或黄土状母质发育的棕壤，质地较细，表层为粉质壤土，剖面中部为黏壤土或更黏。但总的来说，在发育良好的棕壤中，由于黏化作用而使淀积层质地普遍偏黏。

⑤棕壤的黏土矿物以水云母为主，还有一定量的蒙脱石、高岭石和少量的蛭石与绿泥石。游离铁、锰和活性铁、锰均有明显淋溶淀积现象，其含量有随深度而增加的趋势。

⑥发育良好的棕壤，特别是发育于黄土状母质上的棕壤，质地细，凋萎系数高达10%左右，田间持水量亦高达25%～30%，故保水性能好，抗旱能力强。

3. 利用及改良

从土壤利用情况来着，棕壤是重要的森林土壤，也是重要农业土壤，具有很高的经济价值。潮棕壤分布于山前洪积平原，用于农业，大都旱涝保收，是重要的粮食生产基地。普通棕壤分布于山麓和丘陵缓坡，也多用于农业，其中一部分水土流失较重，水肥条件较差，需要采取水土保持措施和进一步发展灌溉，并加强培肥。白浆化棕壤有的分布于剥蚀堆积丘陵，多用于农业，肥力甚低，需要改良；有的分布于山地，多用于林业。酸性棕壤分布于山地，多用于林业，有的还是荒山，需要种树造林。粗骨棕壤分布于低丘陵，多用于种植花生和柞岚(养柞蚕用)；分布于高丘陵和山地的，多为荒山疏林，水土流失都很严重，亟应采取水土保持措施。

(二)褐土

1. 概况

褐土分布于北纬34°～40°，东经103°～122°之间，暖温带半湿润地区发育于排水良好地形部位的半淋溶型土壤。在我国，分布于关中、晋东南、豫西以及燕山、太行山、吕梁山、秦岭等山地低丘、洪积扇和高阶地，水平带位处棕壤之西；在暖温带半湿润和半干旱的山地和丘陵，垂直分布于棕壤带之下，常呈复域分布。根据土体所反映的淋溶程度及黏化特征相结合等而划分为淋溶褐土、(普通)褐土和石灰性褐土等亚类。

2. 理化性状

①典型的剖面构型为 A - Bt - Ck 或 A - Bt - C 等。一般全剖面的盐基饱和度80%,pH 7.0～8.2,根据不同亚类特征,$CaCO_3$ 出现于不同层次。

②剖面的机械组成一般为轻壤—中壤,但黏化层则多为中壤—重壤,其<0.001 mm的黏粒所示 Bt/A≥1.2,高者可达 1.5,由矿物黏粒所决定的交换量一般为 40～50 cmol/kg。

③矿物风化处于初级阶段,其黏土矿物以水化云母和水云母层钾离子释放而形成的蛭石(含量 20%～70%)为主,蒙脱石次之(10%～50%),少量的高岭石出现。由于这种矿物组成,所以黏粒的 SiO_2/R_2O_3 一般为 2.5～3.0。铁的游离度较高。

④耕种的褐土,20 cm 内的有机质为 10～20 g/kg,非耕种的自然土壤可达30 g/kg以上,特别是淋溶褐土与潮褐土等亚类更是如此。石灰性褐土与受侵蚀的褐土的有机质含量均较低。

⑤耕层容重为 1.3 g/cm^3 左右,底层为 1.4～1.6 g/cm^3,砂性质地则稍大于此数,黏性质地则稍小于此数。剖面构型中无特殊的障碍层次,个别的石灰性褐土有石灰淀积层,一般不影响水分物理特性。

3. 利用及改良

褐土所分布的暖温带半湿润季风区,具有较好的光热条件,一般可以两年三熟或一年两熟。由于土体深厚,土壤质地适中,广泛适种小麦(绝大部分为冬麦)、玉米、甘薯、花生、棉花、烟草、苹果等粮食和经济作物。主要问题是降水量偏小和降水量过于集中,在这种条件下的土壤利用及改良问题应考虑以下几个方面。

(1)开展水土保持,发展水利灌溉　除潮褐土地处平原外,一般多为丘陵与高平地,土壤侵蚀是普遍现象。因此,开展水土保持与发展水利灌溉是提高褐土地区农业的重要途径。

(2)开展旱作农业的土壤耕作措施　由于水源的限制,大面积发展灌溉是有限的。因此应当普遍、大面积地发展旱作农业,其中包括工程措施(如水平梯田、径流农业)与系统的土壤耕作(如少耕、覆盖、轮作)等。因褐土区降水一般均在600 mm左右,增加以保墒培肥为中心的土壤旱作的耕作措施,将是发展褐土区的持续农业的重要途径。

(3)合理施肥,提高土壤肥力水平

①增加土壤有机质　因为褐土区温暖而干旱的时间长,土壤有机质分解快,保

证一定的有机肥源是保证土壤肥力的重要基础；其次是合理施用磷肥，因为褐土中的活性铁及 $CaCO_3$ 均容易促使磷的固结，形成铁质和钙质的以及闭态磷而使磷肥固结失效。

②合理施用微量元素肥料　因为褐土大多有石灰反应，常会减弱 Zn，Mo，Mn，Fe 等元素的有效性。另一方面，在淋溶褐土及砂性土壤中，B 和 Cu 的含量较低，因此，要充分注意微量元素肥料的合理应用。

(4)因土种植，发展土壤潜力优势　如淋溶褐土上的板栗、烟草，潮褐土上的玉米、小麦，其他如苹果、谷子、棉花等都是褐土的优势作物，一些相应的名优特产都是在这些相应的土壤上生产出来的。因此，应当因地制宜地发展。由于水分条件的限制，不必勉强强调发展小麦。

(5)适当发展畜牧业与林果业　改变褐土区生产的土地利用结构和农业经济状况，为褐土区的持续农业与生态农业的发展创造条件。

(三)暗棕壤

1. 概况

暗棕壤分布很广，向北过渡为棕色针叶林土，向南过渡为棕壤，其分布范围北起黑龙江，东到乌苏里江，西起大兴安岭中部，南到辽宁省的铁岭、清源一带。具体分布于大兴安岭东坡海拔 800 m 以下，小兴安岭海拔 900 m 以下，完达山脉和长白山海拔 1 100 m 以下，是东北地区面积最大的森林土壤之一。在全国其他山区的垂直带谱中棕壤之上也广泛分布有暗棕壤。是温带湿润地区针阔混交林下发育的土壤。可将其分成典型暗棕壤、白浆化暗棕壤、草甸暗棕壤等亚类。

2. 理化性状

①暗棕壤表层有机质含量较高，可达 5%～10%，有的甚至高达 20%。明显具有森林土壤的特点，即有机质含量由表层向下锐减。腐殖质层不厚，一般只有 20 cm 左右。表层腐殖质中胡敏酸含量较多，向下明显降低，活性胡敏酸含量占胡敏酸总量的百分数在剖面上由上向下递增，说明土壤中富里酸和活性胡敏酸有较强的向下移动能力。

②土壤阳离子交换量以表层最高，向下明显降低。盐基饱和度也有与阳离子交换量相同的变化趋势，与盐基饱和度相关的 pH 在表层可达 6.0 左右，向下降低，下层只有 5.0 左右。离子交换量可达 30 cmol/kg 土，盐基饱和度 50%～70%。

③土体中铁和黏粒有比较明显的移动过程，铝移动不明显，底土层的硅铁铝率和硅铝率有所增大。黏土矿物主要以水化云母为主，并且含有一定量的蛭石、高岭石。

④土壤终年处于湿润状态，季节变化不明显。土壤表层含水量较高，向下剧烈

降低。枯枝落叶层含水量可高达40%～80%，150 cm以下为20%～30%。由于湿度较高，土壤温度低，土壤冻结期较长，冻层厚度较深，有的地区6月间20～30 cm土层尚未融化，有的地区甚至到8月土层尚不能完成融化，造成滞水现象比较严重。

⑤暗棕壤的质地大多为壤质，从表层向下石砾含量逐渐增加，黏粒在B层中有所增加，但与棕壤相比不十分明显。

3. 利用及改良

暗棕壤是我国最重要的林业基地，有着丰富的木材资源。树种多，材质优良，是著名的红松产地。该区除红松、云杉、冷杉、柞、榆等优势树种外，尚有水曲柳、黄菠萝等伴生树种。这些丰富的木材资源，在我国国民经济中占有极为重要的地位。为此，必须结合林业生产，对这些土壤进行合理利用，科学管理和改良。

(1)合理采伐　所谓合理采伐，一般是指不宜进行大面积的砍伐，25°以上的陡坡、石塘上的森林应作为保安林，实行经营择伐，采伐强度应不大于40%。其他林地采伐强度一般不应大于60%～70%。这样可以把生长旺盛的幼龄林木合理保存下来使之很快成材，大大缩短轮伐期。只有对单层同龄过熟林才能采用小面积皆伐，并在皆伐之后立即进行人工营造针阔混交林，加强抚育管理，使其一步到位，达到顶极群落的最佳状态。

(2)抚育更新、因地制宜造林　对于大面积采伐迹地及火烧迹地，应该迅速采取人工更新，促进天然更新，尽快恢复成林。人工更新应注意适地适树。落叶松、红松、水曲柳等喜肥喜湿，一般营造在山坡中下部腐殖质厚层或腐殖质中厚层的典型暗棕壤或草甸暗棕壤上；云杉、桦木等适应性较强，能耐瘠薄，可以种植在土壤条件较差的白浆化暗棕壤和灰化暗棕壤上。另外，抚育更新也应注意采取以下几项措施。

①潜育暗棕壤必须注意开沟排水。

②对速生丰产林和种子林，可以考虑施氮、磷化肥和石灰，以增加其营养和改善其生态环境。

③造林前必须整地，最好是进行秋整地。可以促进土壤有机质的分解，增加地温，缩短造林时间，可以提高造林成活率。

(3)因地制宜发展多种经营　暗棕壤作为林业基地，主要应作为发展林业之用。但是，为解决林区部分粮食和蔬菜的供应，可以考虑在草甸暗棕壤、潜育暗棕壤及腐殖质层厚的典型暗棕壤上适当开垦一定面积，种植农作物和蔬菜。种植的作物可选择耐寒早熟品种，如麦类及马铃薯、甘蓝、萝卜及白菜等。也可根据山区的特点和优势，发展多种经营。可养蚕、养蜂和种植果树，以综合利用和开发山地资源。

此外，暗棕壤地区也可以发展人参栽培，特别是在天然林下，腐殖质层厚、水分适宜、排水良好的暗棕壤半阳坡上，种植人参更为适宜。积极开展食用菌生产，例如人工养殖木耳、灵芝等高贵食用菌和名贵药材也是暗棕壤地区综合开发、合理利用的有效途径。

(四)棕色针叶林土

1. 概况

是寒温带针叶林发育的土壤，棕色针叶林土主要分布于大兴安岭的北段和中段山地、青藏高原东缘的高山和亚高山垂直带谱中。分为棕色针叶林土、灰化棕色针叶林土、表潜棕色针叶林土3个亚类。

2. 理化性状

①表层为2～8 cm厚的残落物层，下为粗腐殖质与土混合的Ah层。从表层至母质，土体浅薄，土壤总厚度一般不超过50 cm。枯枝落叶层是森林土壤的重要特征。

②全剖面含有石砾，质地多为轻壤—重壤，以＜0.001 mm黏粒所示的黏化率B/A略高于1.2或小于1.2，黏粒有下移趋势。

③Ah层有机质含量可达8%，而H层含量极高，一般大于20%，以粗有机质为主，呈泥炭状。Ah层以下，有机质含量急剧下降，可降至3%以下。腐殖质组成以富里酸为主，H/F比为5左右，土壤C/N变化范围宽，表层可达20～40或＞40，下层逐减。

④土壤呈酸性反应，各层水浸pH为4.5～5.5，Ah层交换性Ca^{2+}，Mg^{2+}较高，盐基饱和度为20%～60%，B层一般＞50%，但在交换性Al^{3+}含量高的土壤中，盐基饱和度可下降到50%以下。

⑤表层、亚表层SiO_2明显聚积，淀积层R_2O_3相对积累，前者全土SiO_2/R_2O_3为4.8～5.8，后者3.2～4.8；黏粒也有同样变化趋势，表层2.6～2.7，淀积层2.3～2.5。活性铁、铝含量较高，在剖面中有明显分异。

3. 利用及改良

棕色针叶林土是我国重要的针叶用材林生产基地之一。由于棕色针叶林土位于寒温带，气候冷湿，地势较高，地表多起伏，土层浅薄，土壤酸度大，活性铝含量高等因素，使潜在肥力难以发挥，土壤利用仍以发展林业为主，不适合大力发展农业。为促进林业生产的发展，逐渐提高土壤肥力，在林业管理中需注意以下几点：

①对现有过成熟林采用二次渐伐和择伐方式较为适宜，或根据森林生长情况，采取小面积块状皆伐或带状间隔皆伐，以防止陡坡土壤的侵蚀及平地土壤的沼

泽化。

②对于采伐迹地或火烧迹地要及时更新造林，以保持原有土壤蓄水性能及自然能力。

③在林间空地、居民点附近及交通方便的无林荒地，发展林区的粮菜牧业生产，实行合理的耕作、轮作和施肥。蔬菜类可种植萝卜、白菜、甘蓝等耐低温冷凉蔬菜；也可种植牧草、饲料，还可因地制宜的开辟林间牧场，发展特种畜牧业；也可种植药材。

④在人口稠密地区及采伐迹地要注意防止产生水土流失，保持水土和水源涵养，确保森林的再生产。

(五)黑土

1. 概况

黑土集中分布于北纬 44°～49°，东经 125°～127°之间，以黑龙江、吉林两省中部较多。多见于滨北、滨长铁路两侧。东部、东北沿至长白山、小兴安岭山麓地带；南部至吉林省公主岭市；西部与黑钙土接壤。根据黑土的成土条件、成土过程和属性，可划分为普通黑土、白浆化黑土、草甸黑土、表潜黑土 4 个亚类。

2. 理化性状

①黑土的机械组成比较均匀一致，土壤质地黏重，多为壤土到黏壤土。通常上部质地较轻，下层质地较重。黑土结构性好，团粒可达 50%。开垦后随耕种时间延长，团粒结构变少；黑土容重 1.0～1.4 g/cm^3，通气孔度占 20%左右。黑土层透水、持水、通气性均较好。

②黑土矿物组成中次生矿物以蒙脱石、伊利石为主，含有少量绿泥石、赤铁矿、褐铁矿。不同粒级次生黏土矿物组成比例有所差别。

③黑土有机质含量丰富，自然土壤多在 5%～8%，耕种土壤明显降低，一般在 2%～4%。黑土腐殖质组成中以胡敏酸为主，H/F 多在 1 以上，胡敏酸钙结合态比例较大，通常可占 30%～40%。养分含量丰富，表层全氮 0.15%～0.20%，全磷 0.1%，全钾 1.3%以上。黑土的化学组成较为均匀，硅铁铝率为 2.6～2.8，铁锰氧化物在剖面内略有分异，淀积层有增加的趋势。

④黑土为微酸性至中性反应，pH 6.5～7.0，剖面分异不明显。通体剖面无石灰反应；阳离子交换量较高，35～45 cmol/kg，以钙镁为主，盐基饱和达80%～90%。

3. 利用及改良

(1)农田生态保护　该地区地势较为平坦开阔，光、热、水资源适宜，土质肥沃，盛产玉米、小麦、大豆，是我国主要的商品粮基地。黑土具有良好的自然条件，加强农田基本建设，改变农业生产条件，建立高效循环的人工农业生态系统，可建设成为旱涝保收的高产稳产农田。

(2)水土保持　黑土开垦后，由于地形起伏，坡长较长，垦后失去自然植被保护，夏秋雨水集中季节，易形成地表径流，发生水土流失。春季多风季节，还易发生风蚀。因此，广大台地与阶地的面蚀和沟蚀严重，许多地区由于黑土层剥失，黄土裸露地表，使黑土逐渐向黑黄土、黄土演替。所以，对广大坡耕地应注意等高耕作，坡度较大地带可修筑过渡梯田和水平梯田。为巩固梯田，土埂上可种植护埂植物。沟蚀严重区应封沟育林，并修筑沟头围埂、谷坊工程拦截水土。侵蚀严重区可退耕还林、还草。

(3)培肥土壤　耕种后黑土腐殖质含量明显下降，目前耕地黑土腐殖质含量仅在2%～4%，比自然黑土5%～8%降低1倍左右。此外，在腐殖质组成中活性胡敏酸也在降低。为了培肥黑土，保持良好的团粒结构，应增施有机肥料，推广玉米根茬还田和秸秆还田，配施氮、磷化肥，并应做到诊断施肥、配方施肥。

(4)土壤保墒耕作和灌排工程　黑土区春季干旱多风，春季抗旱保墒，力争一次拿全苗仍是增产的关键措施。应采取秋翻秋耙，春季顶浆打垄，适时播种，抗旱播种等抗旱保墒措施。有条件地区应发展扩大水浇地面积。

黑土局部地区，因夏秋雨水集中，有时出现内涝，影响春小麦收获。因此，低洼地带应修建排水工程。在此基础上，实施农田综合措施，搞好土壤改良。

(六)白浆土

1. 概况

白浆土主要分布在黑龙江和吉林两省的东北部。北起黑龙江省的黑河，南到辽宁省的丹东；东起乌苏里江沿岸，西到小兴安岭及长白山等山地的西坡，局部抵达大兴安岭东坡。垂直分布最低为海拔40～50 m的三江平原；最高在长白山，可达700～900 m，大抵南部较高，北部较低。近年也有在淮北发现白浆土的报道。分白浆土、草甸白浆土及潜育白浆土3个亚类。

2. 理化性状

①白浆土典型剖面构型为Ah-E-Bt-C(或Cg或G)。

②白浆土质地黏重，表层Ah及E层多为重壤土，个别可达轻黏土，Bt层以下多为轻黏土，有些可达中黏土和重黏土。机械组成以粗粉粒(0.05～0.01 mm)和黏粒(<0.001 mm)为最多。<0.001 mm黏粒所表示的黏化率Bt/Ah>1.2，高者达2以上。Bt层高度黏化，是黏粒淋淀的结果。从表层与B层黏粒含量悬殊可见质地变化不连续，呈现明显“两层性”。

③白浆土容重Ah层为1.0 t/m^{3}左右，E层增至1.3～1.4 t/m^3，至Bt可达1.4～1.6 t/m^{3}以上；孔隙度Ah层可达60%左右，E层和Bt层急剧下降，仅有

40%左右。Ah层透水速度快，Bt层以下几乎不透水。因此，白浆土水分多集中在Bt层以上。由于Ah层浅薄，容水量有限，因此，白浆土怕旱怕涝。

④荒地白浆土Ah层有机质含量较高，可达60～100 g/kg，垦后头3年有机质迅速下降，耕种30年后，有机质含量稳定在30 g/kg左右。E层有机质含量急剧降至10 g/kg以下。由于黑土层薄，有机质总贮量不高。

在pH 6.0～6.5时，各层变化不大，E层与B、C层出现中性频率较高。交换性阳离子组成以Ca^{2+}，Mg^{2+}为主，有少量交换性Na^{+}和K^{+}。白浆土是盐基饱和度较高的土壤。白浆土全氮量，Ah层最高，荒地为4～7 g/kg，耕地下降到2.9 g/kg，E层可急剧降至1 g/kg以下；全磷量较少，Ah层为1 g/kg，E层为0.7 g/kg；全钾量较高，Ah层为21.6 g/kg，E层为22.9 g/kg，Bt为22.8 g/kg；微量元素的锌、锰、钼、硼等均以Ah层最高，但养分总贮量仍为较低水平。

⑤白浆土黏土矿物以水云母为主，伴有少量高岭石、蒙脱石和绿泥石。

3. 利用及改良

(1)白浆土低产原因分析

①耕层构造不良　白浆土Ah层肥力状况较好，但Ah层很薄，其下面是养分贫瘠、水分、物理性质不良的白浆层，是托水、隔水、阻碍作物生长的障碍层次；再往下是黏紧不透水的淀积层，根系难以向下伸展，但淀积层养分比较富集。这样的耕层构造，使土体贮水量小，易造成表涝、表旱。绝大部分根系分布在很薄的表层内，营养容积小，作物生长后期供肥不足。所以，白浆土种植作物，一般植株矮小，产量不高不稳。

②养分总贮量不高，分布不均　白浆土有机质和全量氮、磷、钾等养分主要集中分布在Ah层，含量较高，但养分有效性较低，尤其有效磷更缺；E层养分迅速下降，表现特别贫瘠，Bt层好转。由于养分分布不均，总贮量不高，有效性也不高，难以满足作物生长过程中对养分的需求。

③物理性质差　由于白浆土土体构型不良，白浆层透水性很弱，黏化淀积层几乎不透水，致使土体容水量小，土壤上层干湿交替频繁，水分状况十分不稳定，既不耐旱，也不耐涝。春天融冻时，土壤过湿冷浆，影响种子萌发和苗期生长，也常常影响春麦适时播种，使其生长季节正值雨季，易感染锈病，造成减产。

(2)白浆土改良途径　改良白浆土必须把培肥和改良土壤结合起来，彻底改造白浆层乃至黏化淀积层，逐渐增厚黑土层，这样才能取得良好的改土增产效果，为作物高产、稳产创造良好的土壤环境。

①深松深施有机肥　深松能打破犁底层，加深耕层，通过深松把有机肥深施入白浆层，能改造白浆层，使其逐渐熟化，达到土肥相融，可增加总孔隙度和通气孔

隙，降低容重，提高土壤贮水能力，有利于作物根系向下扩展。但深松必须结合施有机肥，否则影响改土效果。

②秸秆还田与施用草炭 两者对提高有机质含量，增加土壤养分，增强生物活性及改善土壤物理性质等均有良好效果。应用得当，其增产效果达10%左右。配施化肥可增产30%以上。秸秆还田要粉碎，并配合一定量的氮肥，以改变C/N比。而且还田时间以早为佳。

③种稻改良 白浆土种水稻可趋利避害，从水分与养分两方面消除旱作弊端。白浆层低渗透性有利于节水种稻。

④种植绿肥与施用石灰 种植方式有清、间、套、复作等，若与发展牧业结合，更易为群众接受。适宜绿肥品种有油菜、豌豆、草木樨等。

⑤水土保持和排水 岗地白浆土应搞好水土保持，防止水土流失，低地白浆土要开沟排水，调节土壤水分状况。这是岗地、低地白浆土建设高产稳产农田的基础，在此基础上才能发挥其他改土措施的作用。

(七)潮土

1. 概况

分布在我国的温带和暖温带地区的冲积平原、沟谷阶地上。黄淮海平原、长江中下游冲积平原分布面积最大。多分布于黄河中、下游的冲积平原及其以南江苏、安徽的平原地区和长江流域中、下游的河、湖平原和三角洲地区。

2. 理化性质

一是受沉积物的影响。形成潮土的物质是大小河流多次搬运沉积的结果。因此土壤剖面的质地差异比较明显。

二是受地下水的影响。潮土地区的地下水位较浅，且升降比较频繁，在土壤剖面中易产生氧化还原交替过程。

三是耕作熟化过程。潮土是在河流沉积物上直接耕种熟化而成的。

3. 利用及改良

潮土分布区地势平坦，土层深厚，水热资源较丰富，是我国主要的旱作土壤，盛产粮棉。但潮土分布面积最大的黄淮海平原，旱涝灾害时有发生，尚有盐碱危害；加之土壤养分低或缺乏，大部分属中、低产土壤，作物产量低而不稳。必须加强潮土的合理利用与改良。

(1)发展灌溉，加强农田基本建设 建立排水与农田林网，是改善潮土生产环境条件，消除或减轻旱、涝、盐、碱危害的根本措施，也是发挥潮土生产潜力的前提。

(2)培肥土壤，扩大高产、稳产农田 首先是解决有机肥源，实践证明，种植绿肥是开辟有机肥源的重要途径；二是增施磷肥的同时，注意施用磷肥效果；局部地区(块)开始缺钾,应适当补施,配合施用微肥。

(3)改善种植结构,提高复种指数　适当配置粮食与经济作物、林业和牧业,提高潮土地产量、产值和效益。

三、区域性土壤的利用及改良

(一)水稻土

1. 概况

水稻土是指发育于各种自然土壤之上、经过人为水耕熟化、淹水种稻而形成的耕作土壤。水稻土在我国分布很广,占全国耕地面积的 1/5,主要分布在秦岭—淮河一线以南的平原、河谷之中,尤以长江中下游平原最为集中。水稻土是在人类生产活动中形成的一种特殊土壤,是我国一种重要的土地资源。

2. 理化性状

水稻土利于有机质的积累。与旱作土壤相比,腐殖质化系数高;水稻土中的氮素因有机质量高,所以水稻土的氮素营养主要来自土壤。水稻土中的其他养分如下所述。

(1)磷　一是早春土温低,微生物活动弱,不利于有机磷的转化,故早春易发生僵苗或红苗;二是后期水稻土水层的落干管理,Fe^{2+} 变为 Fe^{3+} 与 PO_4^{3-} 结合,形成难溶性 $Fe_3(PO_4)_2$。

(2)钾　主要是 Fe^{2+} 交换土体中的钾而产生置换淋失,致使幼苗缺钾,可用稻草还田、施草木灰及钾肥等解决。

(3)硅　水稻土中的硅虽多,但溶解度小。硅酸以单分子 $Si(OH)_4$ 形态溶于水,但它可以被铁、铝两性胶体吸附,又能与 $Fe(OH)_3$ 结合成复盐。这种化合物只有通过淹灌,增加其还原性以提高硅的有效性,补充水稻生长时的需要。

(4)硫　水稻土中的硫 85%~94%为有机态,当通气状态不好时易还原为 H_2S,引起水稻中毒,其中毒标志是水稻根系发黑。因此水稻土的通气状况比较重要。

水稻田的 pH 值除受原母土影响外,与水层管理关系较大。一般酸性水稻土或碱性水稻土在淹水后,其 pH 值均向中性变化。

3. 利用及改良

(1)水稻高产要求的土壤条件

①良好的土体构型　一般要求其耕作层超过 20 cm 以上,因为水稻的根系 80%集中于耕作层;其次是有良好发育的犁底层,厚 5~7 cm,以利于托水托肥。心土层应该是垂直节理明显,利于水分下渗和处于氧化状态。地下水位在 80 cm

以下为宜，以保证土体的水分浸润和通气状况。

②适量的有机质和较高的土壤养分含量 一般土壤有机质以20～50 g/kg为宜，过高或过低均不利水稻生育。水稻生育所需氮的59%～84%、磷的58%～83%，钾的全部都来自土壤，因此肥沃水稻土必须有较高的养分贮量和供应强度。前者决定于土壤养分，特别是有机质的含量，后者决定于土壤的通气和氧化程度。

③适当的渗漏量和适宜的地下水位 水稻土必须有适当的渗漏量，利于氧气随渗漏水带入土壤中。渗漏量过高，土壤漏水，不仅浪费水，养分也随之淋失；过小则渗水缓慢，土壤通气不良。适宜的地下水位是保证适宜渗漏量和适宜通气状况的重要条件。

(2)水稻土的培肥管理

①搞好农田基本建设，这是保证水稻土的水层管理和培肥的先决条件。

②增施有机肥料，合理使用化肥 水稻土的腐殖化系数虽然较高，而且有机质含量一般比当地的旱作土壤高，但水稻的植株营养主要来自土壤，所以增施有机肥，包括种植绿肥在内，是培肥水稻土的基础措施。合理使用化肥，除养分种类全面考虑以外，在氮肥的施用方法上也应考虑反硝化作用，应当以铵态氮肥进行深施为宜。

③水旱轮作与合理灌排 这是改善水稻土的温度、Eh值以及养分有效释放的首要土壤管理措施。

(3)低产水稻土改良

①冷 低洼地区地下水位高的水稻土如潜育水稻土、冷浸田，改良方法是开沟排水，增加排水沟密度和沟深，改善排水条件，降低地下水位。

②黏和砂 质地过黏和过砂对水分渗漏均不利。前者过小，后者过大，均能对水稻生育产生不良影响，也不利于耕作管理。方法是客土改良，前者掺入砂土，后者掺入黏质土。

③盐碱、毒害和酸性 盐碱和工业废水的影响，主要是在排水的基础上，加大灌溉量以对盐碱、毒害进行冲洗；酸度改良主要是一些土壤酸度过大的水稻土应当适量施用石灰。

(二)碱土

1. 概况

主要分布于世界各大洲的内陆干旱、半干旱地区，常与盐相伴存在。中国的东北、华北和西北地区多以斑块状零星分布于盐土中间。分为草甸碱土、草原碱土、龟裂碱土、荒漠碱土4个亚类。碱土的主要特点是Na^{+}饱和度比较高，一般在20%以上，但各国分类标准有所不同。

2. 理化性状

①由于 pH 值增大，使土壤中许多的作物营养元素溶解度降低而变为无效状态；另外通过影响土壤微生物活动进而影响一些土壤养分的有效性。

②由于土壤 pH 值过高，腐蚀植物根系表层的纤维素，使植物无法生活。

③由于大量的交换性 Na^+ 充分分散土壤胶体，使土壤物理性状变坏。特别是碱化淀积层(Bt)，植物穿插困难，且难于耕作。

3. 利用及改良

碱土改良的中心任务在于降低交换性 Na^+ 的含量，因这是造成碱土 pH 值高、物理性状不良、结构性和通透性差、矿质养分有效性低以及产生 Na^+ 和 OH^- 使植物致害的根源。通常采用下列化学改良措施。

(1)施用石膏、磷石膏和氯化钙等一类物质　作用是以其中的 Ca^{2+} 交换出碱土胶体中的 Na^+，使之随雨水和灌溉水排出土壤。

(2)施用硫黄、废酸、硫酸亚铁等一类酸性物质　作用是中和土壤碱性，活化土壤中的 Ca^{2+}，降低土壤溶液中毒害性较大的碳酸钠盐类的浓度和提高某些矿质营养元素对植物的有效性。但各种化学改良方法必须与水利措施（灌水、排水）和农业措施（深耕、客土、施用有机肥料等）相配合方能奏效。

总之，应根据碱土分布地区的自然条件，因地制宜地采取综合措施，合理安排农、林、牧生产。

技能训练　土壤剖面的观察与肥力状况调查

一、技能目标

掌握土壤剖面设置、挖掘和性状观察及记录的方法，了解主要土壤类型的分布、成土条件、剖面特征及改良利用措施。明确各种土壤肥力的评价指标，能根据观察结果进行综合评价土壤的肥力状况，完成对当地肥力状况调查。

二、实验材料

1. 仪器用具

土铲、剖面刀、瓷盘、卷尺、广泛试纸、土壤标本、土样袋、海拔仪、望远镜、罗盘、调查表。

2. 试剂

10％HCl，酚酞指示剂，蒸馏水。

三、训练操作规程

1. 剖面点的选择

根据调查目的选择剖面点，选点位置应具有代表性，避免选在沟边、渠边、村庄旁等人易干扰的地段。选好点后应首先观察该土壤类型分布的地形、植被、成土母质、农业利用情况、存在的主要障碍因素等，然后挖掘剖面。

2. 剖面挖掘

剖面的大小要根据调查的目的而定。剖面坑一般长 1.5 m，宽 0.8 m，深度要看具体情况和研究目的而定，为 1.0～1.5 m，一般要达到母质层或地下水即可。剖面坑的一端要求向阳，要垂直削平作为观察面，而另一端要做成阶梯，以便下坑观察。挖掘时要注意，应将表土堆于一侧，下层土壤堆于另一侧，两端不应堆土，观察完毕后，应将底土填回下层，表土填回上层，观察面上注意不能践踏。

3. 剖面修整

土坑挖好后，留出垂直断面，用剖面刀自上而下轻轻拨落表面土块，以便露出自然结构面。修整剖面时，可保留一部分铲平的壁面，作为划分层次之用。

4. 剖面观察与土层划分

观察剖面时，一般要先在远处看，这样容易看清全剖面的土层组合，然后走近仔细观察，并根据各个剖面的颜色、质地、结构、紧实度、根系分布、新生体等的变化，参考环境因素，推断土壤的发育过程，具体划分出各个发生层次。用钢卷尺量出各层深度，应特别注意耕作层的深度，特殊层次或障碍层次出现的深度、厚度和危害程度，以及地下水位深度的记载。丘陵、山地土壤要记录底部半风化母质及母岩的层位。最后可在记录本上勾画土体构型，填写土壤剖面记载表(表 4 - 9)。

5. 土壤性状的观察和记载

在记录剖面特征前，应先记录环境条件，然后对各发生层次逐层详细描述并进行一些理化性质的速测。记载项目主要有颜色、质地、结构、土壤坚实度、干湿度、孔隙状况、新生体、石灰反应、侵入体、土壤酸碱度、根系分布和动物穴等。判定标准见表 4 - 10 和表 4 - 11。

6. 土壤肥力状况调查

根据调查分析土壤酸碱度、土壤有机质、土壤全氮、土壤有效磷、土壤孔隙度、土壤质地来判断土壤的肥力水平。

表 4-9 土壤剖面记载表

标准地号数：				地形：			剖面地形位置图：				植被：		
剖面号数：				高度：							母质：		
调查日期：											侵蚀状况：		
天气状况：				坡向：							利用状况：		
剖面地点：				坡度：									
剖面图	层次及深度	产量水平	施肥水平	耕作性能	障碍因子	颜色	干湿度	新生体			松紧度	坚实度	侵入体
								类别	形态	数量			
剖面图	层次及深度	植物根系	质地	结构	孔隙度	亚铁反应	石灰反应	pH值	全氮/%	碱解氮/(mg/kg)	速效磷/(mg/kg)	速效钾/(mg/kg)	有机质/(g/kg)

土壤的当地名称及野外定名：　　　　　　　　　　调查人：

表 4-10 剖面形态观察记载

观察项目	观察内容	方法要求
土壤颜色	1. 基本色：黑、白、红、黄 2. 次色	主色在后，次色在前；旱田以干状态为准，水田以观察时的土色为准
土壤结构	1. 个体形态：团粒、柱状、块状、核状、片状； 2. 土块的大小、硬度、内外颜色、胶膜、锈斑等	用挖土工具挖土，让其自然落地散碎或用手轻捏，观察分散土块
松紧度	松：小刀易入土，基本无阻力；散：稍加力，即可入土；紧：用力较大，才能插入；紧实：用力很大，才能插入；坚实：十分费力，难以插入	野外可根据小刀插入土体的难易和阻力大小判断

续表 4-10

观察项目	观察内容	方法要求
干湿度	干：土壤呈干土块，手试无凉感，嘴吹有尘土飞扬；润：手试有凉感，吹无尘土飞扬；潮：手握成团，落地散碎；湿：放在手上手湿润，握成土团后无水流出	把土放在手上、捏土根据湿润感觉、是否成团、能否挤出水分判断等级
石灰反应	无石灰质：无气泡，无声音；少石灰质：慢慢产生小气泡，可听到响声，含量约为1%；中量石灰质：明显产生大气泡和响声，但很快消失，含量1%～5%；多石灰质：产生沸腾现象，大气泡，响声大，历时久，含量在5%以上	用1∶3 HCl滴在土壤上，视气泡发生情形判断土壤石灰性强弱
根系分布和动物穴	多量：10条根/cm^2 以上；中量：5～8条根/cm^2；少量：2条根/cm^2；无根：见不到根痕	观察每一土层根系分布的多少、深度、粗细、动物穴的多少大小

表 4-11　田间土壤质地手测法鉴定规格

质地名称	土壤干燥状态	干土用手研磨时的感觉	湿润土用手指搓捏时的成形性	放大镜或肉眼观察
砂土	散碎	几乎全是砂粒，极粗糙	不成细条，亦不成球，搓时土粒自散于手中	主要为砂粒
砂壤土	疏松	砂粒占优势，有少许粉粒	能成土球，不能成条（破碎为大小不同的碎段）	砂粒为主，杂有粉粒
轻壤土	稍紧，易压碎	粗细不一的粉末，粗的较多，粗糙	略有可塑性，可搓成粗3 mm的小土条，但水平拿起易碎断	主要为粉粒
中壤土	紧密，用力方可压碎	粗细不一的粉末，稍感粗糙	有可塑性，可搓成粗3 mm的小土条，但弯曲成周长2～3 cm小圈时出现裂纹	主要为粉粒
重壤土	更紧密，用手不能压碎	粗细不一的粉末，细的较多，略有粗糙感	可塑性明显，可搓成粗1～2 mm的小土条，能弯曲成周长2 cm的小圈而无裂纹，压扁时有裂纹	主要为粉粒，杂有黏粒
黏土	很紧密，不易敲碎	细而均一的粉末，有滑感	可塑性、黏结性均强，搓成粗1～2 mm的土条，弯成的小圆圈压扁时无裂纹	主要为黏粒

四、分析思考

(1)土壤剖面的选择和挖掘应注意哪些问题？

(2)根据土壤肥力性能的观察结果对土壤肥力进行综合评价。

单元小结

- 土壤的利用及改良
  - 我国的土壤资源
    - 我国土壤资源概况 —— 我国土壤资源的特点、存在问题及合理开发利用
    - 土壤分类与分布 —— 我国现行土壤分类原则、分类系统及土壤分布规律
    - 高产肥沃土壤的特征及培肥措施 —— 高产肥沃土壤的特征及各类土壤的培肥措施
    - 土壤退化及其防治措施 —— 我国土壤退化类型及土壤退化防治的措施
  - 我国主要土壤类型的利用及改良
    - 南方主要土壤类型利用及改良 —— 红壤、砖红壤、黄壤、黄棕壤、燥红土的利用及改良
    - 北方主要土壤类型利用及改良 —— 棕壤、褐土、暗棕壤、棕色针叶林土、黑土、白浆土、潮土的利用改良
    - 区域性土壤的利用及改良 —— 水稻土、碱土的利用改良

学练结合

➢名词解释

土壤资源　土壤剖面　土壤退化　土壤侵蚀　土壤沙化　土壤污染

➢填空题

1. 我国的土壤类型在自然环境条件的综合作用下，呈现出明显________地带分布、________地带分布和________的特点。

2. 根据我国的实际情况，将土壤退化分为________、________、________、

________及土壤性质恶化、耕地的非农业占用等 6 大类。

3. 我国土壤水平地带性分布规律主要受________条件控制。

➤问答题

1. 现行的中国土壤分类系统将土壤分为哪几级？
2. 高产肥沃土壤的特征是什么？
3. 土壤剖面调查一般观测记载哪些项目？

单元五　植物营养与施肥

◘ 学习目标

知识目标：

- 认识植物必需的营养元素
- 熟悉植物营养临界期、植物营养最大效率期的概念
- 了解植物吸收养分的规律及合理施肥原理
- 掌握合理施肥的方式方法，并能运用所学知识进行当地植物的合理施肥

技能目标：

- 通过调查，能够了解当地肥料施用技术与植物产量之间的关系，并能根据当地土壤肥力状况确定植物的合理施肥技术

第一节　植物营养概述

一、植物必需营养元素

（一）植物体内化学元素的组成

植物体由水和干物质两部分组成。在一般新鲜的植物体内，含有75%～95%的水分和5%～25%的干物质。植物体内水分含量的多少，常因植物种类、生育期、部位和组织器官的不同而有所差异。将新鲜植物烘干后获得的干物质进行燃烧，有机物质在燃烧过程中氧化而挥发，余下的部分为无机态氧化物，即所谓的"灰分"。植物体组成十分复杂，用化学方法检测发现，其组成元素有70余种，几乎包括自然界存在的所有元素。其中，占干物质总质量90%～95%的有机物质主要由碳(C)、氢(H)、氧(O)和氮(N)等元素组成，而占5%～10%的灰分则包括磷(P)、钾(K)、钙(Ca)、镁(Mg)、硫(S)、铁(Fe)、锰(Mn)、硼(B)、锌(Zn)、铜(Cu)、钼(Mo)、氯(Cl)、镍(Ni)、硅(Si)、钠(Na)、钴(Co)、铝(Al)、钒(V)、硒(Se)等元素。

植物体内的各元素含量差异很大，植物对元素的吸收，除决定于它的营养特征

外，还受到环境因素的制约。这就决定了植物在生长发育过程中，除吸收必需的营养元素外，还可能吸收非必需营养元素。

（二）判断植物必需营养元素的标准

经生物试验证实，植物体内所含的这些化学元素并非全部都是植物生长发育所必需，有些只是机械或偶然进入植物体内，甚至大量积累。因此，不能根据元素在植物体内有无和含量多少来判断是否为植物生长所必需。根据严格的水培试验，Arnon 和 Stout 于 1939 年提出了确定必需营养元素的 3 个标准：

（1）对植物生长发育来说是必不可少的，缺乏该元素时，植物生命周期不能完成。

（2）缺少该元素时植物会表现出特定的症状，而且其他任何一种化学元素均不能完全替代其作用，只有补充这种元素后，症状才能减轻或消失。

（3）该元素对植物起直接的营养作用，而不是因改善生活环境所产生的间接作用。

想一想

植物必需营养元素就 17 种吗？

根据以上标准，到目前为止，已确定为植物必需的营养元素有 17 种，即大量元素碳（C）、氢（H）、氧（O）、氮（N）、磷（P）、钾（K），中量元素钙（Ca）、镁（Mg）、硫（S），微量元素铁（Fe）、锰（Mn）、硼（B）、锌（Zn）、铜（Cu）、钼（Mo）、氯（Cl）和镍（Ni），这些元素是随着研究工作的进展而不断被鉴别和发现的（表 5-1）。

表 5-1 微量元素的发现时间及发现者

微量元素	发现时间（年份）	发现者
Fe	1860	J. Sachs
Mn	1922	J. S. McHargue
B	1923	K. Warington
Zn	1926	A. L. Sommer 和 C. B. Lipman
Cu	1931	C. B. Lipman 和 G. Mackinney
Mo	1939	D. I. Arnon 和 P. R. Stout
Cl	1954	T. C. Broyer
Ni	1987	P. H. Brown

引自：《植物营养学》，黄建国，2004。

在 17 种必需营养元素中，氮、磷、钾是除碳、氢、氧外植物需求量比较大、收获时带走比较多的元素，而收获后通过残茬和根的形式归还到土壤的数量少，常常表现为土壤中有效含量较低，在多数情况下需要通过施肥才能满足植物生长发育对其营养的需求。因此，人们称氮、磷、钾这三种元素为“肥料三要素”或“植物营养三要素”或“氮、磷、钾三要素”。

想一想

必需元素和有益元素之间有什么关系？

除了植物必要的营养元素之外，在植物所吸收的化学元素中，有些元素对某些植物表现出一定的刺激作用或促进作用；有些元素只对某些植物生长是必需的，但对其他植物没有相同性；有些元素可以简单替代必需营养元素的某些功能。这些元素称之为有益元素。例如，硅是水稻所必需的元素，钠对盐生植物和糖用甜菜的生长有促进作用等。

(三)植物体内必需营养元素的分组和来源

必需营养元素虽然多达 17 种，由于植物对它们需要量的不同，它们在植物体内的含量差异很大。一般可根据植物体内含量的多少将其划分为大量营养元素、中量营养元素和微量营养元素(表 5 - 2)。

表 5 - 2　高等植物必需营养元素的适合含量(以干重计)及利用形态

类别	营养元素	利用形态	含量/%	类别	营养元素	利用形态	含量/(mg/kg)
大量营养元素	碳(C)	CO_2	45	微量营养元素	氯(Cl)	Cl^-	100
	氧(O)	O_2，H_2O	45		铁(Fe)	Fe^{3+}，Fe^{2+}	100
	氢(H)	H_2O	6		锰(Mn)	Mn^{2+}	50
	氮(N)	NO_3^-，NH_4^+	1.5		硼(B)	$H_2BO_3^-$，$B_4O_7^{2-}$	20
	磷(P)	$H_2PO_4^-$，HPO_4^{2-}	0.2		锌(Zn)	Zn^{2+}	20
	钾(K)	K^+	1.0		铜(Cu)	Cu^{2+}，Cu^+	6
中量营养元素	钙(Ca)	Ca^{2+}	0.5		钼(Mo)	MoO_4^{2-}	0.1
	镁(Mg)	Mg^{2+}	0.2		镍(Ni)	Ni^{2+}	0.1
	硫(S)	SO_4^{2-}	0.1				

引自:《土壤肥料》，宋志伟，2005。

(1)大量营养元素　大量营养元素平均含量占植株干物重的百分之几十到百分之几，有碳、氢、氧、氮、磷、钾 6 种。

(2)中量营养元素　中量营养元素平均含量占植株干物重的百分之几到千分

之几，有钙、镁、硫 3 种，也称为次量元素。

(3)微量营养元素　微量营养元素平均含量占植株干物重的千分之几到十万分之几，有氯、铁、锰、硼、锌、铜、钼、镍 8 种。

上述植物必需营养元素中，碳和氧主要来自空气中的二氧化碳，氢来源于水。虽然豆科植物可以借助根瘤菌固定空气中一定数量的氮素，但大多数植物吸收的氮主要从土壤中获得。和氮一样，植物体内的灰分元素大部分也是从土壤中吸取的。由此可见，土壤不仅为植物生长起到支撑作用，同时也是植物所需养分的最主要供应者。因此，土壤养分状况对植物生长和产量有着直接影响，尤其是土壤中有效态养分的含量对产量的影响更为显著。

(四)植物必需营养元素的主要功能

由于营养元素的种类不同，各营养元素在植物体内的作用也不同，这里仅就其主要功能概述如下。

(1)构成植物体的结构、生活和贮藏物质　构成这些物质的营养元素主要有碳、氢、氧、氮、磷、钙、镁、硫等。植物体的结构物质包括纤维素、半纤维素、木质素及果胶质等物质；生活物质有氨基酸、蛋白质、核酸、叶绿素、酶及辅酶等；贮藏物质有脂肪、淀粉、植素等。

查一查

17 种植物必需营养元素对植物有何生理功能？缺乏时各表现何种典型症状？

(2)在植物新陈代谢中起催化作用　植物体内，酶是生化作用和代谢过程中的生物催化剂，在酶的催化过程中需要某些元素作为活化剂，使之活化。也有不少必需营养元素本身就是酶的组分，如磷是氮素代谢过程中硝酸还原酶等一些重要酶的组成成分。

(3)其他特殊功能　在植物体内，参与植物的转化和运输、信号传递、渗透调节、生殖、运动等。如钾对植物体内碳水化合物的转化和运输、植物细胞水势的调节有重要作用。

(五)必需营养元素的相互关系

在植物体内，不论必需营养元素数量多或少，对植物生长发育来说都是同等重要的，任何一种营养元素的特殊功能都不能完全被其他元素所代替，这就是营养元素的同等重要律和不可代替律。

首先，各种营养元素的重要性不因植物对其需要量的多少而有差别，植物体内各种营养元素的含量差别可达 10 倍、1 000 倍甚至 10 万倍，但它们在植物营养中的作用，并没有重要和不重要之分。缺少大量营养元素固然会影响植物的生长发育，最终影响产量；缺少微量营养元素也同样会影响植物的生长发育，也必然影响产量。例如植物体氮素不足时，老叶会表现出黄化现象，而缺硫时叶片也会出现失绿现象，严重时呈白色。氮是叶绿素的主要成分，叶绿素的成分中虽不含硫，但它对叶绿素的形成有一定的影响，缺硫会使叶绿素含量降低。所以，对于植物生长来说，硫和氮都是同等重要的。

其次，尽管植物体内各种营养元素的含量差异很大，但它们各自担负的生理功能却是独特的，相互之间是不可代替的。即磷不能代替氮，钾不能代替磷。如磷素供应不足时，植物生长受到抑制，首先下部叶片叶色发暗呈紫红色，开花迟，花亦小，除施用磷肥外，施用其他任何肥料都不能减轻这种症状。因此，在实际施肥中，必须根据植物营养的要求，结合土壤养分供应状况，考虑不同种类肥料的配合，以免导致某些营养元素的供应失调。

二、植物对养分的吸收

植物对养分的吸收主要依靠根系来完成，也可通过叶、茎等吸收养分，作为根系营养的补充。其中，通过根系吸收养分的过程称之为根部营养，通过叶、茎等根外器官吸收养分的过程则称为根外营养。

(一)植物的根部营养

1. 植物根系吸收养分的部位

根系是植物吸收养分和水分的重要器官。对于活的植物来说，根尖大致可以分为 4 个区，即根冠区、分生区、伸长区和根毛区。通常，根毛区是根尖吸收养分最活跃的区域，吸收的养分可以被快速运输到其他部位。分生区没有输导组织，所吸收的养分不能迅速运出而发生大量的积累，是根尖吸收养分最多的部位。植物的种类不同，其根系的类型不同，因此，土壤中吸收养分的效率也不同。

2. 植物根系吸收养分的形态

植物根系吸收养分的形态有离子态、分子态和气态，一般以离子态养分为主，其次为分子态养分。土壤中离子态的养分主要有一、二、三价阳离子和阴离子，如 K^+，Na^+，NH_4^+，Ca^{2+}，Mg^{2+}，Cu^{2+}，NO_3^-，$H_2PO_4^-$，SO_4^{2-}，MoO_4^{2-} 等。分子态养分主要是一些小分子的有机化合物，如尿素、氨基酸、磷脂、生长素等。而大部分有机态养分需要经过微生物分解转变为离子态养分后，才能被植物吸收利用。

3. 养分向根系迁移的途径

土壤养分必须到达根系表面之后，与根系接触才能被植物吸收。分散在土壤各个部位的养分到达根系附近或根表的过程称为土壤养分的迁移。土壤中的养分向根系迁移的方式有截获、质流和扩散3种(图5-1)。

(1)截获　截获是指植物根系在生长与伸长过程中直接与土壤中的养分接触而获得养分的方式。在这种方式中,养分在土壤中不需经过迁移,而是由植物根系不断伸展,与土壤颗粒密切接触,进而从土粒表面截取到接触根表的养分。因此,植物根系愈发达,根毛越多,截获的养分数量也越多。一般根系截获的养分占植物吸收养分总量的0.2%～10%,远远不能满足植物生长的需要。所以,截获作用不是养分迁移的主要方式(表5-3)。

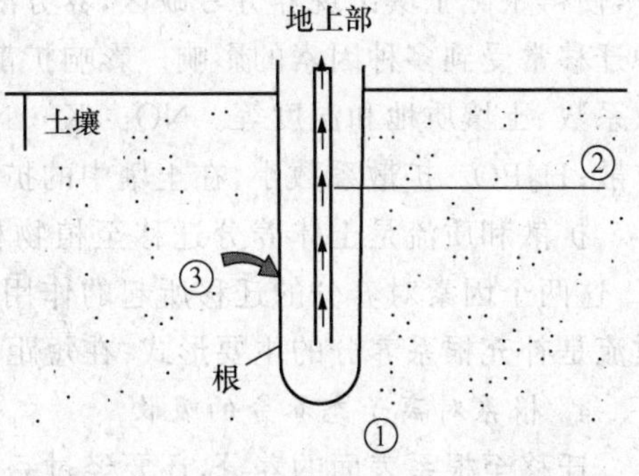

图5-1　植物根系吸收养分方式示意图

引自:《土壤肥料》,金为民 宋志伟,2009。

表5-3　小麦根部的养分供应比例　%

养分	质流	扩散	截获
N	82	11	7
P_2O_5	20	56	24
K_2O	30	63	7

引自:《植物营养》,北京农业大学,1981。

(2)质流　质流是指由于植物的蒸腾作用,植物根系吸收水分时带动养分由土体向根际土壤流动的过程。因为蒸腾作用和根系吸水,造成土体与根际土壤之间出现水势差,水分由土体向根际土壤流动,使得土壤溶液中的养分也随之迁移到植物根系的表面供植物吸收利用。在土壤中容易移动的养分,如NO_3^-,Cl^-,SO_4^{2-},Na^+等主要通过质流到达根系表面。影响质流作用的因素主要是植物的蒸腾作用和土壤溶液中养分的浓度。一般来说,当气温高、植物蒸腾作用强、土壤溶液中养分浓度高时,通过质流作用到达植物根系表面的养分量越多。反之则少。

想一想

糖水和清水倒在一起的时候,整杯水都变甜,而不是一半淡一半甜,说明什么?

(3)扩散　扩散是指由于植物根系吸收养分使得土体与根际土壤间出现养分

浓度差而引起的土壤中养分迁移的现象。由于植物根系不断地从土壤中吸收养分，使得根际土壤出现养分亏缺区，养分沿着浓度梯度由土体向根际土壤迁移。这种迁移常受到多种因素的影响。影响扩散作用的因素主要有土壤含水量、养分扩散系数、土壤质地和温度等。NO_3^-，K^+，Na^+，Cl^-等在土壤中的扩散系数大，容易扩散；$H_2PO_4^-$ 扩散系数小，在土壤中的扩散较慢。

扩散和质流是土体养分迁移至植物根系表面的主要方式。但在不同的情况下，这两个因素对养分的迁移所起的作用并不完全相同。一般认为，在长距离时，质流是补充根系养分的主要形式；在短距离内，扩散补充养分的作用较大。

4. 根系对离子态养分的吸收

迁移至根系表面的养分，还要经过一系列复杂的过程才能进入植物根细胞内被吸收利用。养分种类不同，进入根细胞的部位不同，其机制也不同。植物对离子态养分的吸收方式目前比较一致的看法是主要有被动吸收和主动吸收两种形式。

(1)被动吸收　被动吸收是指离子态养分通过扩散等方式经细胞膜进入细胞质的过程。这一过程不需要消耗能量，是一种顺电化学梯度的吸收过程，又称非代谢吸收，属于物理或物理化学作用。解释被动吸收的机理主要有杜南平衡学说、扩散学说和离子交换学说。

离子态养分无论是通过截获、扩散或质流都可以进入根细胞。但一般不进入细胞膜，对整个组织来说，一般不能通过内皮层。

此外，植物吸收离子态养分还可以通过离子交换的方式进行。离子交换分两种情况，一种是根系表面与土壤溶液之间的离子交换（图 5-2）；另一种是根系表面与土壤黏粒之间的离子交换，也称为接触交换（图 5-3）。两种离子交换形式有一个共同的特点，就是养分由高浓度向低浓度扩散或是离子间的交换，其推动力是物理化学的，与植物的代谢作用关系较小，同时这种吸收交换反应是可逆的。因此，被动吸收是植物吸收养分的简单形式。

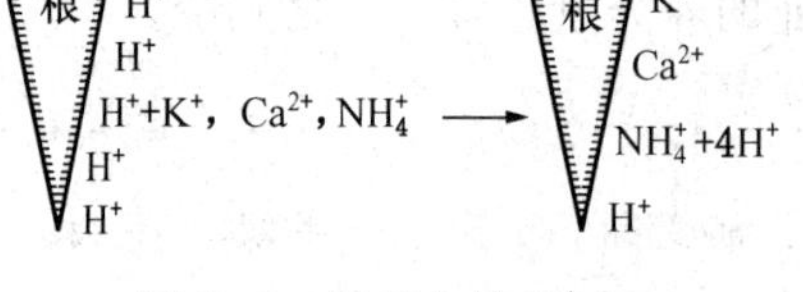

图 5-2　根系上的 H^+ 与土壤中的阳离子的离子交换

引自：《土壤肥料》，金为民，2001。

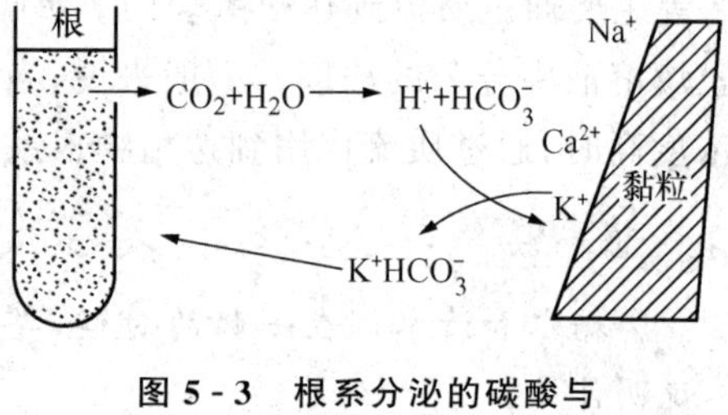

图 5-3　根系分泌的碳酸与黏粒吸附的离子进行离子交换

引自：《土壤肥料》，金为民，2001。

(2)主动吸收 主动吸收又称为代谢吸收,是指在消耗能量的前提下离子逆电化学势梯度有选择性地吸收养分的过程。之所以提出植物吸收养分的主动吸收机制,是因为有很多现象用被动吸收难以或不能解释。例如:第一,植物体内某种离子态养分的浓度常比土壤溶液中高出很多倍,植物根系仍不断地吸收这种养分,并不见养分外溢的现象;第二,为什么植物吸收养分有高度的选择性,而不是外界环境中有什么养分就吸收什么养分;第三,植物对养分的吸收强度并不决定于外界土壤养分的浓度,而与其代谢作用密切相关。常表现出植物生长越旺盛,吸收强度越大;生长越衰竭,吸收强度越小。

养分究竟是如何进入植物细胞膜内,到目前为止还不十分清楚。很多学者通过研究提出不少假说。解释植物主动吸收离子态养分的机理主要有载体学说、离子泵学说等。这里仅介绍载体学说的基本过程。

查一查

比较一下各种吸收作用的养分有什么。

载体学说是指生物膜上的某些分子载体可以选择性地与某种离子相结合,并可载运该离子通过生物膜,将离子释放到细胞质内的过程。

根据载体性质,载体运输离子的过程及机理可以归纳为 4 步(图 5-4),即载体在吸收过程中获得能量;磷酸化载体与某种选择性离子结合向质膜内转移;磷酸化载体-离子在磷酸酯酶作用下解离,于质膜内侧释放离子进入细胞内;在细胞内的线粒体或叶绿体作用下,形成 ATP。

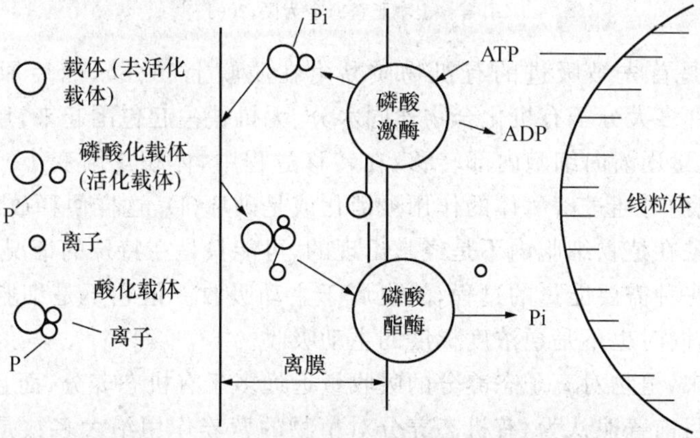

图 5-4 载体运载离子通过质膜示意图

引自:《土壤肥料》,金为民,2001。

载体学说能比较完善地从理论上解释关于离子主动吸收中的三个基本过程，即离子的选择性吸收、离子通过质膜以及在质膜中转移和离子吸收与代谢作用的密切关系，这一学说能为多数人所接受。

5. 根系对有机养分的吸收

许多试验表明，植物根系不仅能够吸收无机养分，也能吸收有机养分。植物根系吸收的有机养分主要是一些分子结构较为简单的有机化合物，如大麦吸收赖氨酸，玉米吸收甘氨酸，水稻幼苗能直接吸收各种氨基酸或核苷酸及核酸。只是有机养分究竟以什么方式进入根细胞，目前尚不完全清楚。

一般认为，有机养料的吸收可能是由膜上透过酶作为载体运入细胞的，这个过程需消耗能量，属于主动吸收。也有人用“胞饮”现象解释有机物的吸收。所谓胞饮作用是指吸收附在质膜上含大分子物质的液体微滴或微粒，通过质膜内陷形成小囊泡，逐渐向细胞内移动的主动转运过程（图 5－5）。

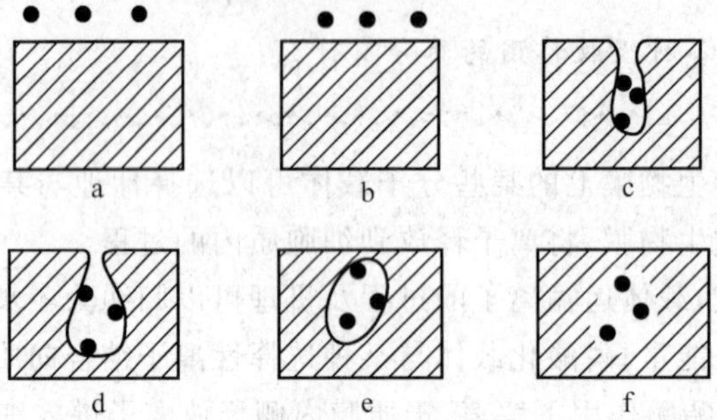

图 5－5 胞饮示意图

引自：《土壤肥料》，金为民，2001。

其过程是首先被吸进的有机物质黏附在质膜上（a、b），而后原生质膜先内陷（c、d），把许多大分子有机化合物连同水分、无机盐一起包围起来，形成胞饮体的小囊（e）。泡囊逐渐向细胞内部转移，在转移过程中，体积逐渐变小。胞饮体囊泡的膜，在细胞内可通过溶酶体的作用被消化或是破坏（f），这样便释放出其内含物。

胞饮现象在植物细胞内不是经常出现的，可能只是在特殊的情况下才会发生。胞饮现象是一种需要能量的过程，故也属于主动吸收。但它不是细胞对养分吸收的主要途径，同时也不是逆浓度梯度的主动吸收。

总的说来，植物对离子态养分的吸收量远远多于有机态养分，而且吸收速率也要快得多。目前普遍认为，有机态养分对植物的营养作用绝大多数是通过其分解为无机态养分后再被植物吸收利用，直接以有机态养分起营养作用的数量和比例微乎其微。但也不排除某些有机态养分对于植物生长有一定的促进作用，或者对于土壤中某些有机态养分的有效性的提高有促进作用。

6. 影响植物吸收养分的环境因素

除了植物本身的遗传特性外，土壤和其他环境因子对养分的吸收都有显著的影响。影响养分吸收的环境因素主要包括以下几方面。

(1)土壤温度　大多数植物根系吸收养分要求适宜的土温，一般为15～25℃。温度过高、过低都不利于植物对养分的吸收。图5-6表明，温度在6～12℃和24～30℃时，大麦吸收K^+的数量比在12～24℃时低很多。温度较低时，植物呼吸作用强度减弱，各种代谢活动减慢，养分吸收量减少。当土温低于2℃时，植物只能被动吸收。温度过高(超过40℃)时，植物体内的酶钝化，植物吸收养分的速率急剧下降。同时，高温下细胞膜的透性增加，常有养分外渗现象。只有在适当的温度范围内，植物才能正常地较多地吸收养分，且随着温度升高，吸收养分的能力增加。

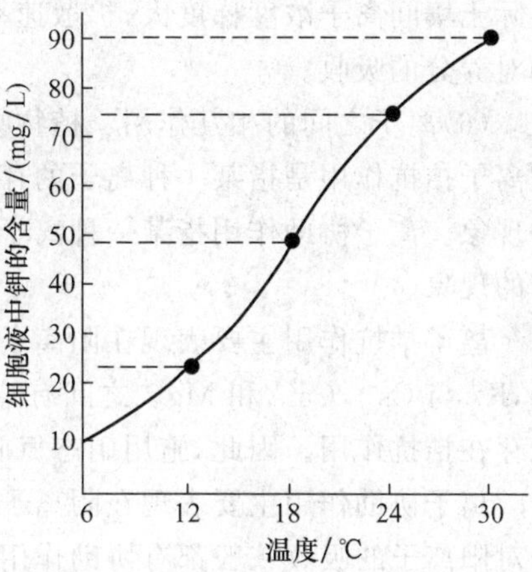

图5-6　温度对大麦吸收钾离子的影响

(2)光照　植物吸收养分是耗能过程，其对养分的吸收量受到能量供给的制约。光照直接影响光合产物的数量。当光照充足时，光合作用强度大，吸收能量多，植物吸收的养分也就多；反之，植物吸收养分的数量少。此外，由于光可以调节叶片气孔的开闭而影响到蒸腾作用，进而影响到植物对养分离子的吸收。

(3)土壤通气性　大多数植物吸收养分是一个好氧过程。通气良好的环境促进植物根系有氧呼吸，形成较多的三磷酸腺苷(ATP)，从而有利于植物对养分的吸收。反之，板结紧实、通气不良的土壤中，植物吸收养分量减少。淹水条件下，由于嫌气微生物滋生一些对呼吸有抑制作用的产物，除水稻、芦苇等可以正常生长外，多数植物吸收养分的能力则急剧下降。因此，农业生产中，施肥结合中耕，有利于促进植物养分吸收，提高肥料利用率。

(4)土壤酸碱性　土壤酸碱度直接影响植物的生长和代谢。土壤反应对植物根系吸收离子的影响很大。研究表明，在酸性条件下，植物吸收阴离子多于阳离子，而在碱性条件下，植物吸收阳离子多于阴离子。此外，酸碱度对各种养分的有效性有明显的影响。不同酸碱条件下，土壤中各种养分的有效性不同。一般而言，大多数养分在 pH 5～7 时有效性比较高。pH 较高时，微量元素有效性大多很低，植物吸收比较困难。

(5)养分浓度　植物对土壤溶液中某养分的吸收速率随该养分浓度的改变而变化。起初，吸收速率会随浓度的提高而迅速增加。如果溶液中的浓度继续提高，吸收速率增加变慢，然后稳定在一定数值。一般来说，土壤中养分含量高，土体与根际土壤间离子浓度梯度大，扩散速率增加，根系接触离子的机会增多，有利于植物对养分的吸收。

(6)离子之间的相互作用　植物吸收的离子间有拮抗作用，也有协助作用。所谓离子拮抗作用是指某一种离子的存在，能抑制植物对另一种离子的吸收和运转的现象。离子协助作用指某一种离子的存在能促进植物对另一种离子的吸收和运转的现象。

离子拮抗作用主要表现在阳离子与阳离子或阴离子与阴离子之间。据试验证明，K^+ 与 Cs^+，Ca^{2+} 和 Mg^{2+} 之间有拮抗作用；NO_3^- 与 Cl^-，NO_3^- 和 $H_2PO_4^-$ 之间也存在拮抗作用。因此，施用硝态氮肥时，应适当增施磷肥。

离子协助作用主要表现在阴离子与阳离子之间或阳离子与阳离子之间。阴离子对阳离子的吸收一般都有协助作用，如 NO_3^-，$H_2PO_4^-$ 和 SO_4^{2-} 均能促进阳离子吸收。阳离子之间的协助作用最典型的是维茨效应。研究表明，溶液中的 Ca^{2+}，Mg^{2+}，Al^{3+} 等二、三价阳离子，特别是 Ca^{2+}，能促进 NH_4^+，K^+，Rb^+，Na^+ 等一价阳离子的吸收。

以上两种作用都是对一定植物和一定离子浓度而言的，是相对的，不是绝对的。在某一浓度时，离子之间存在拮抗；在另一浓度时，离子之间可能是协助作用(表 5-4)。

表 5-4　植物体中元素之间的相互关系

元素	拮抗元素	协同元素
Ca	B,Cu,Fe,Mn,Zn,Co,Al,Cd,Cr,Ni,Pb	Cu,Mn,Zn
Mg	Mn,Zn,Cu,Fe,Co,Al,Cr,Ni,F	Al,Zn
P	B,Cu,Fe,Mo,Mn,Zn,Al,As,Cd,Cr,F,Hg,Ni,Pb,Si	Al,B,Cu,Fe,Mo,Mn,Zn
K	B,Mo,Mn,Al,Hg,Cd,Cr,F,Rb	
S	Fe,Mo,Se,As,Pb	F,Fe
N	Cu,B,F	B,Cu,Fe,Mo
Cl	Br,I	B,Cu,Fe,Mo

引自：《土壤肥料》，金为民，宋志伟，2009。

(二)植物的根外营养

植物除可通过根系吸收养分外,还可通过叶片、茎等吸收养分,这种营养方式称为根外营养。在根部营养受阻的情况下,可及时通过叶片、茎部等施肥进行补救。因此,根外营养是补充根部营养的一种辅助方式。

1. 根外营养的特点

(1)直接供给养分,防止养分在土壤中被转化固定　通过叶面喷施能直接供给植物养分,减少土壤固定。某些微量元素,如铁、锰、锌、铜等易被土壤固定,采取叶面喷施,可以提高肥料利用率。在寒冷或干旱地区,土壤施肥养分难以发挥作用,采取根外追肥可及时供给植物所需养分。此外,还有一些生理活性物质,如赤霉素等施入土壤易发生分解,效果欠佳,可以与肥料一起叶面喷施。

(2)养分吸收转化速率快,能及时满足植物需要　有人将^{32}P涂在棉花叶部,5 min后发现各个器官内均含有^{32}P,尤以根尖和幼叶含量最高。10 d 以后,各器官中的含磷量达到最高值。而根部施肥 15 d 后,植物吸收^{32}P的量仅接近于叶面施肥 5 min 时的吸收量。向土壤中施入尿素,一般 4～5 d 后才见效果;但叶面喷施 2 d后就能观察到明显效果(表 5-5)。由于叶部施肥的吸收和转化速度快,可作为消除某种缺素症、补救植物因遭受自然灾害而造成的损失及解决植物生长后期需要及时供给养分的问题。

表 5-5　植物叶片吸收养分的速度

养分	植物	吸收养分 50%所需时间	养分	植物	吸收养分 50%所需时间
N(尿素)	柑橘	12 h	K	甘蔗	1～4 d
	苹果,菠萝	1～4 h	Zn	扁豆	1 d
	黄瓜,玉米	1～46 h	Mn	扁豆	1～2 d
	烟草	24～36 h	Fe	扁豆	1 d(吸收 8%)
P	苹果	1～11 d	Mo	扁豆	1 d(吸收 2%)
	甘蔗	15 d			

引自:《肥料加工技术》,周连仁,2007。

(3)直接促进植物体内的代谢作用,作用效果明显　采用叶面施肥,各种养分可直接从叶片进入植物体,参与植物的新陈代谢过程。试验证明,叶面施肥能显著提高酶的活性,增加光合作用和呼吸作用强度,促进植物体内各种生理反应,促进有机物的合成、转化和运输,从而有利于干物质的积累,提高产量,改善品质。

(4)降低成本,提高肥效　采用土壤施肥,由于肥料固定、挥发、渗漏、流失等原因,肥料损失严重。若达到相同的养分吸收效果,叶面施肥与根部施肥相比,肥料用量仅为根部施肥的 1/10～1/5。根外施肥不仅用肥量少,效率高,还可与植物生长调节剂、农药配合施用，从而节省劳动成本，提高生产效益。

2. 影响根外营养的因素

(1)溶液组成　植物叶片对不同养分吸收的效率是不同的。就钾肥而言，叶片吸收速率 $KCl>KNO_3>KH_2PO_4$；对氮肥来说，叶片吸收速率尿素>硝酸盐>铵盐。在喷施生理活性物质和微量元素肥料时，可以加入尿素促进吸收，防止叶片出现暂时黄化。

查一查

当地叶面肥的使用情况如何？存在哪些问题？

(2)溶液浓度和溶液 pH　在一定浓度范围内，植物叶片吸收养分的速度和数量随浓度提高而增加。所以，在叶片不受肥害的情况下，应适当提高喷施肥料的浓度，促进吸收。但如果浓度过高，叶片会出现灼烧症状。尤其高浓度的铵态氮肥对叶片的损伤最为严重，可添加少量蔗糖抑制这种损伤作用。

一般而言，肥料溶液呈酸性，有利于阴离子吸收；肥料溶液呈碱性，有利于阳离子吸收。所以，如果要供给阳离子，溶液的 pH 应调至微碱性；如果要供给阴离子，溶液的 pH 应调至微酸性。

(3)溶液湿润叶片的时间　溶液湿润叶片的时间与叶片施肥的效果密切相关。试验证明，如果能使营养液湿润叶片的时间超过 0.5～1 h，叶片吸收养分数量就多。因此，叶面施肥最好选择在下午或傍晚无风的天气进行。雨天或雨前不宜进行叶面追肥。此外，喷施时加入湿润剂以降低溶液的表面张力，增加溶液与叶片的接触面积，可明显促进叶片对养分的吸收。

(4)植物叶片的类型　双子叶植物如棉花、油菜、豆类、薯类等叶面积大，叶片角质层较薄，溶液中的养分易被吸收。单子叶植物如水稻、小麦、玉米等叶面积较小，叶片角质层较厚，营养液易随平行脉流失，溶液中养分不易被吸收，因此对单子叶植物施肥时应将溶液浓度加大或增加喷施次数。

(5)喷施次数和部位　各种营养元素进入植物体后，其移动性是不同的。据研究，移动性很强的元素为 N 和 K，其中 N>K；移动性较强的元素有 P，Cl，S，其中 P>Cl>S；部分移动的元素为 Zn，Cu，Mn，Mo 等，其中 Zn>Cu>Mn>Mo；不移动的元素有 B 和 Ca 等。在喷施不易移动的元素时，必须增加喷施次数，同时注意喷施部位，如铁肥只有喷施在新叶上效果才好。通常每隔一定时间连续喷施的效果，比一次喷施的效果好。但也不宜喷施次数过多，以免增加劳力，增大成本。因此在生产实践中应掌握在 2～3 次为宜。

此外，植物叶片表面的表皮组织是栅栏组织，比较致密；叶片背面是海绵组织，比较疏松，细胞间隙大，故叶片背面吸收养分的速率快。所以喷施溶液时，叶的正反两面都要喷，尽量喷施均匀、细致。

3. 常用根外肥（叶面肥）的配制

常用根外肥（叶面肥）的配制方法见表 5-6。

表 5-6　常用根外肥（叶面肥）的配制

叶面肥类型	常用浓度/%	配制方法	适用范围	注意事项
尿素水溶液	1～2	0.5～1.0 kg 尿素对水 50 kg	所有作物	
过磷酸钙浸出液	1～3	过磷酸钙过筛后 1 份加水 10 份，搅拌放置 1 d，取上清液	多数作物	所用过磷酸钙必须是优质品
硫酸钾或氯化钾水溶液	1～1.5	0.5～0.75 kg 钾肥对水 50 kg	硫酸钾多数作物，氯化钾忌氯作物除外	氯化钾因含有氯离子，喷施浓度不宜过大
磷酸二氢钾水溶液	0.2～0.5	100 kg 水中加入磷酸二氢钾 200～500 g（可加 100 g 洗衣粉增强叶面吸附力）	多数作物	可用于浸种
锌肥水溶液	0.1～0.2	100 kg 水中加入 100～200 g 硫酸锌	多数作物	
硼肥水溶液	0.2～0.3	100 kg 水中加入 200～300 g 硼砂或硼酸	棉花、油菜等十字花科作物	
钼肥水溶液	0.05～0.1	100 kg 水中加入 50～100 g 钼酸铵	豆类	
锰肥水溶液	0.05～0.1	100 kg 水中加入 50～100 g 硫酸锰	棉花、豆类、果树	
铁肥水溶液	0.1～0.5	100 kg 水中加入 100～500 g 硫酸亚铁	多用于果树类	

引自：《土壤肥料》，金为民，宋志伟，2009。

（三）养分在植物体内的运转和利用

植物内养分的运转、循环利用是植物正常生长所必不可少的生命活动。通过根部或根外器官吸收的养分进入植物体后，除了满足自身生长发育需要外，大量的养分要进行短距离运输(养分在细胞间的运转)和长距离运输(养分在根部与地上部之间进行运移的过程),以提供植物其他器官和组织对养分的需要。实现这一目的最重要的途径是木质部运输和韧皮部运输。水和无机养分主要通过木质部向上运输,也可以通过韧皮部向下运输;而有机养分主要在韧皮部内向上和向下运输。

1. 木质部运输的机理

木质部运输是指养分及其同化物从根部通过木质部导管或管胞运移至地上部的过程。其机理是,矿质养分通过木质部向地上部运输,主要靠蒸腾作用和根压来推动。木质部中养分的运转只能是单向的,即由根部向地上部运送。如 Mg 和 Zn 的运转只能从根到叶子,而不能逆向往根运送。因此,Mg 和 Zn 的运输主要取决于蒸腾质流。如果蒸腾作用小,Mg 和 Zn 从土壤由根运输到顶尖的量不多,就可能发生缺素症状。

2. 韧皮部运输的机理

韧皮部运输是指叶片中形成的同化物以及再利用的矿质养分通过韧皮部筛管运移到植物体其他部位的过程。养分从老组织到新组织的运输完全靠韧皮部运输。通常,养分在韧皮部的运输主要向下进行,有时也能向上运输。

3. 养分在植物体内的再分配与再利用

养分进入植物体内后就参与植物的生理生化过程,发挥着自己的生理和营养功能。由于植物在不同的生育时期对养分的数量和比例要求不同,环境中养分供应水平与程度也不一样,因此,植物体内的养分就会随生长中心的转移而使养分再分配与再利用。

植物某一器官或部位中的矿质养分可通过韧皮部运往其他器官或部位,被再度利用,这种现象叫做矿质养分的再利用。植物体内有些矿质养分能够被再度利用,而另一些养分不能被再度利用。前者称为可再利用的养分,如氮、磷、钾和镁等,后者称为不可再利用的养分如钙、硼等。矿质养分再利用的程度取决于养分在韧皮部中移动性的大小,韧皮部中移动性大的养分元素,其再利用程度高。

三、植物营养的特性

掌握植物的营养特性是实现合理施肥的最重要依据之一。不同的植物种类其营养特性是不同的。即便是同一种植物在不同的生育时期其营养特性也是有差异的。所以,只有了解植物在不同生育期对营养条件的需求特点,才能有效地应用施肥手段进行合理调节,从而达到提高产量、改善品质和保护环境的目的。

(一)植物营养的选择性

一般土壤中含有较多的铁、锰、铜、硅等元素,而植物却很少吸收它们。相反,植物对土壤中一般有效成分含量较少的氮、磷、钾却有较多的需要。当向土壤施入一定的肥料后，由于植物具有选择吸收的特性，就会出现吸收肥料中的阴、阳离子不平衡的现象，从而导致土壤环境变酸或变碱。

植物吸收养分的主动性，还表现在养分吸收与植物代谢有密切的关系。植物的呼吸作用对其吸收养分有重要的影响。植物生长健壮，呼吸作用旺盛，养分吸收多，反之则少。因为植物主动吸收养分是需要大量能源的，旺盛的呼吸作用可以为植物吸收养分提供充足的养分。

想一想

植物除营养期从土壤中吸收养分外，其他时期如何得到养分？

(二)植物营养的连续性和阶段性

植物从种子萌发到新种子形成的整个生长期内，要经历许多不同的生长发育阶段。除前期种子营养阶段和后期根部停止吸收养分的阶段外，其他阶段都要通过根系从土壤中吸收养分。植物从土壤中吸收养分的整个时期，叫植物的营养期。在此期间，植物要连续不断地吸收养分，以满足生命活动的需要，称为植物营养的连续性。因每个阶段的营养特点有所差异，植物对养分种类、数量和比例的要求也不同(图 5 - 7)，这就是所谓的植物营养阶段性。

在植物营养期中，植物对养分的需求有两个时期极为关键，一个是植物营养临界期，另一个是植物营养最大效率期。

1. 植物营养临界期

植物营养临界期是指营养元素缺乏、过剩或比例不平衡，对于植物生长发育起着显著不良影响的那段时期。在这个时期，植物对养分的需求在绝对数量上不多，但很敏感，需要迫切，此时若缺乏该养分，则会显著影响植物的生长和发育，即使以后再补充或调整养分的供应也难以弥补损失。

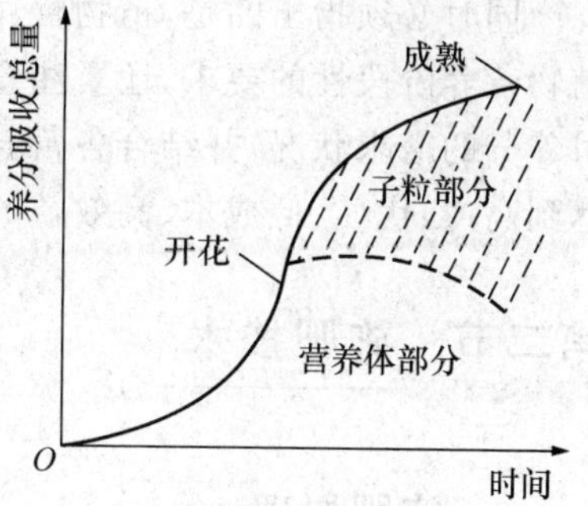

图 5 - 7　植物生长发育期间养分吸收量及养分在营养体与子粒中的分配

引自:《土壤肥料》，宋志伟，2005。

大多数植物的磷素营养临界期出现在幼苗期，小麦、水稻、玉米磷素营养临界期在三叶期，棉花在二、三叶期。水稻氮素营养临界期在三叶期和幼穗分化期，棉花在现蕾初期，小麦和玉米一般在分蘖期和幼穗分化期。钾的营养元素临界期资料较少，据日本资料，水稻在分蘖初期和幼穗形成期。由此看出,植物营养临界期一般在幼苗期,即种子养分耗竭与根系吸收土壤养分的转折期。所以,在农业生产中,培育壮苗、施足基肥、施好种肥对植物高产来说尤为重要。

2. 植物营养最大效率期

在植物生长发育过程中,有一个时期植物需要养分的绝对数量最多,吸收速率最快,且养分作用效率最大,这个时期称为植物营养最大效率期。也称强度营养期。

想一想

根据两个植物营养关键期的各自特点,如何施肥?

植物营养最大效率期因植物而异。一般而言,植物营养最大效率期出现在生长最旺盛和形成产量最高的时期,即植物生长中、后期。此时植物生长量大,需肥量多,对施肥反应最为明显。就氮而言,稻、麦最大效率期在分蘖期,玉米在喇叭口期和抽雄初期;棉花的氮、磷最大效率期在花铃期;甘薯的磷、钾最大效率期在块根膨胀期。

植物营养临界期和最大效率期是植物营养和施肥的两个关键时期,在这两个时期,如能根据植物自身的营养特点,及时供应植物所需养分,就能显著提高产量。

同时必须指出的是,植物营养有它的阶段性,也有其连续性。施肥时既要满足植物营养阶段性的要求,还要注意养分吸收的连续性。即要考虑植物整个生育期对养分的需求状况,并结合各营养阶段特点进行。做到基肥、种肥、追肥相结合,以达到高产、优质、低成本、高效益的目的。

第二节 施肥技术

一、施肥原理

合理施肥是以优质、高产、低成本为目的,需要科学的施肥理论为指导及高效的施肥技术来实施。在施肥过程中既充分发挥肥料的增产作用,又不对环境造成危害。19 世纪中叶到 20 世纪初,随着科学的发展和技术的进步,在农业生产中,逐渐揭示并形成了一系列植物营养与合理施肥方面的规律性材料,提出了不少理论和学说,这些理论和学说,反映了施肥实践中存在的客观事实,至今在施肥上仍有指导意义。

(一)养分归还学说

19世纪中叶,德国化学家李比希提出了养分归还学说。其中心内容是:①随着植物的每次收获(包括子粒和茎秆)必然要从土壤中带走一定量的养分;②如果不及时合理地归还植物从土壤中带走的全部养分,土壤肥力会逐渐下降;③要想恢复地力,必须归还植物从土壤中带走的养分;④为了增加植物产量,应该向土壤中添加灰分元素。

查一查

生产中如何根据营养元素归还比例施肥补充养分?

该学说中提出的"归还",实质上就是生产过程中通过人为的施肥手段对土壤养分亏缺的积极补偿。虽然不像李比希强调的那样,要归还从土壤中取走的全部养分,而应该根据植物营养特性和土壤养分状况归还必要的养分就可以了。但从发展的观点上看,养分归还学说对恢复和维持土壤肥力有着积极意义。

(二)最小养分律

1843年,李比希在《化学在农业和生理学上的应用》一书中提出了最小养分律。这一理论的中心意思是,植物生长发育需要多种养分,但决定产量的却是土壤中相对含量最少的那种养分——养分限制因子,且产量的高低在一定范围内随这个因子的变化而增减。忽视这个养分限制因素,即使继续增加其他养分,也难以提高植物产量。如图5-8所示,木桶由代表不同养分含量的木板所组成,贮水量的多少决定于最短木板的高度。同理,植物产量则决定于最小养分的含量。它说明了要想多贮水,必须将最短的木板增高,同样要想提高植物产量,必须有针对性地补充最小养分。

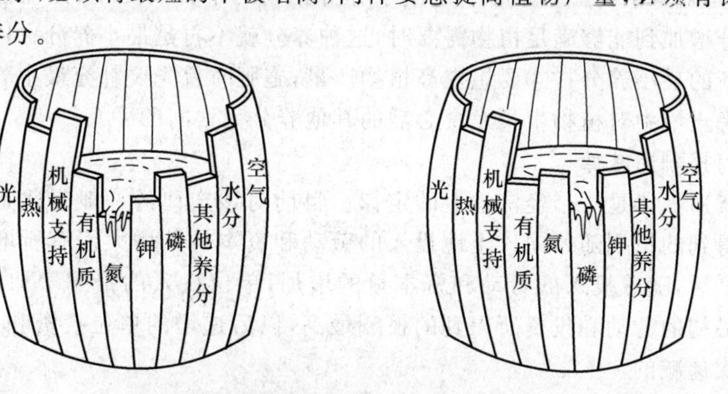

图5-8　影响植物产量的限制因子示意图

引自:《土壤肥料》,金为民,2001。

查一查

当地农田土壤的最小养分是什么？

最小养分律指出了植物产量与养分供应上的矛盾，表明施肥应有针对性。同时需要指出的是，最小养分不是固定不变的，它会随着施肥等因素而发生改变（图5-9），生产上应注意最小养分的出现并及时地予以弥补，根据最小养分的变化情况及时制订新的施肥方案，这样才能使植物产量持续不断地提高。

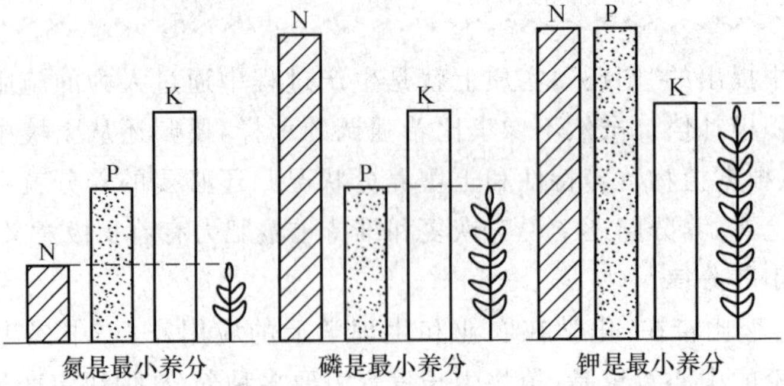

图 5-9 最小养分随条件变化而变化的示意图

引自：《作物施肥原理与技术》，谭金芳，2003。

应用最小养分律时应注意以下三个要点：①最小养分不是土壤中绝对含量最小的养分，而是指土壤中有效养分含量相对最少的养分。②最小养分不是固定不变的，而是随着植物产量水平和土壤中养分元素的平衡而变化的。当土壤中某种最小养分增加到能够满足植物需要时，这种养分就不再是最小养分，另一种元素又会成为新的最小养分。③要想提高植物产量，施肥时首先要补充最小养分。同时，还应考虑土壤中对植物生长发育必需的其他养分元素间的平衡。

（三）报酬递减律

报酬递减律是一个经济学上的定律。目前对该定律的一般表述是：从一定土地上所得到的报酬随着向该土地投入的劳动和资本量的增大而有所增加，但达到一定限度后，随着投入的劳动和资本量的增加，单位投入的报酬增加却在逐渐减少。即最初的劳动和投资所得到的报酬最高，以后递增的单位投资和劳力所得报酬是渐次递减的。

这一定律的诞生对工业、农业及其他行业都具有普遍的指导意义，最先引入到农业上的是德国农业化学家米采利希（E. A. Mitscherlich）等人。科学试验进一步证明，当施肥量（特别是 N）超过适量时，植物产量与施肥量之间的关系呈抛物线模式（图 5-10）。也就是说，产出的多少，并不总是和投入呈直线正相关的。即其他养分充足时，由于增施某种养分，产量也随之增加，但增加并不完全是直线的，随着养分的不断增加而产量的增加率却逐渐下降。在达到最高产量后，产量则不再增加，此时意味着产量的增加为零。所以应该根据植物对肥料的效应曲线来确定获得高产的最佳施肥量，而不是无限制地增加施肥量。如果不注意研究投入和产出的关系，一味地盲目大量施肥，必然会出现“增产不增收”的现象。

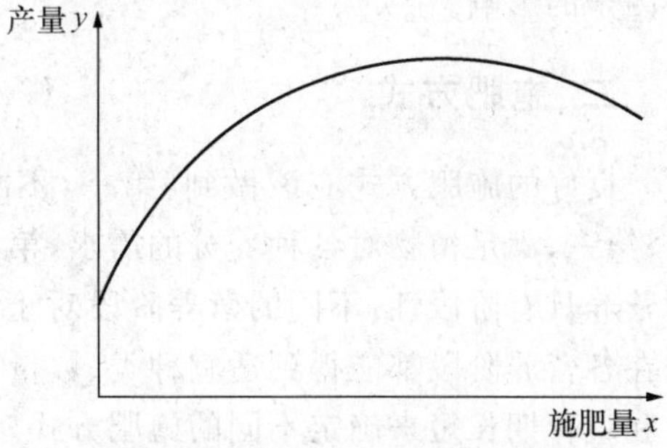

图 5-10　增产效应的抛物线图

引自：《土壤肥料》，金为民，宋志伟，2009。

一般来说，在一定的地力条件下，通过人为因素的努力，产量是能够提高的，但是增产幅度是不可能无限的。换句话说，想通过某一因素增加或改善来换取产量无限制地提高是不可能的，而只能是造成经济上的损失。

（四）因子综合作用律

植物获得高产是综合因素共同作用的结果，除养分外，还受到许多环境条件与生态因素的影响和制约。在这些因素中，其中必然有一个起主导作用的限制因子，产量也在一定程度上受该限制因子的制约。这就是所谓的因子综合作用律。

查一查

当地限制作物产量的主要因子是什么？

影响植物生长的环境条件主要有温度、光照、水分、空气、养分、品种及耕作栽培措施等因子。合理施肥是众多因子中的重要因子之一。为了充分发挥肥料的增产作用和提高肥料的经济效益，一方面，施肥措施必须与其他农业技术措施密切配合，以使各因素协调发展；另一方面，各种养分肥料要配合施用，以维持植物体内的营养平衡，充分发挥养分之间的互相促进作用，为植物高产提供重要条件。因子综合作用律对指导施肥有着重要的实际意义。

由于植物和环境条件是统一的，植物生长受许多因子制约。要想获得植物高产，光靠一个因子或一项技术措施是不能够实现的。因此，在施肥实践中，不仅要注意到养分因子中的最小养分，还不能忽视养分以外生态因子供给能力相对较低的因子的影响。

二、施肥方式

良好的施肥方式应该做到：第一，不断提高土壤肥力；第二，改善土壤理化性质；第三，满足植物对各种养分的需求；第四，降低成本，品质好，经济效益高。植物的营养具有阶段性，不同的营养阶段对土壤和养分条件的要求不同。为了满足植物在各营养阶段都能得到适宜种类、数量和比例的养分，需根据不同植物的营养特性和生育期长短来确定不同的施肥方式。一般来说，施肥方式包括基肥、种肥和追肥 3 个环节。

1. 基肥

基肥又称为底肥，它是指在播种或定植前以及多年生植物越冬前结合土壤耕作施入的肥料。施入基肥的目的有 2 个：一是满足整个生育期内植物营养连续性的需求，为植物高产打下良好的基础；二是培肥地力，改良土壤，为植物生长发育创造良好的土壤条件。

从肥料选择的种类来看，一般以有机肥为主，无机肥为辅；以长效肥料为主，以速效肥料为辅。

从肥料的施用量上来看，一般基肥用量应占总用肥量的绝大部分，具体则根据植物的营养需求与土壤的供肥特性而定。对于高肥力土壤，一般氮肥总用量的 30%左右作为基肥底施，中、低肥力土壤则有 50%～70%的氮肥作为底肥，而磷、钾肥尽可能一次全部做基肥底施。

2. 种肥

种肥是指播种或定植时施入土壤的肥料。一般施于种子或幼苗附近，其目的是为种子发芽和幼苗生长发育创造良好的土壤环境。

种肥多选用速效性化学肥料或腐熟的有机肥料等。因肥料与种子比较接近，施用时需注意，避免因肥料浓度过大、过酸、过碱、吸湿溶解时产生高温或含有毒副成分可能产生的不良作用。

3. 追肥

追肥是指在植物生长发育期间施入的肥料。目的是及时补充植物生长发育过程中所需要的养分，有利于产量和品质的形成。

追肥常选用速效性化学肥料，腐熟的有机肥有时也可以做追肥。对氮肥来说，应尽量将化学性质稳定的氮肥如硫酸铵、硝酸铵、尿素等做追肥。对磷、钾肥来说，一般通过基肥、种肥去补充。对微量元素肥料来说，应根据不同地区和不同植物在各营养阶段的丰缺状况来确定是否追用。

不同植物因自身营养需求的差异，对追肥时期、次数、数量要求不一。从生产实践上看，应结合各营养阶段特点进行追肥。例如，稻麦的拔节期追肥，玉米的大喇叭口期追肥，棉花的花蕾期追肥等，对植物产量的提高起着决定性作用。

三、施肥方法

在生产实践中，常用的施肥方法主要有以下几种。

(1)撒施　撒施是指在土地翻耕前将肥料均匀地撒施于地表，然后翻耕入土的方法。它是施用基肥和追肥常用的方法。一般在植株密度较大、植物根系遍布于整个耕作层、追肥用量又比较大的情况下采用。对于基肥来说，一般底肥应施到整个耕作层之内，即15～20 cm的深度。所以，对于有机肥、氮肥、钾肥、微肥，可以混合后均匀地撒在地表，然后翻耕入土，做到肥料与全耕层土壤的均匀混合，以利于作物不同根系层对养分的吸收利用。

(2)条施　是施用基肥和追肥的一种方法，条施基肥是指在播种或移栽前结合整地做畦，开沟施肥覆薄土，然后播种或移栽，再埋土、镇压的方法。条施追肥是指在条播栽培植物的一侧或两侧开沟施肥再覆土、培土的方法。条施基肥的用量较撒施少，施肥深度应与植物根系入土深度相适应。

(3)穴施　穴施基肥是指在播种前将肥料施在播种穴中，并覆薄土，再进行播种、覆土、镇压的方法。点播作物或花卉、果树、林木的基肥施用多采用此法。此方法的特点是施肥集中，用肥量少，增产效益好。穴施追肥是指在点播、株行距较大的栽培植物的株间或行间开穴施入肥料的方法。此方法肥料用量少，但挖穴施肥需工量较大。

(4)分层施肥　分层施肥是指根据肥料自身特点和植物营养特性将肥料按不同比例施入土壤不同层次的方法。一般将迟效性肥料施于土壤中下层，速效性肥料施于上层，既可满足植物整个生育期内对养分的需求，又能促进土壤的熟化程度。磷肥由于移动性差，且施入土壤后易被固定而失去有效性，故在作为基肥底施时可分上下两层施用，即下层施至15～20 cm的深度，上层施至5 cm左右的深度。上层主要满足作物苗期对磷的需求，下层则供应作物生长中、后期的磷素营养。

(5)根外追肥　根外追肥是指将肥料配制成一定浓度的溶液，然后喷施于植物叶面的方法。此方法省肥，见效快。

(6)环状和放射状施肥　此法多用于果树追肥，观赏树木特别是园林古树复壮施肥。环状施肥是指在树冠外围垂直的地面上开环状沟，施肥于沟内然后覆土(图5-11)。环的直径随树木生长逐年扩大，沟的深度应与树木根系分布的区域相适应。另外，也有以树干为中心向树冠外围开放射状沟施肥的，称为放射状施肥法(图 5-12)。

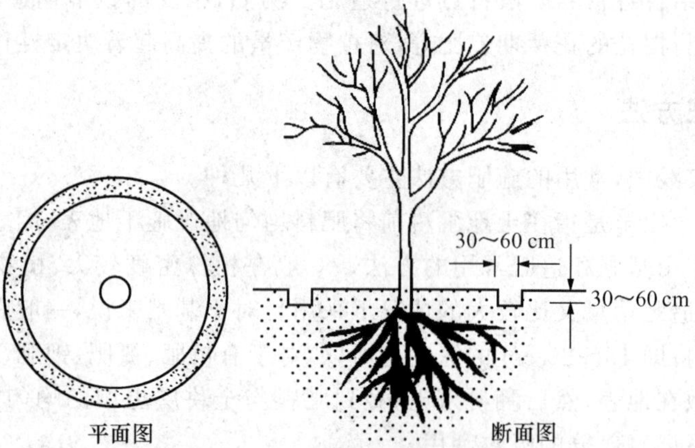

图 5-11 环状施肥示意图

引自:《土壤肥料》,宋志伟,2005。

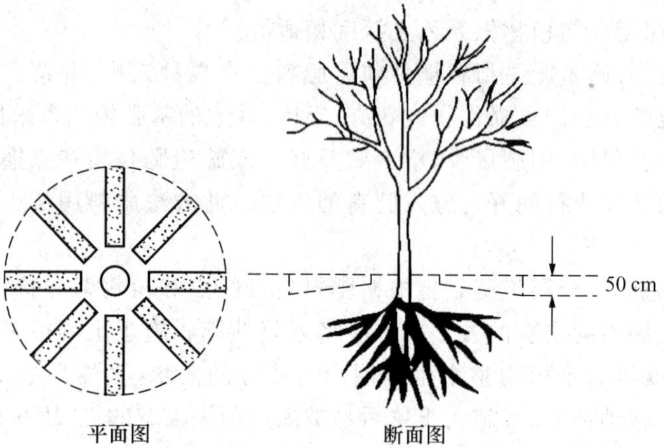

图 5-12 放射状施肥示意图

引自:《土壤肥料》,宋志伟,2005。

(7)拌种和浸种　拌种是指将肥料和种子拌匀后一起播入土壤;浸种是指把种子放入肥料稀溶液浸泡一定时间后取出稍晾干后播种。

(8)蘸秧根　此方法是将苗根在一定浓度的肥料溶液中蘸一下,然后进行栽植。

技能训练　当地施肥技术应用状况调查

一、技能目标

通过调查，了解当地肥料施用技术与植物产量之间的关系，学会总结群众施肥经验，增强实践本领。

二、方法原理

通过对高、中、低肥力地块和高、中、低产量地块的施肥技术的调查，进行不同施肥效果的比较，从而确定最佳施肥技术。

三、实验材料

速测箱、铁锹或铁铲、卷尺、记录本等。

四、训练操作规程

(1)进行不同肥力地块肥料施用情况的调查。如肥料的种类、用量、施肥时期、施用比例和施用方法等。

(2)请当地主管技术员、农户介绍，调查不同植物、不同产量水平的施肥方法。

(3)通过对植物田间长势和产量水平调查，比较不同肥力水平地块上，各种肥料不同施用方法的效果。

(4)通过座谈访问，请当地专业技术人员、种植专业户介绍施肥情况、经验、经济效益及存在问题等，对植物不同产量水平地块上，各种肥料施用方法的效果进行比较调查。

五、结果分析

根据调查资料，分组讨论与总结，写出一份调查报告。报告内容包括调查过程与方法、调查结果与原因分析、存在问题或合理化建议等。

单元小结

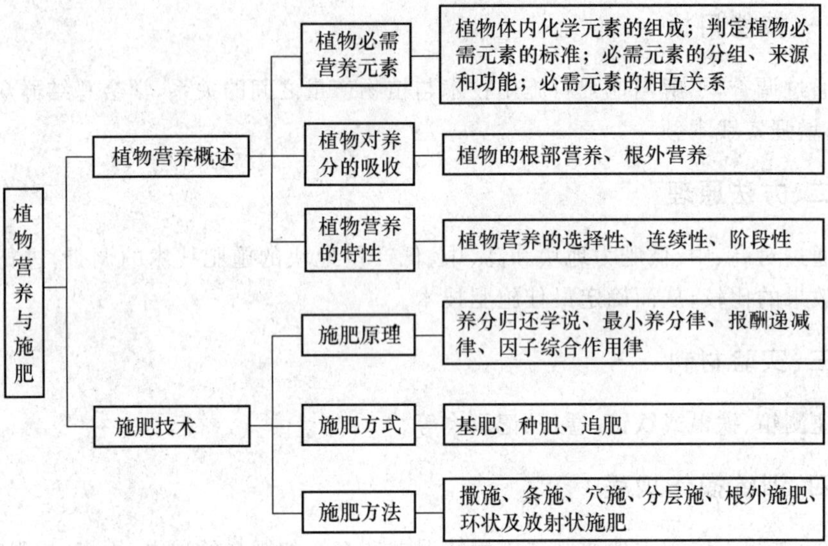

学练结合

➢名词解释

植物营养临界期　植物营养最大效率期　养分归还学说　最小养分律　报酬递减律　基肥　追肥　种肥

➢填空题

1. 目前已发现的植物必需营养元素共有________种，根据在体内的含量可分为________元素、________元素和________元素。

2. 土壤中养分迁移至根表的方式主要有________、________和________。

3. 植物吸收养分的方式主要有________和________。

4. 植物必需营养元素的相互关系主要表现为________和________。

5. 植物吸收养分的器官有________、________和________等，根据吸收部位一般把植物营养分为________营养和________营养。

6. 植物对养分的需求有________和________两个关键时期。

➢问答题

1. 植物必需的营养元素有哪些?
2. 施肥的基本原理是什么?
3. 植物营养的阶段性对施肥有何指导意义?
4. 植物营养临界期和植物营养最大效率期有什么不同?
5. 施肥有哪些方式?如何正确应用?
6. 要根据哪些环境特点进行合理施肥?

单元六　化学肥料及其施用技术

◈ 学习目标

知识目标：

- 了解植物体中必需营养的状况及缺素症状
- 了解土壤中必需营养元素的形态与转化过程，生产中常见化肥种类和特性
- 掌握氮肥、磷肥、钾肥、微肥和复合肥的合理施用方法和技术

技能目标：

- 熟练测定当地土壤中碱解氮、速效磷和速效钾的含量
- 能对当地生产中常用的化肥进行识别和定性鉴定

第一节　化学肥料概述

化肥是农业生产最基础而且是最重要的物质投入。据联合国粮农组织(FAO)统计，化肥在对农作物增产的总份额中占40%～60%。中国能以占世界7%的耕地养活占世界22%的人口，化肥起到举足轻重的作用。化肥在我国农业生产中发挥了重大作用，但化肥的养分利用率并不高。由于利用率低，施肥量大，造成化肥在农业生产中成本提高。不仅加重了农民的负担，也不利于农业的可持续发展和环境保护。因此，科学施用肥料，提高肥料利用率是每一个农业工作者首要的任务。

一、化学肥料的定义和特点

(一)化学肥料的定义

化学肥料，简称化肥，是用化学和(或)物理方法人工制成的含有一种或几种作物生长需要的营养元素的肥料。由于营养成分多为无机物，又称为矿质肥料或无机肥料。只含有一种可标明含量的营养元素的化肥称为单元肥料，如氮肥、磷肥、钾肥以及微量元素肥料等。含有氮、磷、钾3种营养元素中的两种或3种且可标明

其含量的化肥，称为复合肥料或混合肥料。

（二）化学肥料的特点

化学肥料与有机肥料相比，具有以下特点。

1. 养分含量高，可减少贮运和施用成本

化学肥料的营养元素含量比有机肥料高得多，如碳酸氢铵含氮17%，尿素含氮46%，而有机肥料养分含量较低，如人粪尿一般含氮(N)0.5%～0.8%，1 kg尿素相当于60～70 kg人粪尿的含氮量。此外，化学肥料运输和贮存方便，如管理适当，养分损失很少；而有机肥料的积制、堆腐、贮存等管理过程比较麻烦，如措施不当，很容易损失养分。由于化肥养分含量高，施用和运输时可节省人力，提高施用效率，经济节约。

2. 肥效快，增产效果明显

常用化学肥料多数是水溶性的，施入土壤后，很容易溶解于水，能迅速被作物根系吸收，肥效较快。如碳酸氢铵、尿素等，施入土壤后几天内就可见效。由于化学肥料养分含量高，肥效快而及时，对作物的增产效果十分明显。据全国化肥试验网的结果统计，每千克化肥可增产粮食5～10 kg；而有机肥料虽然养分种类多，但肥效缓慢、稳定而持久，并有较长后效，在改良和培肥土壤方面较化学肥料优越。

3. 养分单一，肥效期短

目前我国常用的化学肥料仍以单元肥料或单质肥料（即以一种主要营养元素为主的化学肥料）为主。如氮肥、磷肥、钾肥等，这类肥料养分种类单一，含量高，若施用不当，容易造成作物吸收的养分比例失调。由于常用的化学肥料多属水溶性，肥效快，但容易流失、挥发和被土壤固定，肥效不持久，缺乏后劲。

4. 有酸碱反应，不利于土壤结构优化

多数化肥具有一定的酸碱性，施入土壤后会发生酸、碱反应，导致土壤酸碱性的变化，长期大量单施化肥，在一定程度上会造成土壤板结，土壤结构变差，土壤盐分含量增加，发生次生盐渍化，使土壤理化性质变坏。此外，化学肥料与有机肥料的另一个重要区别是不含有微生物，对土壤养分的转化和土壤生物性质的改善不利。

在农业生产实践中，应大力提倡化肥与有机肥料配合施用，互相取长补短，充分发挥肥料的经济、社会和生态效益。

二、化学肥料的种类

化学肥料种类和品种，依其所含营养元素可分为以下几种。

(1)氮肥　按氮素形态可分为铵态氮肥、硝态氮肥、酰胺态氮肥和长效氮肥等。

(2)磷肥　按其溶解性可分为水溶性磷肥、弱酸溶性磷肥和难溶性磷肥。

(3)钾肥　氯化钾、硫酸钾、草木灰和窑灰钾肥等。

(4)中量元素肥料　包括钙肥、镁肥和硫肥。

(5)微量元素肥料　包括硼肥、铁肥、锌肥、钼肥、铜肥和锰肥。

(6)复混肥料　分为化成复混肥和混成复混肥等。

第二节　氮肥及施用

一、土壤中的氮素

(一)土壤氮素状况

1. 土壤氮素含量

耕作土壤中氮的来源主要有:生物固氮、降水、尘埃沉降、施入的含氮肥料、土壤吸附空气中的 NH_3,灌溉水和地下水补给等。其中施肥和生物固氮是主要来源。

土壤中总氮含量在 0.2～25 g/kg 之间,一般耕地表层土壤含氮量为 0.3～4 g/kg,少数肥沃的耕地、草原、林地的表层土壤含氮量在 5～6 g/kg。主要受气候、地形、植被、温度、耕作、施肥等影响。不同地区自然植被与耕作条件下土壤的氮素含量不同。我国土壤的含氮量,从东向西、从北向南逐渐减少(表 6-1)。

表 6-1　不同地区土壤耕层的有机质和氮素含量(平均值±标准差)

地点	利用情况	有机质/%	全氮/%
东北黑土区	旱地	6.67±2.55	0.263±0.14
	水田	4.96±1.50	0.258±0.077
蒙新	旱地	1.83±0.91	0.110±0.053
青藏	旱地	2.77±1.67	0.144±0.064
黄土高原	旱地	1.04±0.42	0.070±0.028
黄淮海	旱地	0.97±0.48	0.063±0.029
	水田	1.51±0.63	0.093±0.029
长江中下游	旱地	1.58±0.67	0.093±0.033
	茶园	1.45±0.54	0.081±0.025
	水田	2.27±0.92	0.134±0.047
江南	旱地	1.57±0.61	0.090±0.029
	茶园、橘园	1.83±0.34	0.097±0.024
	水田	2.46±1.00	0.143±0.059

续表 6-1

地点	利用情况	有机质/%	全氮/%
云贵高原及四川	旱地	1.93±1.28	0.109±0.057
	水田	2.73±2.41	0.149±0.112
华南、滇南	胶园	2.43±0.89	0.113±0.043
	水田	2.85±1.24	0.150±0.067

引自:《中国土壤》(第2版),熊毅,1987。

2. 土壤氮素形态

土壤中的氮素包括无机态和有机态两大类,如图6-1所示。95%以上为有机态氮,主要包括腐殖质、蛋白质、氨基酸等。小分子的氨基酸可直接被植物吸收利用;蛋白质、腐殖质中的氮矿化后才能被植物吸收利用。有机态氮主要来源于土壤有机质。无机态氮不足土壤全氮量的5%,主要是铵盐和硝酸盐,亚硝酸盐、氨、氮气和氮氧化物等一般非常少。大部分铵态氮和硝态氮很容易被作物直接吸收利用,是速效氮。

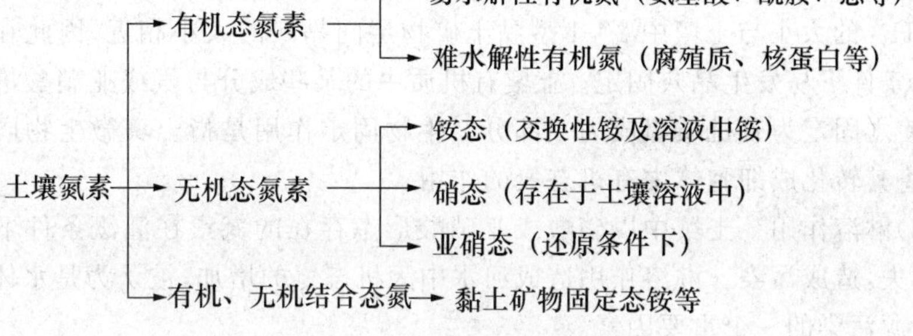

图6-1　土壤中氮素的形态

3. 土壤氮素的转化

(1)矿化作用　矿化作用是指土壤中的有机态氮经过矿化作用分解成无机态氮素的过程。有机态氮的矿化过程需要在一定温度、水分、空气及各种酶的作用下才能进行。矿化作用一般分两步:

①水解作用　是指在蛋白质水解酶、纤维素水解酶、木酵素菌等各种水解酶作用下将高分子的蛋白质、纤维素、糖类分解成为氨基酸的过程。

②氨化作用　是指氨基酸在微生物-氨化细菌的作用下进一步分解成铵离子(NH_4^+)或氨气(NH_3)的过程。

(2)硝化作用　硝化作用是指土壤中的氨(NH_3)或铵离子(NH_4^+)在硝化细菌的作用下转化为硝酸的过程。硝化作用受多方面因素影响,在温度为25~30℃,

土壤的相对含水量为50%～60%，pH为6.5～7.5时硝化作用最为强烈。

想一想

为什么铵态氮肥在砂性土壤中利用率低呢？

(3)反硝化作用　反硝化作用是硝酸盐或亚硝酸盐还原为气体分子态氮氧化物的过程。通气不良、降雨可促进反硝化作用进行；温度过高或过低对反硝化作用不利；土壤有机质含量与反硝化损失量呈显著的相关性；植物根系分泌物和根系脱落物进入土壤可促进反硝化作用。

(4)生物固氮　生物固氮是指通过一些生物所具有的固氮菌，将空气(土壤空气)中气态的N_2被植物根系固定成NH_3而存在于土壤中的过程。生物固氮作用一般发生在豆科植物的根系，生物固氮作用的强弱与根际的旺盛、植物种类、根际通气条件、氮肥施用量等有关。

(5)土壤中无机态氮的固定作用　NH_4^+或NO_3^-可被土壤微生物吸收，也可被黏土矿物晶格固定，或与有机质结合，这些统称无机氮的固定作用。

NH_4^+的大小与土壤中2∶1型黏土矿物层间晶穴的大小相近，因此在干湿交替频繁条件下易发生晶穴固定。土壤有机质中的某些成分与氨或亚硝酸进行化学反应，使之固定为有机质组成的一部分。生物固定作用是指土壤微生物同化无机态氮，将其转化成细胞体中有机态氮的作用。

(6)淋溶作用　土壤中以硝酸或亚硝酸形态存在的氮素在灌溉条件下容易被淋溶损失，造成污染。淋溶作用造成河水中无机态氮的增加，被认为是水体富营养化和面源污染的一个重要因素。

查一查

土壤中氮素损失的途径有哪些？

(7)氨的挥发作用　矿化作用产生的NH_4^+或施入土壤中的NH_4^+易分解成NH_3而挥发的过程。pH升高、NH_4^+浓度高，土壤易发生氨的挥发作用；土壤阳离子交换量大，氨的挥发小；温度升高，光照强，风速大也易造成氨的挥发。

(二)土壤氮素供应

作物一生中所吸收的全部氮素中，有40%～80%直接来自土壤，土壤供氮量是作物高产的重要保障。施肥是土壤氮素的重要来源。一般施入土壤中的氮素有三个去向：一是当季作物吸收30%～50%，二是残留于土壤中20%～30%，其他部分为不同形式的损失。所以只有连续施肥，才可以使土壤保持较高的供氮水平，提高土壤对当季作物的供氮比例。不同地区土壤对几种作物的氮素供应比例见表6-2。

表6-2 不同地区土壤对当季作物的供氮比例

地点	作物	土壤供氮比例(差值法)/%
黑龙江	玉米	77.5±4.1(n=6)
天津	小麦	73.3±6.2(n=5)
山西	谷子	77.1±6.4(n=6)
四川	棉花	62.4±8(n=9)
江苏	大麦	45.2±7.8(n=5)
上海	大麦	48.3±6.2(n=19)
江苏	单季晚稻	75.9±4.0(n=13)
江苏	双季早稻	57.8±1.3(n=5)
上海	双季早稻	51.9±7.0(n=5)

引自：《中国土壤》第2版，科学出版社，1987。

二、植物中的氮素

(一)植物氮素状况及营养功能

1. 植物氮素状况

氮是植物必需的营养元素之一，是植物体内重要物质的组成成分，在植物体内起着重要的作用。植物体内的含氮量一般约为其干物质质量的1.5%，含量范围在0.3%～5%，主要以各种有机含氮物质存在，也有少量的铵态氮和硝态氮。

2. 氮素的营养功能

氮称之为生命元素。其功能主要表现在以下几个方面。

(1)蛋白质的重要组分　蛋白态氮通常可占植株全氮的80%～85%。蛋白质中平均含氮量为16%～18%，体内细胞的增长和新细胞的形成都必须有蛋白质，否则植物生长受到抑制，生长发育缓慢或停滞。

(2)核酸和核蛋白质的成分　核酸也是植物生长发育和生命活动的基础物质，核酸中含氮15%～16%，核酸态氮占植株全氮的10%左右。

(3)叶绿素的组成元素　绿色植物依靠叶绿素进行光合作用。据测定，叶绿体中含蛋白质45%～60%。其他许多色素如胡萝卜素也含有氮。

(4)一些生理活性物质的组成元素　酶是生命活性物质，酶本身就是蛋白质，是植物体内生化作用和代谢过程中的生物催化剂。

此外，维生素 B_1、维生素 B_2、维生素 B_6、烟碱和茶碱等生物碱、细胞分裂素、激素等分子中都有氮素，如果没有氮素，这些物质就不能合成。

(二)植物对氮素的吸收利用

除豆科植物能借助其根瘤中共生固氮菌直接吸收空气中的分子态氮外，一般植物的生长发育，都需要从土壤中吸取大量氮素。植物主要通过根系能吸收利用的氮素形态有氨基酸、尿素、氨、铵、硝酸根及亚硝酸根，但主要是铵离子(NH_4^+-N)和硝酸根离子(NO_3^--N)。有研究表明：当两种氮源都充足时，植物对氮的类型有较强的选择性；两种氮源浓度都低时，作物对氮的选择性小。所以当土壤缺氮时，补充哪一种氮素，对作物都有增产作用。

(三)植物氮素缺乏和过多的症状

氮是植物体内重要物质的组成成分，且氮在植物体内以蛋白态氮和非蛋白态氮不断地进行着转化作用，即有机态氮和无机态氮可以互相转化。老器官中的有机态氮以分解为主，分解为无机态氮，向幼嫩器官运输，重新合成有机态氮。

缺氮时，蛋白质合成受阻，植株生长缓慢、矮小，叶绿素形成减少，叶色变黄。禾本科作物分蘖少，双子叶作物分枝少。若生长后期缺氮，禾本科作物穗短小，穗粒数少，子粒不饱满，易出现早衰。氮是可被再利用的营养元素，缺氮症状首先出现在植株下部的叶片，然后逐渐向上部叶片蔓延。氮素供给不足，还影响作物产品品质，如蛋白质含量下降，维生素与必需氨基酸含量也会减少。

氮肥用量过多，蛋白质合成增加，消耗大量碳水化合物，不利于淀粉和糖分的累积，也使构成细胞壁的原料如纤维素、果胶等物质的形成受到严重的抑制。细胞壁变薄，叶片变得柔软多汁，叶色浓绿，作物容易遭受病虫侵袭，易倒伏，抗恶劣气候条件差，贪青晚熟，生殖器官不发达，纤维品质下降，淀粉和糖分含量下降。

三、氮肥的性质和施用

(一)氮肥的种类

氮肥是农业生产中主要的化学肥料种类之一。氮素化肥不但种类多，而且在农业生产中的用量大，具有举足轻重的地位。氮肥的分类有多种方法，常按照氮素形态分为以下几种。

1. 铵态氮肥

铵态氮肥是指氮素形态为铵(NH_4^+)或氨(NH_3)的肥料，包括液体氨、氨水、碳酸氢铵、硫酸铵和氯化铵等。其共同特点是：易溶于水，是速效养分，作物能直接吸收利用;铵离子能被土壤吸附,并可以与土壤胶体上吸附的各种阳离子进行交换作用;与碱性物质接触时,易形成氨气而挥发;可进行硝化作用,转化为硝态氮。

(1)碳酸氢铵

①性质　分子式为NH_4HCO_3,简称碳铵,含氮17%左右,白色细粒结晶,有强烈的氨气味,易溶于水,20℃时溶解度为21%,水溶液pH为8.2～8.4,易吸湿结块。在常温易分解,反应式如下:

$$NH_4HCO_3 \rightarrow NH_3\uparrow + CO_2\uparrow + H_2O$$

温度和湿度是影响碳铵挥发损失的主要因素,随着温度的升高和湿度的增大,分解的速度会越来越快。碳酸氢铵中不同的含水量和含氮量是划分产品等级的标准(表6-3)。温度也是影响分解的重要因素,10℃时碳酸氢铵基本不分解;20℃时开始大量分解。因此,碳酸氢铵在存放期间,一定要放置在干燥、阴凉处,避免受潮受热、注意密封,减少与空气接触。

想一想

炎热的夏季,能否把碳铵放置室外曝晒呢?

表6-3　碳酸氢铵的质量标准　%

指标名称	干碳酸氢铵	湿碳酸氢铵	
		一级品	二级品
含氮量以湿基计算	≥17.50	≥16.80	≥16.50
水分含量	≥0.50	≥5.00	≥6.50

碳酸氢铵结晶体的粒度大小,会对其分解速度产生影响(表6-4)。为了抑制分解,工厂在生产碳铵时,为了降低含水量和防止分解结块,常进行机械压粒、添加表面活性剂或化学改性等。

表6-4　不同粒度碳酸氢铵的分解挥发(20℃±5℃)

结晶粒度/mm	不同放置时间下分解失重/%			
	3 d	7 d	15 d	31 d
>0.9	1.5	4.5	9.5	20.0
0.85	2.0	6.0	13.5	20.5
0.45	2.0	7.5	18.0	34.5
<0.18	5.0	14.0	34.0	62.0

②土壤中的转化　碳铵施入土壤后，很快溶于水，形成 NH_4^+ 和 HCO_3^-。其反应式为

$$NH_4HCO_3 \rightarrow NH_4^+ + HCO_3^-$$
$$\qquad\qquad\qquad\qquad \llcorner\!\rightarrow CO_2 + H_2O$$

NH_4^+ 易被土壤胶体吸附，也能被植物吸收。HCO_3^- 易离解成 CO_2 和 H_2O，因此碳铵施入土壤后不会对土壤有副作用和不良残留。

查一查

当地还有哪些提高碳铵肥料利用率的方法？

③合理施用　由于碳铵施入土壤后无任何残留和副作用，因此适用于多种作物和土壤。为了避免挥发、提高施肥利用率，应按照以下原则：①不离土、不离水和先肥土、后肥苗的原则。②避开高温季节和高温时期施用的原则。③不宜与碱性肥料或农药混用。在碱性土壤中施用时，应特别注意深施、覆土、灌水，避免挥发。

(2)硫酸铵

①性质　分子式为 $(NH_4)_2SO_4$，简称硫铵，含氮 20%～21%，俗称肥田粉，是我国使用和生产最早的氮肥品种。产品一般为白色或略带颜色的结晶，物理性质稳定，常温下不易分解。易溶于水，水溶液呈弱酸性。不易吸湿，但是如果含游离酸多，贮存时也会吸湿结块，但不影响肥效（表 6-5）。商业上一般称其为"标准氮肥"。

表 6-5　硫酸铵的质量标准　　%

项　目	一级品	二级品	三级品
含氮量(以干基计)	≥21.0	≥20.8	≥20.6
水分含量	≤0.1	≤1.0	≤2.0
游离硫酸含量	≤0.05	≤0.2	≤0.3
硫氰酸含量	极微量	极微量	极微量
粒度(60 目筛余量)	≥75		

②土壤中的转化　硫酸铵施入土壤后，由于作物吸收 NH_4^+ 多于 SO_4^{2-}，SO_4^{2-} 难以被土粒所吸附，残留在土壤中，因此，硫酸铵是一种生理酸性肥料，长期施用硫酸铵会使土壤变酸。在石灰性土壤中，SO_4^{2-} 与 Ca^{2+} 结合生成难溶的 $CaSO_4$，易使土壤板结。酸性土壤中残留的 SO_4^{2-} 与 H^+ 结合使土壤酸性增强，连续大量施用

时，需要采用配施石灰等措施。在通气不良土壤中，对根产生毒害作用或引起作物地上部分早衰。

想一想

长期施用硫酸铵会对土壤有何影响？

③合理施用　适用于各种土壤和各类作物，可做基肥、追肥和种肥。做追肥时，施后应覆土，不宜表施。拌种时，种子和肥料应干燥，以防烧伤种子。在酸性或中性土壤中长期施用时，应结合施用石灰，以调节土壤酸碱度。在含 Ca^{2+} 较多的土壤中施用时，应注意中耕松土，破除板结。在施用过程中不宜与碱性物质混用。

(3)氯化铵

①性质　分子式为 NH_4Cl，简称氯铵，含氮 24%～25%，其质量标准见表 6-6，纯品为白色结晶，由于有杂质，常略带浅黄色，有吸湿性，易结块，易溶于水，溶解时能吸热，水溶液弱酸性。

表 6-6　氯化铵质量标准　%

指标名称	指标	指标名称	指标
氯化铵含量(以干基计)	≥96.5	氯化钠含量	≤3.0
折算为氮含量	≥25.3	水分	≤1.0

②土壤中的转化　与硫铵相似，也是一种生理酸性肥。Cl^- 可与 Ca^{2+} 形成氯化钙，使钙易随水流失掉，致使土壤结构性变差，板结、通气性差。

想一想

在水稻田中施用氯化铵和硫酸铵，哪个更合适呢？

③合理施用　与硫铵相比，氯化铵含氮量约高 1/4，副成分 Cl^- 较 SO_4^{2-} 有较强的活性，增加土壤中盐基的流动性和随水下渗，也可增加土壤溶液的浓度，因此氯化铵不宜做种肥，也不宜施在盐碱地中。由于含有 Cl^-，不宜施用于马铃薯、亚麻、烟草、甘薯、茶等忌氯作物。Cl^- 有抑制 NH_4^+ 的硝化作用，在通气性好的砂质土壤中可减少硝化，提高肥料利用率。

(4)液氨　液氨是由合成氨直接加压经冷却、分离而成的一种高浓度液体氮肥，含氮量为 82.3%，是含氮量最高的氮肥品种，呈碱性，常压下呈气态，加压至 1 723～2 027 kPa 时才呈液态，因此，液氨的贮存和施用均需要耐高压的容器和特制的施肥机具。施入土壤后，大部分以 NH_3 形式溶于水中，只有少部分质子化形成 NH_4^+，因此在质地轻的土壤中易挥发。液氨一般做基肥于播前施用，必需时也可做追肥。在黏重土壤或湿润土壤中施入深度 15 cm 就可以；但砂质土或土壤含水量较低时，必须施入更深的土层。施用液氨要注意安全，防止与皮肤接触，并严禁接近明火。

想一想

液氨是高浓度氮肥，有很多优点，但为什么在我国没有碳铵、尿素等肥料用量大呢？

2. 硝态氮肥

硝态氮肥是指氮素以硝酸根(NO_3^-)形态存在的肥料，包括硝酸铵、硝酸钠、硝酸钙等。与铵态氮肥相比，我国生产量和使用量相对较小。生产中常用的硝态氮肥主要有硝酸铵、硝酸钙等。

硝态氮肥的共同特点是：①易溶于水，吸湿性强，不能做种肥，可做追肥；②硝酸根被土壤吸附少，易流失，不宜做基肥；③在嫌气条件下，硝酸根可进行反硝化作用；④受热时能分解放出 O_2，易燃易爆。

(1)硝酸铵的性质　分子式为 NH_4NO_3，简称硝铵，含氮 33%～34%，其质量标准见表 6-7。硝酸中 NH_4^+-N 和 NO_3^--N 各一半。纯品为白色结晶，极易溶于水，水溶液呈中性。吸湿性强，化学性质不稳定，受热易分解，具有助燃性和爆炸性。受潮结块的硝铵，不能用铁锤猛击，以免发生爆炸。

表 6-7　硝酸铵的质量标准　%

指标名称	质量标准	
	一类	二类
总 N 含量(以干基计)	34.6	34.4
水分含量	1.0	1.7
酸度(以硝酸计)	0.02	0.02
填料含量(以硝酸钙计)	—	0.4～1.2

(2)土壤中的转化　硝酸铵施入土壤后，很快溶解于土壤水中，以 NH_4^+ 和 NO_3^- 的形式存在。

(3)合理施用　硝酸铵适用的土壤和作物范围很广。由于不易被土壤胶体吸附，不宜用于水田，适宜在北方干旱地区施用。在降雨量多的地区，应分次施用，以免淋失。不宜与有机肥料混合堆沤，以免反硝化脱氮。易溶于水，可做追肥，但做基肥时效果比其他氮肥效果差。

3. 酰胺态氮肥

酰胺态氮肥是含有酰胺基（$-CONH_2$）或分解过程中产生酰胺基的化合物，常见的酰胺态氮肥是尿素。

（1）性质　分子式为 $CO(NH_2)_2$，化学名称为碳酰二胺，含氮 42%～46%，是人工合成的有机成分肥料。在常温下（10～20℃）吸湿性不大，在高温、高湿条件下，也能吸湿潮解。当温度超过 20℃，湿度大于 80%时，吸湿性增强。纯品尿素为白色针状或棱柱状晶形。造粒尿素为白色颗粒，易溶于水，水溶液呈中性。尿素在生产过程中，由于受热时易缩合成缩二脲并放出氨。缩二脲对作物生长有毒害作用，因此在尿素生产标准中都有一定量的限制（表 6-8）。

表 6-8　尿素质量标准

%

指标名称	结晶状		颗粒状	
	一级品	二级品	一级品	二级品
含氮量（以干基计）	≥46.3	≥46.1	≥46.2	≥46.0
含水量	≥0.5	≥1.0	≥0.5	≥1.0
游离铵	≥0.01	≥0.015	≥0.015	≥0.04
含不溶物	≥0.02	≥0.04	≥0.02	≥0.04
含铁（Fe_2O_3）	≤0.05	≥0.05	≥0.05	≥0.05
缩二脲含量	≥0.5	≥1.0	≥1.0	≥2.0
粒度（直径 0.8～2.5 mm）	—	—	≥90	≥90

想一想

尿素在施用时与碳铵有何异同？

（2）在土壤中的转化　施入土壤中的尿素，大部分以分子态溶于土壤水中，约有 20%被土壤颗粒吸附，但这种吸附很弱，尿素易随水流失。溶于水的尿素分子，在脲酶的作用下，很快转化为碳酸铵和碳酸氢铵，最终以碳酸氢铵的形式被作物吸收，其反应式为

$$CO(NH_2)_2 + 2H_2O \xrightarrow{\text{脲酶}} (NH_4)_2CO_3 \xrightarrow{H_2O} NH_4HCO_3 + NH_4OH$$

因此，尿素入土后一经转化就与碳铵的农化性质相似。尿素在转化为碳铵的过程中，其转化的速度受土壤 pH、温度和水分含量的影响。10℃时需要 7～10 d，

20℃需要4～5 d,30℃需要2 d。一般尿素的氨化速度在黏土中比在砂土中分解快,有机质含量高的肥沃土壤比瘠薄土壤快,中性土比强酸碱性土快,地温低时旱田比水田快,高温时,水田比旱田快。

(3)合理施用　适应于各种土壤和植物,可用作基肥、追肥或叶面喷施。尿素应深施,在施用尿素的同时可加入少量脲酶抑制剂,使尿素分解缓慢进行。尿素用作追肥时,应提前1周施用,以保证有足够的时间转化为铵态氮。尿素一般不宜做种肥,因尿素浓度高能使蛋白质变性,同时缩二脲会影响种子发芽和幼苗根系生长。尿素易做根外追肥,原因是:中性肥料,有机化合物电离度小,不烧伤茎叶;分子体积小,容易通过细胞膜进入细胞;本身有吸湿性,易被叶片吸收等,但要求缩二脲的含量不得超过0.5%,否则会伤害茎叶。尿素不仅是一种高浓度的氮肥,而且被广泛用作饲料的含N添加剂(对牛、鸡等),对某些海产植物(海带、紫菜等)和食用菌(香菇、蘑菇)和发酵微生物(如生产味精等),也作为一种重要氮源。

4. 缓效氮肥

缓效氮肥是采用物理或化学方法,对速效氮肥进行改造或改性,使其氮素缓慢释放出来,满足作物整个生育期对氮素的需要,减少氮素损失。主要包括合成长效氮肥和包膜氮肥。这类肥料也称长效氮肥或可控释氮肥,目前在生产中的应用越来越多,大致分为两大类:一是合成长效氮肥,二是包膜氮肥。

(1)合成长效氮肥　主要是尿素与醛反应所形成的水溶性低的聚合物,如脲甲醛、脲异丁醛、脲己醛、草酰胺等。这种聚合物进入土壤后,在化学的或微生物的作用下,逐渐分解并释放出尿素。

(2)包膜氮肥　在速效氮肥颗粒表面涂上一层惰性物质,如硫磺、沥青、树脂、聚乙烯、石蜡、磷矿粉等,氮素通过包膜扩散,或包膜逐渐分解而释放出氮素。

(二)氮肥的合理分配和施用

化学氮肥的利用率不高是国内外普遍存在而又难以解决的实际问题。氮肥利用率是指当季作物从所施氮肥中吸收氮素占施氮量的百分数。我国氮肥利用率一般在40%左右。合理施用和分配氮肥,提高氮肥利用率可以采取以下措施。

(1)根据气候条件合理分配和施用氮肥　氮肥利用率受降雨量、温度、光照强度等气候条件影响非常大。我国北方地区干旱少雨,土壤墒情较差,氮素淋溶损失不大,因此,在氮肥分配上北方以分配硝态氮肥适宜。南方气候湿润,降雨量大,水田占重要地位,氮素淋溶和反硝化损失问题严重,因此,南方则应分配铵态氮肥。施用时,硝态氮肥尽可能施在旱作土壤上,铵态氮肥施于水田。

(2)根据植物特性确定施肥量和施肥时期　不同植物对氮肥需要不同,一般以叶为收获物的植物需氮较多;禾谷类植物需氮次之;豆科植物能进行共生固氮,一般只需在生长初期施用一些氮肥；马铃薯、甜菜、甘蔗等淀粉和糖料植物一般在生长初期需要氮素充足供应；蔬菜则需多次补充氮肥，使得氮素均匀地供给蔬菜需用，不能把全生育期所需的氮肥一次性施入。

同一植物的不同品种需氮量也不同，如杂交稻及矮秆水稻品种较常规稻、籼稻和高秆水稻品种需氮量多；同一品种植物不同生长期需氮量也不同。有些植物对氮肥品种具有特殊喜好，如马铃薯最好施用硫酸铵；麻类植物喜硝态氮；甜菜以硝酸钠最好；番茄在苗期以铵态氮较好，结果期以硝态氮较好。

(3)根据土壤特性施用不同的氮肥品种和控制施肥量　一般砂土、砂壤土保肥性能差，氨的挥发比较严重，因此氮肥不能一次施用过多，应该一次少施，增加施用次数；轻壤土、中壤土有一定的保肥性能，可适当地多施一些氮肥；黏土的保肥、供肥性能强，施入土壤的肥料可以很快被土壤吸收、固定，可减少施肥次数。碱性土壤施用铵态氮肥应深施覆土，酸性土壤宜选择生理碱性肥料或碱性肥料，若施用生理酸性肥料应结合有机肥料和石灰。

想一想

结合当地实际，如何合理施用氮肥？

(4)根据氮肥的特性合理分配与施用　一般来讲，铵态氮肥可做基肥深施覆土；硝态氮肥在土壤中移动性大，宜做旱田追肥；尿素适宜于一切植物和土壤。尿素、碳酸氢铵、氨水、硝酸铵等不宜做种肥，而硫酸铵等可做种肥。硫酸铵可分配施用到缺硫土壤和需硫植物上；氯化铵忌施在烟草、茶、西瓜、甜菜、葡萄等植物上，但可施在纤维类植物上，如麻类植物；尿素适宜做根外追肥。

(5)铵态氮肥深施　氮肥深施能增强土壤对 NH_4^+ 的吸附作用，减少氨的直接挥发，随水流失以及反硝化脱氮损失，提高氮肥利用率和增产(表 6-9)。氮肥深施还具有前缓、中稳、后长的供肥特点，其肥效可长达 60～80 d，能保证植物后期对养分的需要。深施有利于促进根系发育，增强植物对养分的吸收能力。氮肥深施的深度以植物根系集中分布范围为宜。

表 6-9　几种氮肥深施的利用率　　%

试验年份	碳酸氢铵		尿素		硫酸铵	
	表施	深施	表施	深施	表施	深施
1983—1984	26.8	58.0	37.9	50.6	30	48.9
1985—1986	33.7	65.7	48.2	57.7	33	58.8

引自：《现代化学肥料》，奚振邦，2003。

(6)氮肥与有机肥料、磷肥、钾肥配合施用　由于我国土壤普遍缺氮，长期大量的氮肥投入，而磷、钾肥的施用相应不足，植物养分供应不均匀，影响了氮肥肥效的发挥。而氮肥与有机肥、磷、钾肥配合施用，既可满足植物对养分的全面需要，又能培肥土壤，使之供肥平稳，提高氮肥利用率。

(7)加强水肥综合管理，提高氮肥利用率　水肥综合管理，也能起到部分深施的作用，达到氮肥增产的目的。在水田中，已提出的"无水层混施法"(施用基肥)和"以水带氮法"(施用追肥)等水稻节氮水肥综合管理技术，较习惯施用法可提高氮肥利用率12%，每千克多增产稻谷5.1 kg，增产11%。旱作撒施氮肥随即灌水，也有利于降低氮素损失，提高氮肥利用率。

(8)施用长效肥料、脲酶抑制剂和硝化抑制剂，提高氮肥利用率　施用长效氮肥，有利于植物的缓慢吸收，减少氮素损失和生物固定，降低施用成本，提高劳动生产率；施用脲酶抑制剂，可抑制尿素的水解，使尿素能扩散移动到较深的土层中，从而减少旱地表层土壤中或稻田田面水中铵态氮总浓度，以减少氨的挥发损失。

第三节　磷肥及施用

一、土壤磷素状况

(一)土壤中磷的含量

土壤中的磷来自于成土矿物、有机物质和所施用的肥料。我国耕作土壤中磷的含量很低，大多数土壤全磷的含量(P_2O_5)在0.2～1.1 g/kg，其中99%以上为迟效磷，植物当季能利用的磷仅有1%。我国土壤中的全磷含量从南往北、由东向西呈现逐渐增加的变化趋势；土壤中全磷的含量与土壤母质有关，而速效磷的含量与气候条件和土壤中的水盐运动有关，也与土壤中有机质的含量、耕作年限、人为的干扰、农业生产水平等有关。

(二)土壤中磷素形态

土壤中磷的形态，按化学分类可分为有机态磷和无机态磷两大类。有机态磷占土壤磷含量的20%～50%，无机态磷以多种磷酸盐形式存在，一般占土壤磷含量50%以上。

1. 有机态磷

有机态磷来源于有机肥料和生物残体，与有机质含量呈正相关，土壤有机质中一般含磷(P)1～10 g/kg (P_2O_5 2.3～23 g/kg)。同一种土壤，表土层中有机态磷含量高于心土层；熟化程度高的土壤有机磷含量高于新土。有机态磷大部分要经过微生物的作用，转变成无机态磷，植物才能吸收利用。

2. 无机态磷

土壤中无机态磷占全磷的50%～80%，主要是由土壤中矿物质分解而成，含量与成土母质有关。根据植物对磷吸收程度可分为3种类型。

(1)水溶性磷　主要是磷酸二氢钾(KH_2PO_4)、磷酸二氢钠(NaH_2PO_4)、磷酸氢二钾(K_2HPO_4)、磷酸氢二钠(Na_2HPO_4)、磷酸二氢钙[$Ca(H_2PO_4)_2$]、磷酸二氢镁[$Mg(H_2PO_4)_2$]等，这类化合物多以离子状态存在于土壤中，可被植物直接吸收利用。

(2)弱酸溶性磷　主要是磷酸氢钙($CaHPO_4$)、磷酸氢镁($MgHPO_4$)等，它们能够被弱酸溶解，但不溶于水，能被植物吸收利用。

水溶性磷和弱酸溶性磷在土壤中含量很低，而且不稳定，易被植物吸收也能转化成难溶性磷，二者统称为土壤速效磷。

(3)难溶性磷　不能被水和弱酸溶解，植物不能吸收利用，可被强酸溶解，主要是磷酸十钙[$Ca_{10}(PO_4)_6 \cdot F_2$]、羟基磷灰石、磷酸八钙[$Ca_8H_2(PO_4)_6$]、氯磷灰石[$Ca_{10}(PO_4)_6 \cdot Cl_2$]、盐基性磷酸铝[$AlPO_4 \cdot Al(OH)_3$]等，难溶性磷是土壤无机磷的主要部分。

(三)土壤中磷的转化

1. 磷的固定

土壤中的磷发生固定的机制主要有4种：化学固定、吸附固定、闭蓄固定和生物固定，主要是化学和吸附固定。

(1)化学固定　是指磷酸根与土壤中的阳离子发生化学反应，产生磷酸盐沉淀的过程。一般二价以上的金属离子如Ca^{2+}，Mg^{2+}，Fe^{3+}，Al^{3+}等，与磷酸根形成的化合物，其溶解度都很低。土壤中常见的磷酸盐沉淀有钙镁磷酸盐和铁铝磷酸盐，前者主要发生在石灰性、中性以及大量施用石灰的酸性土壤上，后者则是酸性土壤磷化学固定的原因。

(2)吸附固定　是土壤固相对溶液中的磷酸根加以吸持，这种吸持包括土壤吸附和土壤吸收两部分。土壤中吸附磷的物质主要有铁铝氧化物、黏土矿物、有机质-Al-Fe复合体和碳酸钙等。在酸性土壤中，以铁、铝氧化物为主；石灰性土壤上则以碳酸钙为主。

想一想

当地的土壤含磷量是多少？固定磷素的因素有哪些？

(3)闭蓄固定　是指磷酸盐被溶度积很小的无定形铁、铝、钙等胶膜所包蔽的过程。当磷酸盐的表面形成不溶性的铁、铝质或钙质胶膜时，磷酸盐的有效性很低，难以被作物利用。但在淹水还原条件下，胶膜消失，其中的磷可释放出来供作物吸收。

(4)生物固定　是土壤微生物吸收水溶性磷酸盐构成其躯体，使水溶性磷暂时被固定起来的过程。这种固定随着微生物世代更替能较快地被释放出来，所以磷的生物固定不是严格的固定，反而可以减少或延缓磷的化学和吸附固定，从而提高磷的利用效率。

2. 磷的释放

磷的释放包括无机态难溶性磷的释放和有机态磷的水解释放两种情况。磷的释放与土壤条件有密切关系，即土壤中根系活动，微生物活性，土壤水、热状况及有机肥料的分解等，都将影响磷释放的过程。

(1)土壤中无机磷的释放　土壤中难溶性无机磷的释放主要依靠 pH，Eh 的变化和螯合作用。在石灰性土壤中，难溶性磷酸钙盐可借助于微生物的呼吸作用和有机肥料分解所产生的二氧化碳和有机酸作用，逐步转化为有效性较高的磷酸盐和磷酸氢钙；土壤淹水后，pH 升高，Eh 下降，促进磷酸铁水解，提高无定形磷酸铁盐的有效性，使闭蓄态磷胶膜溶解，活性提高。所以在水旱轮作田，淹水种稻后，土壤供磷能力增高。

(2)土壤中有机磷的分解　土壤中有机磷在酶的作用下进行水解作用，能逐步释放出有效磷供植物吸收利用。

二、植物磷素营养

(一)植物的磷素状况及营养功能

1. 植物的磷素状况

植物体的含磷量变幅很大，为干物重的 0.2%～1.1%，而大多数作物体内的含量为 0.3%～0.4%。植物体中的磷大部分是有机态磷，约占全磷量的 85%，无机态磷仅占 15%左右。有机态磷主要以核酸、磷脂和植素等形态存在，无机态磷主要以钙、镁、钾的磷酸盐(Pi)形态存在，它们在植物体内均有重要作用。虽然植物体内 Pi 所占比例不高，但从它的含量变化能反映出植株磷营养的状况。植物缺磷时，常表现出组织(尤其是营养器官)中 Pi 的含量明显下降，而有机态磷含量变化较小。

作物体的含磷量，以磷元素计，是氮含量的 1/5～1/4。作物种类不同，含磷量也有差异，甚至不同生育时期和不同器官含磷量变化很大，一般的规律是：油料作物>豆科作物>谷类作物；生育前期的幼苗含磷量高于后期老熟的秸秆；就器官来说，表现为幼嫩器官中的含磷量高于衰老器官，繁殖器官高于营养器官；种子高于叶片，叶片高于根系，根系高于茎秆；纤维中含磷量最少。

2. 磷的营养功能

(1)磷是作物体内许多重要化合物的组成元素　磷是许多化合物的组成元素，主要以磷酯键(O—P—O)的形式将各种结构单元连接到更复杂的或大分子的结构上。这些化合物包括核酸、核蛋白、磷脂、三磷酸腺苷(简称 ATP)等。

(2)参与作物体内许多代谢过程　磷参与植物体内多种重要代谢活动，包括碳水化合代谢、氮代谢和脂肪代谢。磷能促进碳水化合物在体内的运输；磷是作物体内氮素代谢过程中的组成成分之一，是生物固氮所必需的，它能提高豆科作物根瘤的固氮活性(以磷增氮)；脂肪代谢密切相关的辅酶 A 是含磷的酶，糖的合成并转化为甘油及脂肪酸都需要有磷参与。

(3)提高作物抗逆性和适应外界环境条件的能力　磷能提高作物的抗旱、抗寒、抗病等能力；磷能提高细胞结构的水化度和胶体束缚水的能力，减少细胞水分的损失，并增加原生质的黏性和弹性，提高了原生质对局部脱水的抵抗能力；能提高作物体内可溶性糖和磷脂的含量，使原生质在较低的温度下保持正常状态，增加体内可溶性糖类、磷脂等浓度，提高了细胞液浓度，增加了作物抗寒性，避免低温的危害；磷酸盐可形成一个缓冲系统，使原生质具有抵抗酸碱变化的能力。

(二)植物对磷的吸收

植物吸收的磷主要是无机态正磷酸根离子。含 $H_2PO_4^-$，HPO_4^{2-} 和 PO_4^{3-} 3 种形态离子。其中，以 $H_2PO_4^-$ 最易被植物吸收，HPO_4^{2-} 次之。pH 较低时，根系吸收 $H_2PO_4^-$ 较多；而 HPO_4^{2-} 则是在 pH 较高时的主要吸收形态。根系也能吸收利用少量的偏磷酸根或磷酸根，但在土壤及植物体中，易水解生成正磷酸根。

想一想

如果在植物生长早期缺磷，易造成发育不良，甚至减产，为什么？

植物也能吸收有机态的含磷化合物，如己糖磷酸酯、蔗糖磷酸酯、卵磷脂及植素等。磷是植物体内移动性最大的营养元素，当新生组织形成时，磷可向这些组织转移，因此可被反复再利用。植物生长前期吸收的磷，占总吸收量的 60%～70%，后期主要依靠磷在体内的转运再利用。一般植物对磷的敏感期在苗期，对子粒较少的植物尤为明显。一般磷肥施用愈早，利用率愈高，故磷肥较适宜做种肥和基肥。

(三)磷素缺乏和过多的症状

1. 磷素缺乏的症状

缺磷对植物光合作用、呼吸作用及生物合成过程都有影响，对代谢的影响必然会反映在生长上。在缺磷初期叶片常呈暗绿色，许多一年生植物(如玉米)的茎常出现典型的紫红色症状。从植物长相上看，常表现为生长迟缓，植株矮小，结实状况差。植物种类不同，缺磷的症状也有差异。植物缺磷的症状常首先出现在老叶上。

2. 磷素过多的症状

磷肥过量时，叶片肥厚而密集，叶色浓绿；植株矮小，节间过短；出现生长明显受抑制的症状。繁殖器官常因磷肥过量而加速成熟进程，并由此而导致营养体小，茎叶生长受抑制，降低产量。施磷肥过多还表现为植株地上部分与根系生长比例失调，在地上部生长受抑制的同时，根系非常发达，根量极多而粗短。此外，还会出现叶用蔬菜的纤维素含量增加、烟草的燃烧性差等品质下降的情况。施用磷肥过多还会诱发锌、锰等元素代谢的紊乱，常常导致植物缺锌症等。

三、磷肥的种类、性质和施用

(一)常见磷肥的种类

磷肥是由磷矿石加工而来的，根据其生产方法不同，生产出的磷肥种类和性质差异很大。按其溶解性不同，分为水溶性、弱酸溶性和难溶性 3 大类(图 6-2)。磷肥在生产中用量大，但利用率并不高，当季植物一般只能利用所施用磷肥的 10%～30%，大部分转化为无效形态，在土壤中逐渐累积。

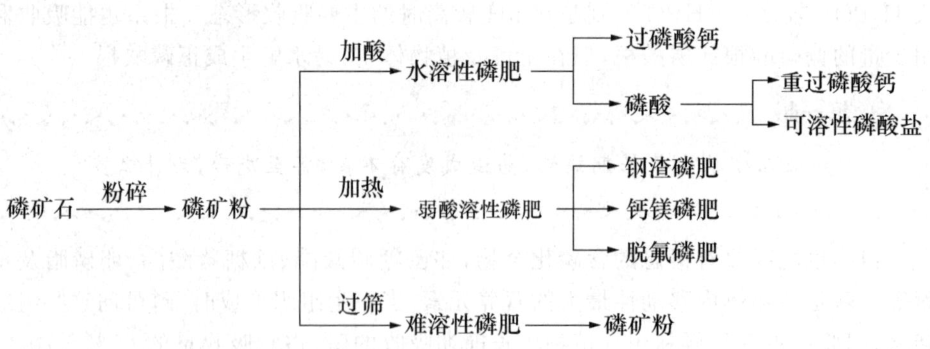

图 6-2 磷肥生产途径及代表产品示意图

(二)磷肥的性质及合理施用

1. 水溶性磷肥

水溶性磷肥是指有效成分能够溶于水的磷肥，主要有普通过磷酸钙和重过磷酸钙，所含磷酸盐为磷酸二氢钙。

(1)普通过磷酸钙

①性质 主要成分为磷酸二氢钙[$Ca(H_2PO_4)_2$]，简称普钙，是由硫酸分解磷矿粉，使难溶性的磷酸钙转化为水溶性的磷酸二氢钙，化学反应式为

$$2Ca_5(PO_4)_3 \cdot F + 7H_2SO_4 + 3H_2O \longrightarrow 3Ca(H_2PO_4)_2 \cdot H_2O + 7CaSO_4 + 2HF\uparrow$$

过磷酸钙为灰白色粉末或颗粒，含有效磷(P_2O_5)14%～20%，硫酸钙($CaSO_4$)40%～50%，有效磷含量取决于原料磷矿石的品位。普通过磷酸钙的质量标准见表6-10。

表6-10 普通过磷酸钙的质量标准 %

指标名称	级别							
	特级品	一级品	二级品		三级品		四级品	
			A	B	A	B	A	B
有效磷(以 P_2O_5 计)质量分数	≥20.0	≥18.0	≥17.0	≥16.0	≥15.0	≥14.0	≥13.0	≥12.0
游离酸(以 P_2O_5 计)质量分数	≤3.5	≤5.0	≤5.5	≤5.5	≤5.5	≤5.5	≤5.5	≤5.5
水分质量分数	≤8.0	≤12.0	≤14.0	≤14.0	≤14.0	≤14.0	≤14.0	≤14.0

$Ca(H_2PO_4)_2$ 易溶于水，因肥料中常含有少量的游离酸，所以肥料呈酸性，并具有腐蚀性，易吸湿结块。吸湿后由于肥料中含有铁、铝杂质，与磷酸根结合，生成难溶性的磷酸铁、磷酸铝，导致磷的有效性降低，这种反应称为过磷酸钙的退化作用，放置时间越长，退化作用越严重，反应式为

$$Ca(H_2PO_4)_2 \cdot H_2O + Fe_2(SO_4)_3 + 3H_2O$$
$$\longrightarrow 2FePO_4 \cdot 2H_2O\downarrow + CaSO_4 \cdot 2H_2O\downarrow + 2H_2SO_4$$

②土壤中的转化 无论施在酸性土壤或石灰性土壤上，过磷酸钙中的水溶性磷均易被固定，在土壤中移动性小。据报道，石灰性土壤中，磷的移动一般不超过1～3 cm，绝大部分集中在0.5 cm范围内；在中性和酸性土壤中，磷的扩散系数更小。由于固定作用使磷的有效性逐渐降低。

③合理施用 过磷酸钙在土壤中易发生固定，合理施用的原则是：尽量减少它

与土壤接触的面积，降低土壤固定，增加与根系接触的机会，促进根系对磷的吸收。提高肥效的方法常用的有以下几种：

a. 集中施用　过磷酸钙可做基肥、种肥和追肥，均应适当集中施用和深施。集中施用旱地以条施、穴施、沟施的效果为好，水稻采用塞秧根和蘸秧根的方法。

b. 分层施用　在集中施用和深施原则下，用2/3磷肥做基肥深施，1/3在种植时做种肥或种肥施于表层土壤中，既保证根系能吸收到磷，又减少与土壤接触的机会。

c. 与有机肥料混合施用　混合施用可减少过磷酸钙与土壤的接触，同时有机肥料在分解过程中产生的有机酸能与铁、铝、钙等络合，对水溶性磷有保护作用；有机肥料还能促进土壤微生物活动，释放二氧化碳，有利于土壤中难溶性磷酸盐的释放。

d. 制成颗粒肥料　颗粒磷肥表面积小，与土壤接触也小，因而可以减少吸附和固定，也便于机械施肥。颗粒直径以3～5 mm为宜。密植植物、根系发达植物还是粉状过磷酸钙好。

e. 根外追肥　根外追肥可减少土壤对磷的吸附固定，也能提高经济效果。喷施前，先将其浸泡于10倍水中，充分搅拌，澄清后取其清液，经适当稀释后喷施。喷施浓度一般为1%～3%的浸出液，喷施量为750～1 500 kg/hm^2。

(2)重过磷酸钙　重过磷酸钙简称重钙，是由一定浓度的磷酸与适量的磷矿粉反应生成的一种高浓度磷肥。含有效磷(P_2O_5)为36%～54%，呈深灰色，颗粒或粉末状，易溶于水。主要成分为水溶性磷酸二氢钙[$Ca(H_2PO_4)_2 \cdot H_2O$]，不含硫酸钙，含4%～8%的游离磷酸，呈酸性，腐蚀性与吸湿性强，易结块，多制成颗粒状。由于不含铁、铝、锰等杂质，存放过程中不致发生磷酸盐的退化。不宜与碱性物混合，否则会降低磷的有效性。

想一想

为什么施用磷肥时北方宜施过磷酸钙，而南方宜施钙镁磷肥？

重钙施入土壤后的转化过程和施用方法，与普钙基本相似。由于肥料中有效成分含量高，其施用量应相应减少。由于含石膏量极微，长期施用重钙的土壤易表现缺硫，对豆科植物、十字花科植物、马铃薯等喜硫植物，其肥效不如等磷量的过磷酸钙。

2. 弱酸溶性磷肥

弱酸溶性磷肥是指有效养分不溶于水，能溶于2%的柠檬酸、中性柠檬酸铵或微碱性柠檬酸溶液的磷肥，也称枸溶性磷肥，主要有钙镁磷肥、脱氟磷肥、钢渣磷肥和沉淀磷肥等。

(1)钙镁磷肥　钙镁磷肥主要成分为 α-$Ca_3(PO_4)_2$，一般含 P_2O_5 14%～22%，MgO 8%～18%，CaO 25%～38%，SiO_2 20%～35%。其中所含 P_2O_5 的枸溶率80%以上。此外，钙镁磷肥中还含有少量 K_2O，Mn，Zn，Cu 等微量元素。钙镁磷肥的外观为黑绿色、灰绿色或灰棕色的粉末，呈碱性(pH 8～8.5)，不吸湿结块，无腐蚀性，长期存放不易变质(表 6-11)。

表 6-11　钙镁磷肥的质量标准　%

项　目	指　标		
	优等品	一等品	合格品
有效磷(P_2O_5)质量分数	≥18.0	≥15.0	≥12.0
水分质量分数	≤0.5	≤0.5	≤0.5
CaO 质量分数	≥45.0		
SiO_2 质量分数	≥20.0	—	
MgO 质量分数	≥12.0		
细度(过 0.25 mm 标准筛)	≥80	≥80	≥80

钙镁磷肥施入土壤后，可缓慢逐渐转化为水溶性磷酸盐，其转化的速度取决于植物种类、肥料颗粒大小、土壤条件等因素。

①植物　钙镁磷肥效果与植物根系的吸磷能力关系较大。对水稻、玉米、小麦等植物，其肥效略差于过磷酸钙，而对豆科植物和绿肥植物，如油菜、肥田萝卜、瓜类和喜钙的蚕豆、豌豆等效果优于过磷酸钙。

②肥料颗粒大小　钙镁磷肥在弱酸中的溶解量随着其粒径的减小而增大，但小于约 0.1 mm 时变化不大。不同的土壤溶解钙镁磷肥的能力有差异。在酸性土壤上施用时，钙镁磷肥的颗粒一般要求大约为 0.4 mm，中性土壤则应小于 0.25 mm，石灰性土壤必须小于 0.15 mm。

③土壤　pH<5.5 的强酸性土壤上，其肥效高于普钙，pH 为 5.5～6.5 的酸性土壤中，对当季植物的肥效与普钙相当，在 pH>6.5 的中性和石灰性土壤，其肥效一般小于普钙。

钙镁磷肥可做基肥、种肥和追肥，以基肥深施效果最好。不论基肥、追肥，均宜集中施用，追肥要早施。钙镁磷肥还可以与有机肥料一起堆沤，促进钙镁磷肥的有效化，以提高其肥效。特别在水田中，可中和水田中因泡水而产生的还原性酸，避免产生 SO_2 引起根系中毒，在我国南方可改良冷、酸、湿类型的低产田。

(2)钢渣磷肥　钢渣磷肥是炼钢工业的副产品，是由 $Ca_4P_2O_9$ 与 $Ca_4P_2O_9 \cdot CaSiO_3$ 组成的复盐。含磷(P_2O_5)量一般为 14%～18%，随着原料铁矿的性质而不同。钢渣磷肥属枸溶性磷肥，呈黑褐色或深棕色粉末，碱性强，不溶于水，溶于弱酸，不吸湿、不结块。

钢渣磷肥在酸性土壤和喜钙的豆科植物上做底肥，其肥效与等磷量普钙相当或略高于普钙，但在石灰性土壤中肥效比普钙差。较适宜与堆肥、厩肥混合，施用于果树及其他多年生的植物上肥效较好。宜做基肥，肥效期较长。

3. 难溶性磷肥的性质及合理施用

难溶性磷肥是指既不能溶于水，也不能溶于弱酸，只能溶于强酸的磷肥，也称为强酸溶性磷肥，主要有磷矿粉、骨粉等。这类磷肥一般成分非常复杂，当季植物的肥效较差，只有少数吸磷能力强的植物肥效较好，但肥效较慢。

查一查

当地磷矿粉的使用情况如何？有哪些提高磷矿粉利用率的方法？

磷矿粉由磷矿石直接磨碎而成，颜色因磷矿种类不同而不同，大都呈黄褐色、灰褐色，粉末状，中性至微碱性。不吸湿不结块，物理性状良好。全磷(P_2O_5)含量为 10%～25%，弱酸溶性磷含量为 1%～5%。磷矿粉只宜做基肥撒施或深施，其肥效取决于磷矿的性质、肥料细度、土壤状况、植物特性等因素。磷矿粉与酸性肥料或生理酸性肥料混合施用，与有机肥一起施用，都可以促进磷矿粉的溶解，提高其肥效。

(三)磷肥的合理分配与施用

在农业生产中磷肥已成为仅次于氮肥使用量的主要化肥种类之一，但我国磷肥的当季利用率并不高，一般在 10%～25%。因此，提高磷肥利用率是当前农业生产中的一个重要问题。

1. 根据植物特性和轮作制度合理施用磷肥

不同植物对磷的敏感程度为：豆科和绿肥植物＞糖料植物＞小麦＞棉花＞杂粮(玉米、高粱、谷子)＞早稻＞晚稻。不同植物对难溶性磷的吸收利用差异很大，油菜、荞麦、肥田萝卜、番茄、豆科植物吸收能力强，马铃薯、甘薯等吸收能力弱。

磷肥的施用时期很重要，植物需磷的临界期都在早期，因此，磷肥要早施，一般做底肥深施于土壤，而后期可通过叶面喷施进行补充。

磷肥具有后效，因此在轮作周期中，不需要每季植物都施用磷肥，而应当重点施在最能发挥磷肥效果的茬口上。在水旱轮作中，本着“旱重水轻”原则分配和施用磷肥。在旱地轮作中，应本着越冬植物重施、多施；越夏植物早施、巧施原则分配和施用磷肥。

2. 根据土壤条件合理施用

土壤供磷水平、有机质含量、土壤熟化程度、土壤酸碱度等因素都对磷肥肥效有明显影响。缺磷土壤要优先施用、足量施用，中度缺磷土壤要适量施用、看苗施用；含磷丰富土壤要少量施用、巧施磷肥。有机质含量高(＞25 g/kg)的土壤，适当少施磷肥，有机质含量低的土壤，适当多施；pH 在 5.5 以下的土壤有效磷含量低，pH 在 6.0～7.5 的含量高，pH＞7.5 时有效磷含量又低。

酸性土壤可施用碱性磷肥和枸溶性磷肥，石灰性土壤优先施用酸性磷肥和水溶性磷肥。边远山区多分配和施用高浓度磷肥，城镇附近多分配和施用低浓度磷肥。

3. 根据磷肥特性合理施用

普钙、重钙等适用于大多数植物和土壤，但在石灰性土壤上更适宜，可做基肥、种肥和追肥集中施用。钙镁磷肥、钢渣磷肥做基肥最好施在酸性土壤上，磷矿粉和骨粉最好做基肥施在酸性土壤上。由于磷在土壤中移动性小，为了满足植物不同生育期对磷的需要，最好采用分层施用和全层施用。

想一想

当地采用了哪些提高磷肥肥效的措施？

4. 与其他肥料配合施用

植物按一定比例吸收氮、磷、钾等各种养分，只有在协调氮、钾平衡营养基础上，合理配施磷肥，才能有明显的增产效果。在酸性土壤和缺乏微量元素的土壤上，还需要增施石灰和微量元素肥料，才能更好地发挥磷肥的增产效果。磷肥与有机肥料混合或堆沤施用，可减少土壤对磷的固定作用，促进弱酸溶性磷肥溶解，防止氮素损失，起到“以磷保氮”作用，是磷肥合理施用的一项重要措施。

第四节 钾肥及施用

一、土壤中钾素状况

(一)土壤中钾的含量和形态

1. 土壤中钾的含量

我国土壤全钾(K_2O)含量为 0.5～25 g/kg 。影响土壤含钾量的主要因素有成土母质、气候、生物条件、质地、耕作施肥等。从北到南、由西向东，我国土壤钾素含量有逐步降低的趋势，东南地区是我国缺钾土壤的集中地区。

2. 土壤中钾素的形态

土壤中钾按对植物有效性不同可分为速效性钾、缓效性钾和矿物态钾，其中速效性钾包括水溶性钾和交换性钾。

(1)速效性钾　包括存在于水溶液的钾和吸附在土壤胶体上的可交换性钾，是土壤中能够被植物直接吸收利用的钾，是土壤供钾能力的强度指标。水溶性钾的含量很低，一般为 0.2～10 mol/L，只占土壤全钾量的 0.05%～0.15%；交换性钾一般占土壤全钾量的 0.15%～0.5%。水溶性钾和交换性钾之间存在动态平衡，都能被植物直接吸收利用，构成速效钾，其含量与钾肥肥效有一定相关性，可作为施用钾肥的参考指标。

(2)缓效性钾　植物不能直接吸收利用，但缓慢转化后植物可吸收利用，包括黏土矿物固定的钾和易风化的原生矿物中的钾，是土壤供钾能力的容量指标。一般占土壤全钾量的 1%～10%，它是土壤速效钾的贮备。

(3)矿物态钾　指存在于土壤原生矿物中的钾，很难被植物吸收利用，只有经过长时间的风化作用，才能释放出来，如钾长石、白云母中的钾。占土壤全钾量的 90%～98%。

(二)土壤中钾的转化

1. 土壤中钾的释放

钾的释放是钾的有效化过程，是指矿物中的钾和有机体中的钾在微生物和各种酸作用下，逐渐风化并转变为速效钾的过程。影响土壤中钾释放的因素主要有：①土壤灼烧和冰冻能促进土壤中钾的释放；②生物作用也可促进钾的释放；③酸性条件可以促进矿石溶解，释放钾离子；④种植喜钾植物也可促进钾的释放。

2. 土壤中钾的固定

是指土壤有效钾转变为缓效钾，甚至矿物态钾的过程。其主要是晶格固定。钾离子的大小与 2∶1 型黏土矿物晶层上孔穴的大小相近，当 2∶1 型黏土矿物吸水膨胀时，钾离子进入晶层间，当干燥收缩时，钾离子被嵌入晶层内的孔穴中而成为缓效钾。

根据钾在黏土矿物上的位置，可分出 3 个吸附点，即 p 位、e 位和 i 位(图 6-3)。p 位指土壤矿物晶层表面；e 位是指矿物晶层边缘；i 位是指矿物晶层内部。3 种位置中，p 位结合力最弱，i 位结合力最强。

影响钾的固定因素有：①黏土矿物类型。其固钾能力为蛭石＞伊利石＞蒙脱石。②土壤质地。质地越黏重，固钾能力越大。③土壤水分。土壤干湿交替有利于钾的固定。④土壤 pH。土壤呈碱性，固钾能力比较强。

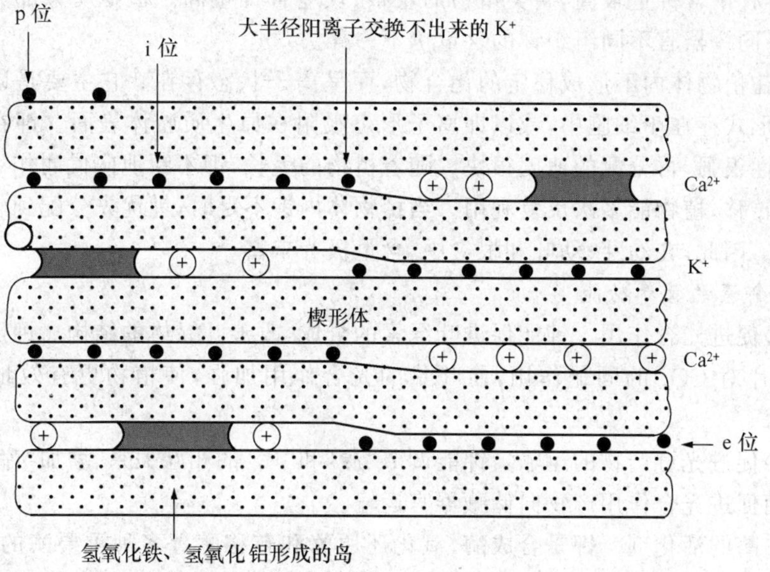

图 6-3 2∶1 型黏土矿物固定钾示意图

二、植物的钾素营养

(一)植物中钾素状况及营养功能

1. 植物中钾素状况

一般植物体内的含钾量(K_2O)占干物重的 0.3%～5.0%,有些植物含钾量比氮高。植物体内的含钾量常因植物种类和器官的不同而有很大差异。通常,含淀粉、糖等碳水化合物较多的植物含钾量较高(表 6-12);禾谷类植物种子含钾量较

表 6-12 主要农作物不同部位中钾的含量 %

植物	部位	含 K_2O 量	植物	部位	含 K_2O 量
小麦	子粒	0.61	水稻	子粒	0.30
	茎秆	0.73		茎秆	0.90
棉花	子粒	0.90	马铃薯	块茎	2.28
	茎秆	1.10		叶片	1.81
玉米	子粒	0.40	糖用甜菜	根	2.13
	茎秆	1.60		茎叶	5.01
谷子	子粒	0.20	烟草	叶片	4.10
	茎秆	1.30		茎	2.80

低，而茎秆中含钾量较高，薯类植物的块根、块茎含钾量高。植物幼嫩部分高于老化组织；同一器官不同组织钾的含量也不一样。

钾在植物体内不形成稳定的化合物，而呈离子状态存在。它主要是以可溶性无机盐形式存在于细胞中，或以钾离子形态吸附在原生质胶体表面。钾在植物体内流动性很强，再分配的速度很快。随着植物的生长，钾不断地向代谢作用最旺盛的部位转移，植物能多次反复利用。当植物体内钾不足时，钾优先分配到较幼嫩的组织中。因此，在幼芽、幼叶和根尖中，含量极为丰富。

2. 钾素的营养功能

(1)促进光合作用　钾能促进叶绿素的合成，改善叶绿体的结构。钾还能促进植物叶片对 CO_2 的同化作用，使叶片的光合作用加强，使植物更有效地利用太阳能。

(2)促进光合产物的运输　钾能调节“源”和“库”的相互关系、增加“库”的储存量，从而促进光合作用产物向储藏器官运输。

(3)酶的活化剂　钾是合成酶、氧化还原酶和转移酶等多种重要酶的活化剂，供钾水平会影响植物体内碳、氮代谢作用。

(4)促进氮的吸收和代谢　钾参与植物体内氮的运输，它在木质部运输中常常是硝酸根离子(NO_3^-)的主要陪伴离子。钾离子能促进植物从土壤中吸取氮素。

(5)调节叶片气孔的关闭　光照充足时，钾离子能使叶片的气孔张开；光照不足或缺水时，钾能促进气孔迅速关闭，以减少水分由于无效的蒸腾作用而损失。

(6)增强植物的抗性　钾有多方面的抗逆功能，增强植物的抗旱、抗高温、抗寒、抗病、抗盐、抗倒伏等性能，从而提高其抵御外界恶劣环境的忍耐能力。

(7)改善植物产品的品质　钾对植物品质的改善不仅表现在提高产品的营养成分，而且也表现在能延长产品的储存期，更耐搬运和运输；钾能使水果的色泽更鲜艳，汁液含糖量和酸度都有所改善，所以钾常被称为品质营养元素。

想一想

为什么说钾是“品质元素”？

(二)植物对钾素的吸收

植物吸收钾的基本形态是阳离子(K^+)，进入植物体内的钾，仍然以离子态在体内运转和发挥其生理功能。

当土壤钾离子浓度处于正常水平时，钙能促进钾的吸收，而水合半径相似的一价阳离子则对钾的吸收有强烈的竞争作用。从养分平衡吸收和营养环境中养分离子的相互作用看，钾的吸收往往与氮的吸收呈竞争态势。因此，在生产中施肥时，对高肥力土壤施氮量大时，应该配合施足量的钾，通过增加植物对钾素吸收而适度抑制其对氮的吸收，从而有效防止植物吸氮过多而贪青、病虫害加重、品质变差等情况的发生。

(三)植物缺钾和钾素过量的症状

植物缺钾症状一般在苗期表现不明显，多数情况下在生长发育的中后期才表现出来。由于钾可被再利用，缺钾症状首先出现在较老的叶片上。缺钾症状的表现有一个过程，初期往往表现为叶肉色泽变为不均匀的淡色，叶缘卷缩或带皱纹，进而尖端和边缘部分变黄而枯焦，严重者往往叶上出现褐色烧灼状坏死斑点。

查一查

植物缺钾的一般症状与缺氮有何异同？

缺钾的植株，根系生长停滞，易发生根腐病；维管束木质化程度低，容易倒伏；叶片气孔的开闭受到影响，植株容易失水而出现萎蔫。不同植物的缺钾症状表现有所差异。

植物对钾的吸收具有奢侈吸收的特性。过量钾的供应，虽不易直接表现出中毒症状，但可能影响各种离子间的平衡，浪费化肥用量，降低施肥的经济效益。偏施钾肥，引起土壤中钾的过剩，还会抑制植物对镁、钙的吸收，促使出现镁、钙的缺乏症，影响产量和品质。因此，合理施用钾肥必须根据植株及土壤中钾的丰缺状况而定。

三、钾肥的种类、性质和施用

(一)钾肥的种类和性质

1. 硫酸钾

分子式为 K_2SO_4，含 K_2O 为 50%～52%，纯净的硫酸钾系白色或淡黄色，菱形或六角形结晶。吸湿性小，物理性状良好，不易结块，便于施用。硫酸钾易溶于水，是速效性肥料，能被植物直接吸收利用。硫酸钾属化学中性、生理酸性肥料。

查一查

当地常见的作物中哪些宜施硫酸钾？

硫酸钾施入土壤后，溶解为离子，呈 SO_4^{2-} 和 K^+ 状态，K^+ 一部分为植物直接吸收利用,另一部分与土壤胶粒上的阳离子进行交换。如果大量施用硫酸钾,要注意防止土壤板结,应增施有机肥料,改善土壤结构;在酸性土壤中,施用硫酸钾则需要增施石灰,以中和酸性。

硫酸钾可做基肥、追肥、种肥和根外追肥。由于钾在土壤中移动性较差,故宜用做基肥,并应注意施肥深度。如做追肥时,则应注意早施及集中条施或穴施到植物根系密集层,既减少钾的固定,也有利于根系吸收。硫酸钾适用于各种植物,在缺硫土壤上,或需硫较多的植物上施用硫酸钾,效果优于氯化钾,但在强还原条件下,易还原成 H_2S,累积到一定浓度会危害植物生长,它的效果不及氯化钾。

想一想

在小麦、玉米等大田作物上,施用等量钾素,硫酸钾与氯化钾哪个更经济?

2. 氯化钾

分子式为 KCl,白色、淡黄色或紫红色,含 K_2O 50%~60%,易溶于水,易吸水结块。属化学中性,生理酸性肥料。

氯化钾施入土壤后,解离成 Cl^- 和 K^+。在酸性土壤上长期大量施用氯化钾,会加重植物受酸和铝的毒害,应配合施用石灰及有机肥料。不宜施在忌氯的作物上。氯化钾可用作基肥和追肥,不宜做种肥,也不宜施在盐碱地上。在 Cl^- 不敏感的植物上,施用氯化钾比施用硫酸钾经济、实惠,且能达到相近的肥效。

3. 窑灰钾肥

窑灰钾肥是水泥工业的副产品,含 K_2O 1.6%~23.5%,甚至高达 39.6%,易溶于水,水溶液 pH 9~11,属碱性肥料。窑灰钾肥中钾的形态主要是 K_2SO_4 和 KCl。水溶性钾约占 95%。此外,还含有 SiO_2(2.7%~12.3%),Fe_2O_3(0.5%~3.0%),Al_2O_3(1.3%~3.1%),SO_2(3.1%~19.9%),CaO(13.7%~36.6%),MgO(0.8%~1.6%)以及多种微量元素。其中钙、镁为磷酸盐。一般呈灰黄色或灰褐色,含钾量高时显灰白色。窑灰钾肥的颗粒小,质地轻,易飞扬,吸湿性强,施用不便。

施入土壤后,在吸水过程中能产生热量,常被视为热性肥料。在运输和贮存过程中应防止雨水淋洗。窑灰钾肥可做基肥和追肥,不能做种肥,宜在酸性土地区施用。施用时,严防与种子或幼苗根系直接接触,否则会影响种子发芽和幼苗生长。宜在缺硅的土壤及需硅较多的植物上施用。窑灰钾肥不能与铵态氮肥、腐熟的有机肥料和水溶性磷肥混合施用。

想一想

当地施用草木灰时，采用了哪些措施？

4. 草木灰

草木灰是我国农村常用的以含钾为主的农家肥料，它是植物残体燃烧后的灰分。含有多种矿物元素，如钾、磷、钙、镁、硫、硅及各种微量元素。不同植物或同一植物，因年龄、组织、部位等不同，灰分含量亦不相同(表 6 - 13)。一般来说，木灰含钙、钾、磷较多，草灰含硅较多，磷、钾、钙较少。幼嫩组织的灰分富含钾、磷，衰老组织的灰分含钙、硅较多。习惯上将草木灰视为钾肥，实际上，它是以钙、钾为主，含有多种养分的肥料。草木灰中钾的形态主要是碳酸钾，其次是硫酸钾，氯化钾较少。草木灰的钾约 90%能溶于水，是速效钾肥，所以在贮存施用时应防止雨淋，以免引起养分流失。由于含有碳酸钾和较多的氧化钙，草木灰属碱性肥料，水溶液呈碱性，不宜与铵态氮肥、腐熟的有机肥和水溶性磷肥混用。

表 6 - 13　草木灰的主要成分与含量　　%

灰种类	K_2O	P_2O_5	CaO
一般针叶树灰	6.00	2.90	35.00
一般阔叶树灰	10.00	3.50	20.00
小灌木灰	5.90	3.14	25.10
稻草灰	1.79	0.44	10.09
小麦秆灰	13.80	6.40	5.90
棉子壳灰	21.99	9.14	14.0
花生壳灰	6.45	1.23	—
向日葵秆灰	35.40	2.55	18.50
糠壳灰	0.67	0.62	0.89

草木灰具有供应养分，吸热增温，促进植物早期生长，防止或减轻病虫发生和危害等的功效，适用于多种植物和土壤，可做基肥、追肥、盖种肥和根外追肥。农谚有“种豆点灰”、“一颗红薯一把灰，红薯结了一大堆”的说法，表明草木灰对豆类植物和薯类植物等有较高的肥效。由于灰分中含有游离碳等杂质，水湿后呈黑灰色，具有吸热保温性能，故做盖种肥可用于水稻育秧和蔬菜育苗上。在酸性土上施用，可补充土壤的钙、镁、硅等营养元素，又降低土壤的酸性。在盐碱地区生长的植物，燃成灰后，因草木灰中含有大量的 Na^+ 和 Cl^-，故不宜做种肥施用，以免增加土壤

盐分。

(二)钾肥的合理施用

1. 根据土壤条件合理施用钾肥

植物对钾肥的反应首先取决于土壤供钾水平。钾肥的增产效果与土壤供钾水平呈负相关(表 6-14),因此钾肥应优先施用在缺钾地区和土壤上。

土壤质地影响含钾量和供钾能力。一般来讲,质地较黏土壤,供钾能力一般,钾肥用量应适当增加。砂质土壤上,应掌握分次、适量的施肥原则,防止钾的流失,而且应优先分配和施用在缺钾的砂质土壤上。

干旱地区和土壤,钾肥施用量适当增加。在长年渍水、还原性强的土壤或土层中有黏盘层的土壤,应适当增加钾肥用量。盐碱地应避免施用高量氯化钾,酸性土壤施硫酸钾更好些。

表 6-14 土壤供钾水平与钾肥肥效

级别	土壤速效钾(K_2O)/(mg/kg)	肥效反应	每千克钾肥(K_2O)增粮/kg	建议 667 m^2 用钾肥(K_2O)/kg
严重缺钾	<40	极显著	>8	5~8
缺钾	40~80	较显著	5~8	5
含钾中等	80~130	不稳定	3~5	<5
含钾偏高	130~180	很差	<3	不施或少施
含钾丰富	>180	不显效	不增产	不施

查一查

当地哪些作物属于喜钾的作物?

2. 根据植物特性合理施用钾肥

钾肥应优先施用在需钾量大的喜钾植物上;同种植物不同品种、植物不同生育期等对钾的需要差异显著。对一般植物来说,苗期对钾较为敏感;对耐氯力弱、对氯敏感的植物,尽量不选用氯化钾;在轮作中,钾肥应施用在最需要钾的植物中。

3. 养分平衡与钾肥施用

钾肥的肥效常与其他养分配合情况有关。许多试验表明,钾肥只有在充足供给氮、磷养分基础上才能更好地发挥作用。在一定氮肥用量范围内,钾肥肥效有随氮肥施用水平提高而提高趋势;磷肥供应不足,钾肥肥效常受影响。当有机肥施用量低或不施时,钾肥有良好的增产效果,有机肥施用量高时会降低钾肥的肥效。

4. 采用合理的施用技术

钾肥宜深施、早施和相对集中施。施用时掌握重施基肥，看苗早施追肥原则。对保肥性差的土壤，钾肥应基、追肥兼施和看苗分次追肥，以免一次用量过多，施用过早，造成钾的淋溶损失。宽行植物不论做基肥或追肥，采用条施或穴施都比撒施效果好；而密植植物可采用撒施效果较好。

第五节 中、微肥料及施用

一、土壤中的中量、微量元素

(一)土壤中的中量元素的含量及形态

1. 土壤中的钙

地壳中平均含钙为36.4 g/kg。土壤全钙含量变化很大，主要受成土母质、风化条件、淋溶强度和耕作利用方式的影响。土壤含钙量的地区差异很明显，我国土壤含钙量呈现“南低北高”的趋势。

土壤中钙有4种存在形态，即有机物中的钙、矿物态钙、交换态钙和水溶性钙。有机物中的钙主要存在于动植物残体中，占全钙的0.1%～1.0%；矿物态钙占全钙量的40%～90%，是主要钙形态；交换态钙占全钙量的20%～30%，占盐基总量的大部分，对植物有效性好；水溶性钙指存在于土壤溶液中的钙，含量为每千克土几毫克到几百毫克，是植物可直接利用的有效态钙。

2. 土壤中的镁

地壳中的含镁量平均为23.5 g/kg，变化范围可从1 g/kg至40 g/kg，大多数土壤含镁3～25 g/kg，平均土壤含镁量6 g/kg。土壤镁含量高低主要受成土母质及风化条件等的影响，由于镁大多存在于较细的土粒中，黏粒和粉砂所含的镁占全镁量的95%以上，砂质土全镁含量一般很低。水成土全镁含量明显降低。

土壤中镁的形态有4种，即：①有机物中的镁。一般有机物含镁在10 g/kg以内，主要来自秸秆和施入的农家肥。②矿物态镁。它是土壤镁的主要形态和来源，占土壤全镁量的70%～90%。③水溶态镁。它存在于土壤溶液中，一般每克土中含几微克到几十微克，其含量与钾不相上下，水溶态镁只占交换性镁的百分之几。④交换态镁。是指吸附在土壤胶体表面并能被其他离子交换出来的镁，交换态镁占土壤全镁量的1%～20%，平均为5%。交换性镁和水溶态镁是植物可以吸收利用的有效镁，是土壤镁肥力的重要衡量指标，两者呈动态平衡关系。

3. 土壤中的硫

土壤中硫的含量在0.1～5 g/kg范围内，平均含硫为0.85 g/kg。土壤全硫含量因土壤形成条件、黏土矿物和有机物含量不同而有很大变化。

土壤中含硫化合物可分为无机态和有机态两种。多数土壤中，有机态硫可占其总含量的95%以上。随着有机物的矿化，硫随着碳和氮素不断释放。土壤中有效硫的主要形态是可溶性的SO_4^{2-}、吸附态的SO_4^{2-}和有机态的硫。土壤中不同形态的硫在微生物和化学物质作用下进行着转化和循环。

查一查

当地土壤容易缺乏哪些微量元素？是什么原因导致缺乏的？

(二)土壤中微量元素的含量和形态

微量元素在土壤中的含量一般为百万分之几到十万分之几，最高不超过千分之几，只有铁例外，土壤中铁的含量可高达4%。土壤中的微量元素主要来自于成土母质，其含量受成土母质种类与成土过程影响。土壤微量元素含量也受土壤质地、有机质含量等因素的影响。质地细腻的土壤微量元素含量高于质地粗糙的土壤。有机质含量高时，微量元素的含量相应较多，当土壤有机质含量为5%～15%时，微量元素含量将达到最高值；有机质含量继续增加，微量元素含量反而减少。土壤中的微量元素存在形态多以矿物态为主，此外还有有机态、水溶态和交换态等形态。其中水溶态和交换态对植物生长发育有效性较高，是评价土壤微量元素供给能力的重要参考指标，可溶部分只占全量的百分之几或者更低。

土壤中微量元素供应不足的原因有二，其一是含量过低，其二是有效性过低。微量元素大多以植物不能吸收利用的形态存在。前者是受土壤类型和成土母质决定的，后者则是受土壤中许多因子如pH、氧化还原电位、质地、通透性、水分状况以及有机质和微生物活动等的影响所致。

二、植物中的中量、微量元素营养

(一)植物中的中量元素营养

1. 植物的钙素营养

(1)植物钙素含量与分布　植物体内钙的含量为1～50 g/kg。不同植物种类、部位和器官的含钙量变幅很大。一般是禾本科＜豆科＜十字花科；根部＜地上部；果实和子粒＜茎叶(特别是老叶)。植物体的含钙量受植物的遗传特性影响很大，而受介质中钙供应量的影响却较小。

(2)钙素营养功能　钙是细胞壁的结构成分;钙能稳定生物膜结构,保持细胞的完整性;钙能结合在钙调蛋白(简称 CAM)上对植物体内许多酶起活化功能,并对细胞代谢起调节作用;钙能促进细胞伸长和根系生长;钙与其他物质共同作用能调节介质的生理平衡,有利于植物正常代谢;钙的存在可消除某些离子的毒害作用。

(3)植物缺钙的症状　钙在植物体中移动性小,主要集中在较老的组织中,很少向幼嫩器官运送,因此,植物缺钙时,植株矮小、细胞壁融化、组织变软、叶片下垂与黏化。严重时,叶子变形或失绿,叶片边缘出现坏死斑点,但老叶仍保持绿色。

2. 植物的镁素营养

(1)植物镁素含量与分布　植物体内镁的含量为 0.5～7 g/kg。不同植物的含镁量各异。豆科植物地上部分镁的含量是禾本科植物的 2～3 倍。一般来说,种子含镁较多,茎、叶次之,而根系较少;植物生长初期,镁大多存在于叶片中,结实期转移到种子中,以植酸盐的形态储存。

(2)镁素营养功能　镁是叶绿素的构成元素,在叶绿素合成和光合作用中起重要作用;是许多酶的活化剂,参与光合作用、蔗糖运输与储存及氮代谢等生理生化过程;参与蛋白质的合成。

(3)植物缺镁的症状　植物缺镁时通常表现为叶片失绿,起初由叶尖和叶脉间色泽褪绿。禾本科植物叶脉平行,失绿呈条状;双子叶植物失绿呈斑点状,严重时则整个叶片干枯。由于镁在韧皮部中的移动性强,储存在营养体或其他器官中的镁可以被重新分配和再利用,所以缺镁症状首先出现在下部老叶上。

3. 植物的硫素营养

(1)植物硫素含量与形态　植物含硫量为 1～5 g/kg,其变幅受植物种类、品种、器官和生育期的影响很大。十字花科植物需硫最多,豆科、百合科植物次之,禾本科植物较少。硫在植物开花前集中分布于叶片中,成熟时叶片中的硫逐渐减少并向其他器官转移。植物体内的硫有无机硫酸盐(SO_4^{2-})和有机硫化合物两种形态。

(2)硫素生理功能　硫影响蛋白质合成和代谢;在植物代谢中起电子传递作用;是挥发性芳香化合物的结构成分;在许多酶和辅酶中,—SH 基起着酶反应功能团的作用。

(3)植物缺硫的症状　植物缺硫时,其症状为心叶失绿黄化,茎细弱,根细长而不分枝,开花结实推迟,果实减少。株型矮小,叶片失绿黄化,并向上卷曲,变硬、易碎,过早脱落。缺硫症状常出现在植物顶部较幼嫩的部位,这一点与氮素明显不同。

硫在植物体内的移动性小，其缺乏症状一般先出现在植株的顶端及幼芽上，并且受氮素供应的影响，如果氮供应充足，缺硫症状出现在新叶；氮素供应不充足时，缺硫症状发生在老叶。

(二)植物的微量元素营养

1. 植物体内微量元素的含量、形态和分布

(1)硼　植物体内硼含量通常在 2～100 mg/kg 之间，各种植物间的含量差异很大。其中双子叶植物的含量比单子叶植物高。同一植株的不同器官或组织含量不同，繁殖器官高于营养器官，叶片高于枝条，枝条高于根系。茎尖、根尖、叶片和花器官中含硼也较高。

(2)锌　锌在植物体内的含量为 25～150 mg/kg，主要分布在植物的幼嫩部位。正常植物顶芽含锌量最高，叶片次之，茎最少。整个植株中锌的含量分布有由下而上递增的趋势，它的分布与生长素的分布基本是平行的。锌主要以 Zn^{2+} 形式被吸收。

(3)锰　植物体内锰的含量高，变化幅度很大，一般为 10～300 mg/kg。锰在植物体内有两种形态存在：一是以 Mn^{2+} 形态进行运输；二是结合态锰，即锰与蛋白质结合，存在于酶及生物膜上。

(4)钼　钼在植物体内的含量为 0.1～300 mg/kg，一般不到 1 mg/kg。不同的植物种类其含量差异很大。豆科植物含钼较多，根瘤中含量也较高，十字花科次之(如油菜、花椰菜等)，禾本科植物含钼较少。植物不同组织的含钼量也有很大差异，一般幼嫩器官中含量较高，叶片中的含钼量大于茎和根。植物吸收钼的形态是 MoO_4^{2-}，在植物体内钼往往和蛋白质结合，形成金属蛋白质而存在于酶中。

想一想

当地生产实践中对微量元素敏感的植物主要有哪些？

(5)铁　植物体内的铁一般为3 000 mg/kg，比较集中存在于叶绿体中。铁在植物体内绝大部分以有机态存在。一般情况下，豆科植物的含铁量高于禾本科植物；不同植株部位的含铁量也不相同。植物吸收铁的形态主要是 Fe^{2+} 和螯合态铁。

(6)铜　铜在植物体内含量极微，大多数植物的含铜量为 2～20 mg/kg，多集中于幼嫩叶片、种子胚等生长活跃的组织中，在茎秆和成熟的叶片中较少。就铜的分布而言，根系含铜量大于地上部，而地上部分约 70%的铜分布于叶片中。植物吸收铜的形态主要是 Cu^{2+} 和螯合态铜。

2. 微量元素的营养功能

微量元素在植物体内含量虽少，但对植物的营养作用是不能被大量元素所替代的。各种微量元素的主要生理功能见表 6-15。

表 6-15　微量元素主要营养功能

元素种类	营养功能
硼(B)	①促进碳水化合物的合成和运转，改善植物各器官有机物质的供应，提高植物的结实率和坐果率；②促进生殖器官的正常发育；③使植物分生组织细胞分化正常；④提高豆科植物根瘤的固氮活性，增加固氮量；⑤提高植物的抗寒、抗旱等抗逆性
锌(Zn)	①参与生长素的合成；②是多种酶的成分和活化剂，这些酶对体内物质水解、氧化还原过程和蛋白质合成起着主要作用；③促进植物的光合作用
锰(Mn)	①直接参与光合作用；②对植物体内氧化还原有重要作用，锰可以变价(Mn^{2+}，Mn^{4+})，能直接影响体内的氧化还原过程；③是多种酶的活化剂和 3 种酶的组成成分。所以，锰与呼吸作用、碳水化合物的转化和生长素的合成、降解等都密切相关
钼(Mo)	①对生物固氮具有重要作用。是固氮酶中钼铁蛋白的重要组分，固氮酶可促进氮气还原成氨；②促进硝态氮的同化作用。是硝酸还原酶的组成成分，硝酸还原酶可把硝态氮还原成氨以供植物吸收利用；③提高叶片光合作用强度和促进植物体内维生素 C 合成
铁(Fe)	①是植物体内铁氧还蛋白的重要组成部分，铁氧还蛋白在植物体内参与光合作用、硝酸还原、生物固氮等电子传递活动。是固氮酶的成分，缺铁时豆科植物生物固氮量减少，氮素供应受到限制；②是光合作用不可缺少的元素，缺铁不能形成叶绿素，出现缺绿病；③参与植物细胞的呼吸作用，是一些与呼吸作用有关的酶的成分，如细胞色素氧化酶、过氧化物酶，过氧化氢酶等；④是磷酸蔗糖合成酶最好的活化剂，缺铁会影响植物体内蔗糖的合成
铜(Cu)	①有催化作用，铜是植物体内许多氧化酶的组分，或是某些酶的活化剂；②积极参与光合作用，在叶绿体中铜的含量较高；③参与植物体内的氮素代谢过程，缺铜时，蛋白质合成受阻，可溶性氨基态氮积累；铜对共生固氮也有影响，缺铜时，根瘤内末端氧化酶的活性降低，对固氮作用不利

3. 植物缺乏微量元素的症状

植物缺乏微量元素会表现出相应症状，一般症状表现见表 6-16。

表 6-16 植物缺乏微量元素的一般表现

缺乏元素	出现症状部位	一般症状
钼	全株可见	轻度缺钼的植株，叶片为黄色或淡棕褐色，有坏死斑点。严重缺钼的植株，植株矮小，叶脉间失绿，主茎软弱，叶片萎死，呈灰色；十字花科植株叶片呈绿色或蓝绿色，叶片卷曲；豆科植物根瘤小而色淡，发育不良，开花结果延迟，叶呈斑点状失绿，如柑橘"黄斑症"
锌	局部叶片明显	叶片失绿，变黄，叶斑症有时可蔓延到叶脉，严重缺乏时，叶片坏死。幼叶期症状明显，生长停滞，双子叶植物叶不对称，叶小，簇生，状如莲座称小叶病。有时叶片卷曲，易折断。单子叶植物叶片错位，新叶呈极淡黄色，根系瘦弱，如玉米"花叶苗"
硼	上部叶片及生长点表现突出	叶色暗绿，叶片肥厚、皱缩以至畸形，生长点易死亡，茎及叶柄易折断，花发育不全，易脱落，果、穗不实。块根，浆果心腐易空心，根系弱，侧根多而坚硬，也有因缺硼而叶色褪绿的，多从叶尖向四周蔓延。油菜的"花而不实"和棉花的"蕾而不花"比较典型
锰	嫩叶明显	症状从新叶开始，绿叶和功能叶有黄色或淡黄色褪绿斑点，后期可能坏死。网状脉叶斑圆形黄色，平行脉叶斑为长形灰色，严重缺乏时叶片枯萎甚至坏死，下部叶片易折断或下垂
铁	幼叶明显	幼叶、新叶先脉间失绿黄化，以后完全失绿，叶色有时淡黄，有时呈柠檬黄色，如长期缺铁，叶片边缘组织萎死。果树则嫩枝易干枯，茎秆短而细，新生叶片易变白，枯梢
铜	幼叶明显	双子叶植株的叶片卷缩，植株膨胀消失或凋萎，叶片易折断，叶尖由黄色变成黄绿色，有黄褐色坏死斑点。单子叶植株新叶上部渐由枯黄变白，成穗能力差，穗空发白，果树林木易顶梢枯死，如梨树的"枯顶症"

三、中量、微量元素肥料及其施用

(一)中量元素肥料及施用

1. 含钙肥料及合理施用

(1)含钙肥料的种类和性质　农业上常用的钙肥主要有石灰和石膏等。生石灰中 CaO 含量为 55%～85%、MgO 为 10%～40%。生石灰溶于水呈碱性，具有中和酸度、杀虫、灭草和土壤消毒的作用，但用量不能过多，否则会引起局部土壤过碱。生石灰加水或堆放时吸水生成熟石灰，又称消石灰，主要成分为 $Ca(OH)_2$，呈碱性，中和酸度的能力比生石灰弱。

查一查

当地常用肥料中哪些含有中量元素？

石膏既含钙又含硫，对缺钙缺硫的土壤更适宜施用。一些磷肥中常有含钙的成分，如普通过磷酸钙、钙镁磷肥、重过磷酸钙也都是重要钙肥来源。各种农家肥中也含有一定量的钙，用量大，使用面积广，是不可忽视的钙源。其中骨粉、草木灰则是含钙丰富的农家肥。一些常用含钙肥料成分含量见表 6-17。

表 6-17 常用钙肥品种及成分含量 %

品　种	氧化钙	其他成分
生石灰(石灰石烧制)	84.0～96.0	
熟石灰(消石灰)	64.0～75.0	
生石膏(变通石膏)	26.0～32.6	硫(S)15～18
熟石膏(雪花石膏)	35.0～38.0	硫(S)20～22
磷石膏	20.8	磷(P_2O_5)0.7～3.7，硫(S)10～13
普通过磷酸钙	16.5～28.0	磷(P_2O_5)12～20
重过磷酸钙	19.6～20.0	磷(P_2O_5)40～54
钙镁磷肥	25.0～30.0	磷(P_2O_5)14～20，氧化镁(MgO)15～18
钢渣磷肥	35.0～50.0	磷(P_2O_5)5～20
粉煤灰	2.5～46.0	磷(P_2O_5)0.1，钾(K_2O)1.2
草木灰	0.9～25.2	磷(P_2O_5)1.57，氮(N)0.93
氯化钙	47.3	

(2)钙肥的合理施用　石灰可做基肥或追施。施用石灰时注意不要过量。除施用量以外，还应注意施用均匀。沟施、穴施时应避免与种子或植物根系接触。为了充分发挥石灰改土的增产效果，必须配合农家肥及氮、磷、钾化肥的施用。石灰施用后有 2～3 年的效果，不要年年施用。

石膏不仅能提供钙素营养，同时还可以提供硫素营养，改良土壤。为了改良碱土，石膏多做基肥施用，结合灌溉排水施用石膏。结合翻地整地分期、分次施用，以每次每 667 m^2 施 150～200 kg 为宜。施用石膏时要尽可能研细，以提高效果。后效期长，不必年年施用。

2. 镁肥的种类、性质和合理施用

(1)镁肥的种类和性质　继氮、磷、钾之后，镁已经成为第 4 位重要的肥料。常用的镁肥有硫酸镁、氯化镁、碳酸镁、硝酸镁等，均属水溶性镁肥(表 6-18)，可用于叶面喷施。酸性土壤中肥效表现为：碳酸镁＞硝酸镁＞氯化镁＞硫酸镁；中性或者碱性土壤，碳酸镁的肥效低于硫酸镁。

表 6-18　含镁肥料的种类、含量和性质

名　称	分子式	MgO/%	主要性质
硫酸镁	$MgSO_4 \cdot 7H_2O$	13～16	酸性，溶于水
硝酸镁	$Mg(NO_3)_2 \cdot 6H_2O$	15.7	酸性，溶于水
氯化镁	$MgCl_2$	2.5	酸性，溶于水
含钾硫酸镁	$MgSO_4 \cdot K_2SO_4$	8	酸性，溶于水
磷酸镁	$Mg_3(PO_4)_2$	40.6	碱性，微溶于水
磷酸镁铵	$MgNH_4PO_4 \cdot xH_2O$	16.43～25.95	碱性，微溶于水
光卤石	$KCl, MgCl_2 \cdot H_2O$	14.4	中性，微溶于水

(2)镁肥的合理施用　镁肥对植物的效应受到多种因素制约，包括土壤交换性镁水平，交换性阳离子比率(K/Mg，Ca/Mg)、植物特性、镁肥种类等。镁肥应先施用在缺镁的土壤和需镁较多的植物上。

镁对多年生牧草、蔬菜、葡萄、烟草、果树及禾谷类植物中的黑麦、小麦等有良好的反应；K^+，Ca^{2+} 与镁有促进作用，钾肥与石灰施用量过大会诱发植物缺镁。施用的氮肥形态影响镁肥的效果，不良影响程度为：硫酸铵＞尿素＞硝酸铵＞硝酸钙。配合有机肥料、磷肥或硝态氮肥施用，有利于发挥镁肥的效果。

镁肥可做基肥、追肥和根外追肥。水溶性镁肥宜做追肥，微水溶性则宜做基肥。用镁量为 15～22.5 kg/hm^2。采用 1%～2% 的 $MgSO_4 \cdot 7H_2O$ 溶液叶面喷施，矫正缺镁症状见效快，但不持久，应连续喷施多次。由于镁素营养临界期在植物生长前期，故在植物生育早期追施效果好。镁肥宜做基肥。对于柑橘等水果类植物，喷施效果较好。

3. 硫肥的种类、性质和合理施用

(1)硫肥的种类和性质　含硫化肥除石膏、硫黄外，多是 N，P，K 化肥的副成分，或是通过在生产工艺中加硫或硫酸盐生产而成，如硫酸铵、硫酸钾、硫酸镁、普通过磷酸钙都是大量元素化肥。硫硝酸铵、硫铵尿素和硫包尿素等则是通过加入硫酸盐或加硫生产而成。这些硫肥的成分和含硫量见表 6-19。

表 6-19　含硫肥料的成分和含量

名称	含硫量(S)/%	主要成分
生石膏	18.6	$CaSO_4 \cdot 2H_2O$
熟石膏	20.7	$CaSO_4 \cdot 1/2H_2O$
磷石膏	11.9	$CaSO_4 \cdot 2H_2O$
硫黄	95.0～99.0	S
硫酸铵	24.2	$(NH_4)_2SO_4$
硫酸钾	17.6	K_2SO_4
硫酸镁	13.0	$MgSO_4$
硫硝酸铵	12.1	$(NH_4)_2SO_4 \cdot 2NH_4NO_3$
普钙	9	$Ca(H_2PO_4)_2 \cdot CaSO_4$
硫铵尿素	6～13	$(NH_4)_2SO_4 \cdot CO(NH_2)_2$
硫包尿素	6～18	$S+CO(NH_2)_2$

(2)硫肥的合理施用　硫肥适于做基肥，对一年生或生育期短的植物施用 SO_4^{2-} 态肥料，肥效较快，而对果树或多年生植物可施用单质态硫肥，使其有充足的时间氧化为 SO_4^{2-} 态。

石膏是一种难溶性硫酸盐，做硫肥时一般做基肥或追肥施用，每 667 m^2 用量为 5～20 kg，常以粉状掺入其他肥料中同时施用。石膏还是一种良好的土壤改良剂，在碱性土壤中施用可中和土壤中的碱，同时增加结构性的 Ca^{2+}，可使土壤形成良好的结构性。但不易施于水田或通气不良的土壤中。

(二)微量元素肥料及合理施用

1. 微量元素肥料的种类和性质

以微量元素为主要成分的肥料称为微量元素肥料，简称微肥。如锌肥、铁肥、硼肥、钼肥、铜肥、锰肥等(通常不把氯和镍列入微肥研究中)。只有在施用大量元素肥料的基础上施用微肥，才能较好地发挥微肥的肥效。我国目前常用的微量元素肥料品种约 20 余种，见表 6-20。

查一查

当地哪些植物上施用了微肥？采取了哪些施肥方法？

2. 微量元素肥料的施用方法

(1)施于土壤　直接施入土壤中的微量元素肥料，能满足植物整个生育期对微量元素的需要。由于微肥有一定后效，因此，可隔年施用一次。微量元素肥料用量较少，施用时必须均匀，做基肥时，可与有机肥料或大量元素肥料混合施用。

表 6-20 微量元素肥料的种类和性质

微量元素肥料名称	主要成分	有效成分含量(以元素计)/%	性 质
硼肥(B)			
硼酸	H_3BO_3	17.5	白色结晶或粉末,溶于水,常用硼肥
硼砂	$Na_2B_4O_7 \cdot 10H_2O$	11.3	白色结晶或粉末,溶于水,常用硼肥
硼镁肥	$H_3BO_3 . MgSO_4$	1.5	灰色粉末,主要成分溶于水
硼泥	—	约 0.6	是生产硼砂的工业废渣,呈碱性,部分溶于水
锌肥(Zn)			
硫酸锌	$ZnSO_4 \cdot 7H_2O$	23	白色或淡橘红色结晶,易溶于水,常用锌肥
氧化锌	ZnO	78	白色粉末,不溶于水,溶于酸和碱
氯化锌	$ZnCl_2$	48	白色结晶,溶于水
碳酸锌	$ZnCO_3$	52	难溶于水
钼肥(Mo)			
钼酸铵	$(NH_4)_2MoO_4$	49	青白色结晶或粉末,溶于水,常用钼肥
钼酸钠	$Na_2MoO_4 \cdot 2H_2O$	39	青白色结晶或粉末,溶于水
氧化钼	MoO_3	66	难溶于水
含钼矿渣	—	10	是生产钼酸盐的工业废渣,难溶于水,其中含有效态钼 1%~3%
锰肥(Mn)			
硫酸锰	$MnSO_4 \cdot 3H_2O$	26~28	粉红色结晶,易溶于水,常用锰肥
氯化锰	$MnCl_2$	19	粉红色结晶,易溶于水
氧化锰	MnO	41~68	难溶于水
碳酸锰	$MnCO_3$	31	白色粉末,较难溶于水
铁肥(Fe)			
硫酸亚铁	$FeSO_4 \cdot 7H_2O$	19	淡绿色结晶,易溶于水,常用铁肥
硫酸亚铁铵	$(NH_4)_2SO_4 \cdot FeSO_4 \cdot 6H_2O$	14	淡绿色结晶,易溶于水
铜肥(Cu)			
五水硫酸铜	$CuSO_4 \cdot 5H_2O$	25	蓝色结晶,溶于水,常用铜肥
一水硫酸铜	$CuSO_4 \cdot H_2O$	35	蓝色结晶,溶于水
氧化铜	CuO	75	黑色粉末,难溶于水
氧化亚铜	Cu_2O	89	暗红色晶状粉末,难溶于水
硫化铜	Cu_2S	80	难溶于水

(2)施于植物 微量元素肥料直接施于植物的常用方法包括以下几种。

①拌种 用少量温水将微量元素肥料溶解，配制成较高浓度的溶液，喷洒在种子上。一般每千克种子 0.5～1.5 g，边喷边拌，阴干后播种。

②浸种 把种子浸泡在含有微量元素肥料的溶液中 6～12 h，捞出晾干即可播种，浓度一般为 0.1～0.5 g/kg。

③蘸秧根 这是水稻及其他移栽植物所采取的特殊施肥方法。具体做法是将适量的肥料与肥沃土壤少许制成稀薄的糊状液体，在插秧前或植物移栽前，把秧苗或幼苗根浸入液体中数分钟即可。

④叶面喷施 这是微量元素肥料既经济又有效的方法。常用浓度为0.01%～0.2%，具体用量视植物种类、植株大小而定，一般用量为每 667 m^2 40～75 kg。

⑤枝干注射 果树、林木缺铁时常用 0.2%～0.5%硫酸亚铁溶液注射入树干内，或在树干上钻一小孔，每棵树用 1～2 g 硫酸亚铁盐塞入孔内，效果很好。

常见微量元素肥料的具体施用方法列于表 6-21。

表 6-21 常见微量元素肥料的施用方法

肥料名称	基 肥	拌种（每千克种子用量）	浸 种	根外喷施
硼肥	硼泥 225～375 kg/hm^2 硼砂 7.5～11.25 kg/hm^2 可持续 3～5 年	—	—	硼砂或硼酸浓度为 1～2 g/kg，喷施 2～3 次
锌肥	硫酸锌 15～30 kg/hm^2 可持续 2～3 年	硫酸锌 4 g	硫酸锌浓度为 0.2～0.5 g/kg；水稻 1 g/kg	硫酸锌浓度 1～2 g/kg，喷施 2～4 次
钼肥	钼渣 3.75 kg/hm^2 左右，可持续 2～4 年	钼酸铵 1～2 g	钼酸铵浓度为 0.5～1 g/kg	钼酸锰浓度 0.5～1 g/kg，喷施 1～2 次
锰肥	硫酸锰 15～45 kg/hm^2，可持续 1～2 年，效果较差	硫酸锰 4～8 g	硫酸锰浓度为 1 g/kg	硫酸锰浓度 1～2 g/kg，果树 3 g/kg，喷施 2～3 次
铁肥	大田植物，硫酸亚铁 30～75 kg/hm^2，果树 75～150 kg/hm^2	—	—	大田植物硫酸亚铁浓度 2～10 g/kg，果树 3～4 g/kg，喷 3～4 次
铜肥	硫酸铜 15～30 kg/hm^2，可持续 3～5 年	硫酸铜 4～8 g	硫酸铜浓度为 0.1～0.5 g/kg	硫酸铜浓度为 0.2～0.4 g/kg，喷 1～2 次

3. 微量元素肥料施用注意事项

①针对植物对微量元素的反应施用 各种植物对不同的微量元素有不同的反应,敏感程度也不同,需要量也有差异,因此将微量元素肥料施在需要量较多、对缺素比较敏感的植物上,发挥其增产效果。

②针对土壤中微量元素状况而施用 一般来说,缺铁、硼、锰、锌、铜主要发生在北方石灰性土壤上,而缺钼主要发生在酸性土壤上。酸性土壤施用石灰会明显影响许多种微量元素养分的有效性,因此,施用时应针对土壤中微量元素状况。

为了彻底解决微量元素缺乏问题,应在补充有效性微量元素养分的同时,注意消除缺乏微量元素的土壤因素。一般可采用施用有机肥料或适量石灰来调节土壤酸碱度、改良土壤的某些性状。

③把施用大量元素肥料放在重要位置上 在农业生产中,微量元素肥料的效果,只有在施足大量元素肥料基础才能充分发挥出来。

第六节 复(混)合肥料及施用

一、复(混)合肥料概述

(一)复(混)合肥料的定义和养分含量表示方法

(1)复(混)合肥料的定义 凡是肥料成分中同时含有氮、磷、钾三要素或其中任何两种养分的化学肥料,称为复(混)合肥料。

(2)复(混)合肥料的养分表示方法 复(混)合肥料的养分含量表示式有两种:分析式和比例式。分析式是肥料中所含氮、磷、钾的百分比,即 N(%) - P_2O_5(%) - K_2O(%)。如 15 - 15 - 15,就表示这种复合肥中含氮(N)15%、磷(P_2O_5)15%、钾(K_2O)15%。比例式是三大元素含量的比值,即 N∶P_2O_5∶K_2O 的值,如分析式为 15 - 15 - 15 的复合肥,比例式为 1∶1∶1。对于多功能型复合肥,一般在分析式的最后标出所含微量元素的百分含量和种类。如 20 - 20 - 15 - 2B,就表示这种三元复合肥中含硼,含量为 2%。在计算复合肥总养分含量时,微量元素含量不计算在内。

(二)复(混)合肥料的特点

(1)养分全面,含量高 含有两种或两种以上的营养元素,能比较均衡地、长时间地同时供给植物所需要的多种养分,并充分发挥营养元素之间的相互促进作用,提高施肥的效果。

(2)物理性状好,便于施用 肥料颗粒一般比较坚实、无尘,粒度大小均匀,吸湿性小，便于贮存和施用，既适合于机械化施肥，同时也便于人工撒施。

(3)副成分少，对土壤无不良影响　复(混)合肥料所含养分几乎全部或大部分是植物所需要的。施用时既可免除某些物质资源的浪费，又可避免某些副成分对土壤性质的不良影响。

(4)降低成本，节约开支　如生产 1 t 20-20-0 型的硝酸磷肥比生产同样成分的硝酸铵和过磷酸钙可降低成本 10%左右；1 kg 磷酸铵相当于 0.9 kg 硫酸铵和 2.5 kg 过磷酸钙中所含的养分，而体积上却缩小了 3/4。这样可节省贮存、运输、施用费用。因此，应大力发展复(混)合肥料。

(5)养分含量固定，难以满足不同植物的需要　虽然很多复合肥是根据不同作物需求配制的，但许多植物在各生育阶段对养分的要求有不同的特点，各地区土壤肥沃度以及养分释放的状况也有很大差异，因此养分比例相对固定的复合肥料难以同时满足各类土壤和各种植物的要求，在施用时还需配合基础肥料。同时，施肥环节不能彻底简化。

(三)肥料的混合

1. 肥料混合的原则

复(混)合肥料在农业生产中的应用越来越广泛，种类和总量不断增加。利用基础肥料进行配制复(混)合肥料变得越来越普遍。特别是掺混型复合肥，可以根据植物的需要随时进行配制。进行肥料混合时，应遵照相应的原则进行：①肥料混合不会造成养分损失或有效性降低；②不会产生不良的物理性状；③有利于提高肥效和工效。

按照这 3 条原则，肥料是否适宜混合通常分 3 种情况：可以混合、可以暂混和不可以混。

(1)可以混合　肥料混合过程中或混合后的贮存、施用过程中，不会因肥料的组分不同而发生一系列变化，引起养分的损失或有效性下降，也不会使肥料的物理性状变差，降低肥效和工效，甚至能够改善肥料的物理性状，使施用更加方便。例如，硫酸铵、硝酸铵与磷矿粉；硝酸铵与氯化钾；硫酸铵、氨水与过磷酸钙；氯化铵与氯化钾；尿素与硝酸钙、氯化铵、硫酸镁等都可以混合。如硝酸钙与氯化钾混合后生成氯化铵和硝酸钾，其吸湿性减弱，物理性状得到改善，使施用方便。

(2)可以暂混　有些肥料混合后，立即施用，不致产生不良影响，但混合后存放时间较长，则容易引起肥料物理性状变坏或肥效变差，所以这些肥料可以暂混但不能长久放置。例如过磷酸钙与硝态氮肥；尿素与硝酸铵；尿素与氯化钾；石灰氮与氯化钾；钢渣磷肥与硝酸钾等，都可以暂时混合，但不宜久置。

(3)不可混合　混合后发生养分损失、肥效降低的肥料不可以混合。如铵态氮肥与碱性肥料;碱性肥料与过磷酸钙;硝态氮肥与窑灰钾肥等都不可以混合。

各种肥料混合的适宜性见图 6-4。

1	硫酸铵												
2	硝酸铵	△											
3	碳酸氢铵	×	△										
4	尿素	□	△	×									
5	氯化铵	□	△	×	□								
6	过磷酸钙	□	△	□	□	□							
7	钙镁磷肥	△	△	×	□	×	×						
8	磷矿粉	□	△	×	□	□	△	□					
9	硫酸钾	□	△	×	□	□	□	□	□				
10	氯化钾	□	△	×	□	□	□	□	□	□			
11	磷铵	□	△	×	□	□	□	×	×	□	□		
12	硝酸磷肥	△	△	×	△	△	△	×	△	△	△	△	
		1	2	3	4	5	6	7	8	9	10	11	12
		硫酸铵	硝酸铵	碳酸氢铵	尿素	氯化铵	过磷酸钙	钙镁磷肥	磷矿粉	硫酸钾	氯化钾	磷铵	硝酸磷肥

△ 可以暂时混合但不宜久置

□ 可以混合

× 不可混合

图 6-4 各种肥料的可混性

2. 混合肥料的配料计算

取得复混肥料配方后,生产 1 t 复混肥料时需配入选原料各多少,现以分析式法举例说明。

试一试

选一种当地主要栽培的农作物,根据其生育特点,试着配制其专用的三元素复合肥。

例:欲配制 1 t 8-10-4 的混合肥料。现选用硫铵(含 N 20%)、过磷酸钙(含 P_2O_5 20%)、氯化钾(含 K_2O 60%)进行配制,每种肥料各需多少用量?

计算公式为:

$$x = \frac{AB}{c}$$

式中:x 为所需某种肥料的质量,kg;A 为配制肥料的总量,kg;B 为混合肥料中所含 N,P_2O_5,K_2O 有效养分的相应含量,%;c 为某种肥料中有效养分含量,%。

则此例中，混合后含 N，P_2O_5，K_2O 分别为 8，10，4，分别代入公式可知：

$$硫酸铵用量 = \frac{1\,000 \times 8}{20} = 400(\text{kg})$$

$$过磷酸钙用量 = \frac{1\,000 \times 10}{20} = 500(\text{kg})$$

$$氯化钾用量 = \frac{1\,000 \times 4}{60} = 66.7(\text{kg})$$

三者相加共为 966.7 kg，其余 33.3 kg 可添加填充料，凑成 1 t 混合肥料。填充料一般可选用磷矿粉、石光薄土、泥炭等物质。

二、复(混)合肥料的施用技术

(一)复(混)合肥料的种类和性质

复合肥的分类方式很多，按生产材料和工艺流程不同，一般可分为化成复合肥和混成复合肥。化成复合肥料的原材料主要是矿石或化工产品，生产工艺流程中有明显的化学反应过程，产品成分和养分浓度一般比较固定。如磷酸二铵、硝酸钾和磷酸二氢钾等。混成复合肥料的原材料主要是单质化肥或复合肥料等基础肥料，生产工艺以简单的物理方法为主的二次加工，配方可根据需要在一定幅度内加以调整，产品的成分和养分比例随配方而相应变化。

查一查

当地主要农作物上施用了哪些复合肥？

根据混合工艺不同，又可分为配混合掺混。配混是以相对固定的配方在化肥生产厂进行，我国目前多属于这一种。掺混是以相对密度相似的粒状基础肥料进行掺和，配方可灵活变换，就近散装掺混。在国外这种混合方式很流行。如果按用途，复混肥料分通用型(或称广谱型)和专用型，通用型使用的地区，土壤、植物的适宜范围比较广；专用型是针对某一地区、某种或某专型植物或某种土壤所需，以求最大经济、环境效益而配制。因此，专用型掺混肥料的生产和施用是复混肥料发展的趋势。

按照所含大量元素的种类不同可分为二元复混肥料、三元复混肥料、多元复混肥料和多功能复混肥料。二元复合肥又可根据所含三大元素的种类不同分为氮磷型复合肥、磷钾型复合肥和氮钾型复合等。常见化成复合肥的种类和性质见表 6-22。

表 6-22 复合肥料种类及其性质

肥料名称	组成和含量	性质	施用方式
二元复合肥			
磷酸铵	$(NH_4)_2HPO_4$ 和 $NH_4H_2PO_4$ N 16%～18%，P_2O_5 46%～48%	水溶性，性质较稳定，多为白色结晶颗粒状	基肥或种肥，适当配合施用氮肥
硝酸磷肥	NH_4NO_3，$(NH_4)_2HPO_4$ 和 $CaHPO_4$ N 12%～20%，P_2O_5 10%～20%	灰白色颗粒状，有一定吸湿性，易结块	基肥或追肥，不适宜于水田，豆科植物效果差
磷酸二氢钾	KH_2PO_4 P_2O_5 52%，K_2O 35%	水溶性，白色结晶，化学酸性，吸湿性小，物理性状良好	多用于根外喷施和浸种
三元复合肥			
硝磷钾肥	NH_4NO_3，$(NH_4)_2HPO_4$ 和 KNO_3 N 11%～17%，P_2O_5 6%～17%， K_2O 12%～17%	淡黄色颗粒，有一定吸湿性。其中，N，K 为水溶性，P 为水溶性和弱酸溶性	基肥或追肥，目前已成为烟草专用肥
硝铵磷肥	N，P_2O_5，K_2O 均为 17.5%	高效、水溶性	基肥、追肥
磷酸钾铵	$(NH_4)_2HPO_4$ 和 K_2HPO_4 N，P_2O_5，K_2O 总含量达 70%	高效、水溶性	基肥、追肥

(二)复合肥料的合理施用

复合肥料在施用时应根据植物、土壤和肥料等多方面特性合理施用。在施用时应注意以下几点：

①根据土壤条件合理施用　一要根据土壤养分状况施肥。一般来说，在某种养分供应水平较高的土壤上，应选用该养分含量低的复混肥料；二要根据土壤酸碱性施肥；三要根据土壤水分状况施肥。

②根据植物特性合理施用　一般粮食植物以提高产量为主，可施用氮磷复混肥料；豆科植物宜施用磷钾为主的复混肥料；果树、西瓜等经济植物，以追求品质为主，施用氮磷钾三元复混肥料可降低果品酸度，提高甜度；烟草、柑橘等"忌氯"植物应施用不含氯的三元复混肥料。

不同植物对氮、磷、钾三要素的需求比例也不一样，应根据其需肥特点，确定肥料配方。在轮作中上、下茬植物施用的复混肥料品种也应有所区别。

③根据复混肥料的养分形态合理施用　含铵态氮、酰胺态氮的复混肥料在旱地和水田都可施用，但应深施覆土，以减少养分损失；含硝态氮的复混肥料宜施在旱地，在水田和多雨地区肥效较差。含水溶性磷的复（混）合肥料在各种土壤上均可施用，含弱酸溶性磷的复（混）合肥料更适合于酸性土壤上施用。含氯的复（混）合肥料不宜在“忌氯”植物和盐碱地上施用。

④以基肥为主合理施用　由于复（混）合肥料一般含有磷或钾，且为颗粒状，养分释放缓慢，所以做基肥或种肥效果较好。做基肥要深施覆土；做种肥必须将种子和肥料隔开 5 cm 以上。施肥方式有条施、穴施、全耕层深施等。

⑤与单质肥料配合施用　复（混）合肥料种类多，成分复杂，养分比例各不相同，不可能完全适宜于所有植物和土壤。因此，施用前根据复（混）合肥料的成分、养分含量和植物的需肥特点，合理施用一定用量的复（混）合肥料，并配施适宜用量的单质肥料，以确保养分平衡，满足植物需求。

技能训练 1　土壤碱解氮的测定

一、技能目标

通过训练，学生应了解碱解扩散法测定土壤碱解氮的方法原理，熟练掌握碱解扩散法的操作技能。能熟练准确地测定当地各类土壤碱解氮含量，为指导合理施用氮肥提供科学依据。

二、方法原理

土壤在扩散皿中，于碱性条件和硫酸亚铁存在下，进行水解还原，使易水解态氮和硝酸态氮转化为氨，并扩散逸出，被硼酸溶液吸收。硼酸溶液中吸收的氨，用标准酸溶液滴定，由此计算碱解氮的含量。

三、实验材料

1. 试剂及配制

(1)氢氧化钠溶液[$c(NaOH)=1$ mol/L]　40.0 g 氢氧化钠（NaOH，化学纯）溶于水，冷却后，稀释至 1 L。

(2)混合指示剂　溶解 0.099 g 的溴甲酚绿和 0.066 g 甲基红于 100 mL 的乙醇[$\omega(CH_3CH_2OH)=95\%$]中。

(3)硼酸(H_3BO_3)-指示剂溶液[$\rho(H_3BO_3)=20$ g/L]溶液　溶解 20 g 硼酸于

950 mL 的热蒸馏水中，冷却后，加入 20 mL 的混合指示剂，充分混匀后，小心滴加氢氧化钠溶液[$c(NaOH)=0.1$ mol/L]，直至溶液呈红紫色（pH 约 4.5），稀释成 1 L。

(4)硫酸标准溶液[$c(1/2H_2SO_4)=0.01$ mol/L]　先配成（1/2 $H_2SO_4=$ 0.01 mol/L的溶液，再用 Na_2CO_3 标定，再准确稀释 10 倍。

(5)碱性胶液　将 40 g 阿拉伯胶和 50 mL 水置于烧杯中，温热至 70～80℃，搅拌促溶，约冷却 1 h 后，加入 20 mL 甘油和 20 mL 饱和 K_2CO_3 水溶液，搅匀，放冷。离心除去泡沫和不溶物，将清液贮于玻璃瓶中备用。

(6)硫酸亚铁粉末　将硫酸亚铁（$FeSO_4 \cdot 7H_2O$，化学纯）磨细，装入密闭瓶中，贮存于阴凉处。

2. 用具

天平、半微量滴定管（1～2 mL）、扩散皿、恒温箱、滴定台和玻璃棒。

四、训练操作规程

1. 称取试样

称取风干土（过 2 mm 筛）2.00 g，置于扩散皿（图 6-5）外室，加入 0.2 g 硫酸亚铁粉末于外室，轻轻地旋转扩散皿，使土壤试样均匀地铺平。

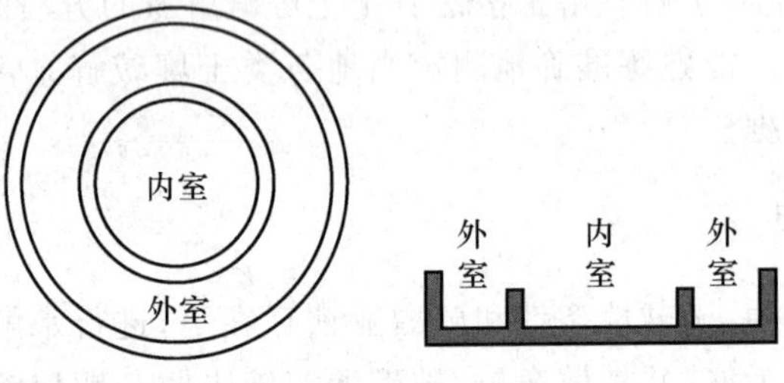

图 6-5　扩散皿示意图

2. 样品处理

取 2 mL 硼酸-指示剂溶液放于扩散皿内室，然后在扩散皿外室边缘涂上碱性胶液，盖上毛玻片，旋转数次，使皿边与毛玻片完全黏合。渐渐转开毛玻片一边，使扩散皿外室露出一条狭缝，迅速加入 10.0 mL 氢氧化钠溶液，立即盖严，再用橡皮筋圈紧，使毛玻片固定，水平地轻轻摇动扩散皿，使碱液与土壤充分混合。随后放入 40℃±1℃恒温箱中，碱解扩散 24 h±0.5 h。

3. 滴定

取出扩散皿，取下毛玻片，用硫酸标准溶液滴定内室吸收液中的 NH_3。溶液由蓝色突变为微红色为滴定终点。

上述土样测定做 2 个平行。

在测定土壤样品的同时，必须做 2 个空白试验，取其平均值，校正试剂和滴定误差。空白试验不加土样，其余步骤与上述土样测定同步进行。

五、结果计算与分析思考

1. 结果记录

将测定数据记入表 6 - 23。

表 6 - 23　土壤碱解氮测定记录表

样品号	土样重/g	消耗盐酸体积/mL	空白消耗盐酸体积/mL	碱解氮含量/(mg/kg)

2. 结果计算

$$\omega(\mathrm{N}) = \frac{(V - V_0) \times c \times 14}{m} \times 10^3$$

式中：ω(N)为土壤碱解氮质量分数，mg/kg；c 为硫酸(1/2 H_2SO_4)标准溶液的浓度，mol/L；V 为样品测定时消耗硫酸标准溶液的体积，mL；V_0 为空白试验时消耗硫酸标准溶液的体积，mL；14 为氮的摩尔质量，g/mol；10^3 为换算为 mg/kg 的系数；m 为称取的风干土样质量，g。

3. 分析思考

(1)碱解扩散法测定的土壤碱解氮包括哪些形态的氮？

(2)碱解扩散法测定不同土壤碱解氮含量时，所用碱的浓度有何不同？为什么？

技能训练 2　土壤速效磷的测定

一、技能目标

通过训练，学生应理解 0.5 mol/L $NaHCO_3$ 浸提-钼锑抗比色法的方法原理，熟练掌握其操作技能。为指导合理施用磷肥提供科学依据。

二、方法原理

根据不同的土壤，采用不同的方法提取土壤中的速效磷，浸出液中的磷，在一定的酸度条件下，用钼锑抗显色溶液还原显色成磷钼蓝，通过比色方法计算土壤中的速效磷含量。

三、实验材料

1. 试剂及配制

(1)碳酸氢钠浸提剂[$c(NaHCO_3)=0.5$ mol/L，pH 8.5]　42.0 g 碳酸氢钠($NaHCO_3$，分析纯)溶于约 800 mL 水中，稀释至约 990 mL，用氢氧化钠溶液[$c(NaOH)=4.0$ mol/L]调节 pH 至 8.5(用 pH 计测定)。最后稀释到 1 L，保存于塑料瓶中。保存不宜过久。

(2)无磷活性炭粉　将活性炭粉先用 1∶1 HCl(V/V)浸泡过夜，然后在平板漏斗上抽气过滤。用蒸馏水洗到无 Cl^- 为止。再用 $NaHCO_3$ 溶液浸泡过夜，在平板漏斗上抽气过滤，用蒸馏水洗去 $NaHCO_3$，最后检查到无磷为止，烘干备用。

(3)钼锑贮存溶液　浓硫酸(H_2SO_4，分析纯)153 mL 缓慢转入约 400 mL 蒸馏水中，同时搅拌。放置冷却。另外称取 10 g 钼酸铵[$(NH_4)_6Mo_7O_2\cdot 4H_2O$，分析纯]溶于约 60℃的 300 mL 蒸馏水中，冷却。将配好的硫酸溶液缓缓倒入钼酸铵溶液中，同时搅拌。随后加入酒石酸锑钾[$\rho(KSbOC_4H_4O_6\cdot 1/2\ H_2O)=5$ g/L，分析纯]溶液 100 mL，最后用蒸馏水稀释至1 000 mL。避光贮存。

(4)钼锑抗显色溶液　1.50 g 抗坏血酸($C_6H_8O_6$，左旋，旋光度$+12°\sim+22°$，分析纯)加入到 100 mL 钼锑贮存溶液中。此溶液须随配随用，有效期 1 d。

(5)二硝基酚指示剂溶液　0.2 g 2,6-二硝基酚或 2,4-二硝基酚[$C_6H_3OH(NO_2)_2$]溶于 100 mL 水中。

(6)磷标准贮存溶液[$\rho(P)=100$ mg/L]　0.439 0 g 磷酸二氢钾(KH_2PO_4，分析纯，105℃烘 2 h)溶于 200 mL 水中，加入 5 mL 浓硫酸，转入1 000 mL 容量瓶中，用水定容。此溶液可以长期保存。

(7)磷标准溶液[$\rho(P)=5$ mg/L]　取磷标准贮存溶液准确稀释 20 倍，即为磷标准溶液[$\rho(P)=5$ mg/L]。此溶液不宜久存。

2. 用具

天平、三角瓶、振荡机、容量瓶、比色管、移液管、无磷滤纸和分光光度计等。

四、训练操作规程

1. 待测液的制备

称取风干土样(过 2 mm 筛)5.00 g,置于 250 mL 三角瓶中,加入一小匙无磷活性炭粉,准确加入碳酸氢钠浸提剂 100 mL,塞紧瓶塞,在 20～25℃温度下振荡 30 min,取出后用干燥漏斗和无磷滤纸过滤于三角瓶中。同时做试剂空白试验。

2. 定容显色

准确吸取浸出溶液 2～10 mL(含 5～25 μg P),移入 50 mL 容量瓶中,加入二硝基酚指示剂溶液 2 滴,用稀 H_2SO_4 和稀 NaOH 溶液调节 pH,至溶液刚呈微黄色(小心慢加,边加边摇,防止产生的 CO_2 使溶液喷出瓶口)。待 CO_2 充分放出后加入钼锑抗显色溶液 5 mL,摇匀,用水定容。在室温高于 15℃的条件下放置 30 min 显色。

3. 比色

在分光光度计上用波长 700 nm(光电比色计用红色滤光片)比色,以空白试验溶液为参比液调零点,读取吸收值,在工作曲线上查出显色液的浓度(mg/L)。颜色在 8 h 内可保持稳定。

4. 工作曲线的绘制

分别吸取磷标准溶液 0.0,1.0,2.0,3.0,4.0,5.0,6.0 mL 放于 50 mL 容量瓶中,加入与试样测定吸取浸出液量等体积的碳酸氢钠浸提剂,加入二硝基酚指示剂溶液 2 滴,用稀 H_2SO_4 和稀 NaOH 溶液调节 pH,至溶液刚呈微黄色。待 CO_2 充分放出后加入钼锑抗显色溶液 5 mL,摇匀,用水定容。即得 0.0,0.1,0.2,0.3,0.4,0.5,0.6 mg/L 磷标准系列溶液,在室温高于 15℃的条件下放置 30 min 显色。与试样同步比色,分别读取吸收值。在方格坐标纸上以浓度(mg/L)为横坐标,读取的吸收值为纵坐标,绘制成工作曲线。

五、结果计算与分析思考

1. 结果记录

将测量结果记入表 6-24。

表 6-24 土壤速效磷测定记录表

标准液浓度/(mg/L)	0	0.1	0.2	0.3	0.4	0.5	0.6	待测液 1	待测液 2
吸收值									

2. 结果计算

$$\omega(\mathrm{P}) = \frac{\rho \times V \times t_s}{m}$$

式中：$\omega(\mathrm{P})$为土壤有效磷质量分数，mg/kg；ρ 为从工作曲线查得显色液中磷(P)的浓度，mg/L；V 为显色液体积，mL；t_s 为分取倍数，浸提液总体积/吸取浸出液体积；m 为称取的风干土样质量，g。

3. 分析思考

(1)本方法测定土壤速效磷在操作过程中要注意什么？

(2)为什么在报告土壤速效磷的测定结果时，必须同时说明所采用的测定方法？

技能训练 3　土壤速效钾的测定

一、技能目标

通过训练，学生应理解 1 mol/L 乙酸铵溶液浸提－火焰光度法的方法原理，熟练掌握其操作技能。为指导合理施用钾肥提供科学依据。

二、方法原理

中性乙酸铵溶液与土壤样品混合后，溶液中的 NH_4^+ 与土壤颗粒表面的 K^+ 进行交换，取代下来的 K^+ 和水溶性 K^+ 一起进入溶液。提取液中的 K^+ 可直接用火焰光度计或原子吸收分光光度计测定。

三、实验材料

1. 试剂及配制

(1)乙酸铵溶液[$c(CH_3COONH_4)=1.0$ mol/L]　称取 77.08 g NH_4OAc 溶于近 1 L 水中，用稀 HOAc 或氨水调至 pH 7.0，然后定容。

(2)钾标准溶液　称取0.190 7 g KCl(在 110℃条件下烘 2 h)溶于乙酸铵溶液中，定容至 1 L，即为钾标准溶液[$\rho(K)=100$ mg/L]。

(3)钾标准系列溶液　吸取 100 mg/L K 标准溶液 0，2，5，10，20，40 mL，分别放入 100 mL 容量瓶中，用乙酸铵溶液定容，即得 0，2，5，10，20，40 mg/kg 的钾标准系列溶液。

2. 用具及材料

天平、三角瓶、振荡机、容量瓶、滤纸、火焰光度计或原子吸收分光光度计。

四、训练操作规程

1. 待测液的制备

称取风干土样(过 2 mm 筛)5.00 g,置于 150 mL 三角瓶中,加入乙酸铵溶液 50.0 mL,用橡皮塞塞紧,在往复式振荡机上振荡 30 min,振荡时最好恒温,但对温度要求不太严格,一般在 20～25℃即可。然后将悬浮液立即用干滤纸过滤,滤液承接于 100 mL 三角瓶中。

试样同时做 2 个平行。

2. 火焰光度计检测

将滤液直接用火焰光度计测定钾。检测时以钾标准系列溶液中浓度最大的一个定火焰光度计上检流计的满度(90～100),以“0 mg/kg”溶液调仪器的零点,测定滤液的检流计读数,并做好记录。

3. 工作曲线绘制

以溶液的钾浓度为横坐标,以检流计读数为纵坐标,绘制工作曲线。

五、结果计算与分析思考

1. 结果记录

将实验结果记录在表 6 - 25 中。

表 6 - 25　土壤速效钾测定记录表

标准液浓度/(mg/L)	0	6	12	18	24	30	待测液 1	待测液 2
吸收值								

2. 结果计算

$$\omega(\mathrm{K}) = \frac{\rho \times V \times t_s}{m}$$

式中:$\omega(\mathrm{K})$为速效钾的质量分数,mg/kg;ρ 为仪器直接测得或从工作曲线上查得的测定液的 K 浓度,mg/kg;V 为测定液定容体积,mL;t_s 为分取倍数,原待测液总体积和吸取的待测液体积之比;m 为称取的风干土样质量,g。

3. 分析思考

(1)配制系列钾标准溶液时,为什么要用浸提剂稀释、定容?

(2)火焰光度计读数的含义是什么？调检流计满度时为什么不应调至100？

技能训练4 化学肥料的识别

一、技能目标

本技能与分析化学等相关知识和操作技能关系密切。通过训练，学生应掌握常见化学肥料的一般理化性状；掌握常见化学肥料的定性识别方法。为准确施用化肥提供依据。

二、方法原理

通过观察其外形(颜色、结晶与否)、溶解性、水溶液的酸碱性、灼烧反应和离子化学鉴定等方法加以识别。

三、实验材料

1. 试剂及配制

(1) 2.5%氯化钡溶液　将2.5 g氯化钡($BaCl_2$，化学纯)溶于蒸馏水中，稀释至100 mL，摇匀，贮于试剂瓶中。

(2)1%硝酸银溶液　将1 g硝酸银($AgNO_3$，化学纯)溶于100 mL蒸馏水中，贮于棕色瓶中。

(3)稀盐酸溶液　取浓盐酸(化学纯)42 mL，放入约400 mL蒸馏水中，再加水至500 mL，即配成约1 mol/L的盐酸溶液，贮于瓶中。

(4)稀硝酸溶液　取浓硝酸(化学纯)31 mL，放入400 mL蒸馏水中，再加水至500 mL，即配成约1 mol/L的硝酸溶液，贮于瓶中。

(5)10%氢氧化钠溶液　称10 g氢氧化钠(化学纯)溶于100 mL蒸馏水中，冷却后装入塑料瓶中贮存。

2. 用具材料

酒精灯、木炭、铁片、火炉、纸条、试管、石蕊试纸、蒸馏水和烧杯。

四、训练操作规程

1. 外表识别

观察肥料的颜色和结晶状态、吸湿性、气味。氮肥和钾肥一般为白色，属于这类肥料的有碳铵、硝铵、硫铵、尿素、氯化钾、硫酸钾、硝酸钾等。磷肥一般是非结晶体而呈粉末状、灰白色或灰黑色，属于这类肥料的有过磷酸钙、钙镁磷肥、磷矿粉等。

2. 气味识别

将装肥料的瓶塞逐个打开，嗅其气味，在室温下有刺激性氨臭味的是碳酸氢铵；取样品同石灰或其他碱性物质混合，如闻有氨臭味，则可确定为铵态氮肥或含铵态氮的复合肥料或混合肥料。

3. 溶解性识别

取豆粒大小体积的各种肥料样品，分别放入已编有与化学肥料编号一致的试管中，加入 10 mL 蒸馏水摇动数分钟后观察其溶解性(试管中溶液保留备用)。可分为下列 4 类：

①全部溶解于水的是硫酸铵、硝酸铵、碳酸氢铵、氯化钾、氯化铵、尿素、硫酸钾、磷酸二氢钾和硝酸钾等。

②大部分溶解于水的是磷酸铵、硝酸磷肥。

③部分溶解于水的是过磷酸钙、重过磷酸钙。

④不溶解或基本不溶解于水的是钙镁磷肥和磷矿粉。

4. 灼烧检验识别

(1)磷肥的识别　取少量磷肥放在铁片上，置于酒精灯上灼烧。

①有焦臭味、变黑、冒烟的为骨粉。

②无焦臭味、比重大、褐色、有金属光泽的为磷矿粉。

③比重不大、灰色粉末，用 pH 试纸测试操作“3 -③”中的相应的水溶液，酸性的为过磷酸钙，碱性的为钙镁磷肥。

(2)氮、钾肥的识别

①将氮、钾肥的瓶塞逐个打开，嗅其气味，在室温下有刺激性氨臭味的是碳酸氢铵。

②无刺激性氨味的，将少量固体肥料逐个放于铁片上，置于酒精灯上灼烧。肥料不熔融、残留跳动、有爆裂声的是钾肥。肥料全部熔融、无残留的是氮肥和氮钾复合肥。

③识别钾肥。在小试管中各加入 5 mL 待测肥料的水溶液，并分别加数滴 2.5%的氯化钡溶液，观察其反应。

有白色沉淀生成者，再加入约 1 mol/L 的盐酸溶液 1～2 mL，摇动，沉淀仍不消失的肥料是硫酸钾。不产生沉淀者，再加入 1%硝酸银溶液数滴，产生白色沉淀者，加入 1 mol/L 的硝酸溶液数滴，不溶于硝酸的是氯化钾。

④识别氮肥和钾肥复混肥。分别将剩余的肥料制成饱和溶液，将滤纸条浸透

饱和溶液并稍微晾干，然后点燃纸条，观察燃烧性和火焰的颜色。

易燃，火焰明亮的是含 NO_3^- 的肥料。在该类肥料的水溶液中加入 10%氢氧化钠溶液数滴，产生氨臭味的是硝酸铵。无氨臭味、火焰颜色为黄色的是硝酸钠；火焰颜色为紫色的是硝酸钾。

纸条燃烧不旺或易熄灭的肥料，在其水溶液中各加入数滴 10%氢氧化钠溶液，无氨臭味的是尿素。

5. 化学检验识别

(1)氮肥　有氨味产生的肥料中，取其水溶液约 5 mL，放入小试管中，滴加数滴 2.5%氯化钡溶液，产生白色沉淀，并不溶于稀盐酸溶液的是硫酸铵。加入 1%硝酸银溶液产生白色沉淀，并不溶于稀硝酸溶液的是氯化铵。

(2)钾肥　在小试管中各加入 5 mL 待测肥料的水溶液，并分别加数滴 2.5%的氯化钡溶液，观察其反应。有白色沉淀生成者，再加入约 1 mol/L 的盐酸溶液 1～2 mL，摇动，沉淀仍不消失的肥料是硫酸钾；不产生沉淀者，再加入 1%硝酸银溶液数滴，产生白色沉淀者，加入 1 mol/L 的硝酸溶液数滴，不溶于硝酸的是氯化钾。

五、鉴定结果

将鉴定结果填入表 6-26。

表 6-26　化学肥料鉴定结果表

	鉴定项目及结论				
编号	形态识别	溶解性识别	灼烧检验识别	化学检验识别	化肥名称
1					
2					
3					

单元小结

- 化学肥料及其施用技术
  - 化学肥料概述
    - 化学肥料的特点 — 养分含量高、养分单一、速效等
    - 化学肥料种类 — 氮、磷、钾肥；微肥、复合肥等
  - 氮肥及施用
    - 土壤中的氮素 — 土壤中氮的含量、种类、转化等
    - 植物的氮素营养 — 植物吸收氮的形态、规律、反应
    - 常用化学氮肥种类、性质及施用 — 各类氮肥的性质，生产中根据植物特性、轮作制度、土壤条件等合理施用
  - 磷肥及施用
    - 土壤中的磷素 — 土壤中磷的含量、种类、转化等
    - 植物的磷素营养 — 植物吸收磷的形态、规律、反应
    - 常用化学磷肥种类、性质及施用 — 各类磷肥的性质，生产中根据植物特性、轮作制度、土壤条件等合理施用
  - 钾肥及施用
    - 土壤中的钾素 — 土壤中钾的含量、种类、转化等
    - 植物的钾素营养 — 植物吸收钾的形态、规律、反应
    - 常用化学钾肥种类、性质及施用 — 各类钾肥的性质，生产中根据植物特性、轮作制度、土壤条件等合理施用
  - 中、微肥及施用
    - 土壤中的中量、微量元素 — 土壤中中量、微量元素含量、种类、转化
    - 植物的中量、微量元素营养 — 植物吸收中、微量元素的形态、规律、反应
    - 中、微量元素肥料种类、性质及施用 — 各类中、微量元素肥料的性质，生产中根据植物特性、轮作制度、土壤条件等合理施用
  - 复（混）合肥及施用
    - 复（混）合肥料概述 — 复（混）合肥料的特点、种类
    - 复（混）合肥料施用 — 各类复（混）合肥料的施用技术

学练结合

➢名词解释

反硝化作用　氨化作用　闭蓄态磷　枸溶性磷肥　过磷酸钙的退化　复混肥料　混成复合肥料　多功能复合肥料

➢填空题

1. 被吸收到植物体内的________态氮,可直接与光合作用产物有机酸等结合,形成氨基酸和其他含氮有机物。吸收到植物体内的________态氮,必须经还原至________后,才能被植物利用。

2. 耕作土壤中氮的来源主要有________,降水,尘埃沉降,施入的含氮肥料包括化肥和含氮有机肥,土壤吸附空气中的 NH_3,灌溉水和地下水补给。其中________和________是主要的来源。

3. 土壤中氮素的转化包括矿化作用、________、________、________氮素的固定与释放、氨的挥发作用和氮素的淋溶作用等。

4. 硝化抑制剂的作用是抑制硝化细菌,防止________向________转化,从而减少氮素的________、损失和淋失。

5. 根据植物对磷吸收程度,土壤中的磷可分为三种类型,即________、________和________。

6. 植物对磷的敏感期在苗期,一般磷肥施用愈早,________,故磷肥宜作________肥和________肥。

7. 钢渣磷肥属________磷肥,呈________色粉末,碱性强。

8. 土壤中钾的固定是指土壤________转变为________,甚至矿物态钾的过程。

9. 草木灰中钾的形态主要是________,其次________,氯化钾较少。草木灰的钾约90%能溶于水,是________钾肥,所以在贮存施用时应防止雨淋,以免引起养分流失。由于草木灰水溶液呈________性,不宜与________、________和________肥混用。

10. 钙在植物体中移动性小,主要集中在________中,很少________,因此,植物缺钙时,植株矮小、细胞壁融化、组织变软、叶片下垂与黏化。严重时,叶子变形或失绿,叶片________,但老叶________。

11. 植物缺________的症状与缺氮相似,但由于________在植物体内的移动性________，其缺乏症状一般首先出现在植株的________上。

12. 镁的主要功能是作为________和________卟啉环的中心原子，当镁原子同________结合后，才具备吸收光量子的必要结构，才能有效地吸收光量子进行光合碳同化反应。

➢问答题

1. 与有机肥相比，化学肥料有哪些特点？
2. 铵态氮肥有何特点？
3. 以当地土壤为例，说明碳酸氢铵的施用技术。
4. 尿素为什么适宜做根外追肥？
5. 如何合理施用过磷酸钙，提高其肥效？
6. 为什么说钙镁磷肥适于施在南方酸性土壤上？
7. 磷肥的异成分溶解对磷肥的肥效有何影响？
8. 硫酸钾与氯化钾施入土壤后都可导致土壤板结，产生的机理有何不同？
9. 结合生产实际，如何合理施用石灰与石膏？
10. 以果树为例，说明微量元素的合理施用技术。施用时应注意哪些问题？
11. 结合实际，举例说明当地施用的复混肥料主要有哪些品种？并谈谈如何合理施用复混肥？

➢计算题

欲配制 1 t N∶P_2O_5∶K_2O 比例为 2∶2∶1 的混合肥料。现选用原料肥料为尿素（含 N 46％）、磷酸一铵（含 N 12％，P_2O_5 52％）、硫酸钾（含 K_2O 50％）进行配制，各需原料肥料多少吨？

单元七　有机肥料、生物肥料和新型肥料

学习目标

知识目标：

- 了解有机肥料、生物肥料和新型肥料的概念、类型、特性及应用前景
- 能够描述有机肥料的作用与性质，熟悉和掌握常见的有机肥料的合理施用技术
- 了解有关新型肥料的特性，熟悉缓（控）释肥料、长效钾肥、新型水溶肥料和新型复混肥料种类、特性及施用方法

技能目标：

- 能够熟练掌握高温堆肥的积制技术

第一节　有机肥料

一、有机肥料概述

（一）有机肥概念及类型

有机肥料是指农村中利用各种有机物质、就地取材、就地积制的自然肥料的总称，又称农家肥料。有机肥料资源极为丰富，品种繁多，几乎一切含有有机物质、并能提供多种养分的材料，都可用来制作有机肥料。

根据其来源、特性和积制方法，有机肥料一般可分以下几类：

第一类，粪尿肥，包括人粪尿、家畜粪尿及厩肥、禽粪、海鸟粪等；

第二类，堆沤肥，包括堆肥、沤肥、秸秆直接还田利用以及沼气池肥等；

第三类，绿肥，包括栽培绿肥和野生绿肥，例如：豆科植物、紫云英、苜蓿等；

第四类，杂肥，泥炭及腐殖酸类肥料、油粕类肥料、泥土类肥料、海肥和农盐以及生活污水、工业污水、工业废渣等；

第五类，商品有机肥，包括工厂生产的各种有机肥料、有机－无机复混肥料、腐殖酸肥料。

（二）有机肥料在培肥土壤和植物营养中的作用

1. 有机肥料的元素含量

有机肥料不仅含有植物所需要的各种营养元素，如氮、磷、钾、钙、镁、硫及微量元素，而且还含有大量的有机物质，因此是一类营养完全的肥料（表7－1）。

表7－1　家畜粪、禽粪的矿质元素及有机质含量　　%

粪肥名称	有机质含量	N	P	K	Mn	B	Zn	Cu	Mo	Fe
粪		0.87	0.39	0.53	0.036	0.002 3	0.001 9	0.001 6	0.000 37	0.159
猪粪	15.0	1.05	0.64	1.05	0.029	0.002 2	0.019 9	0.005 0	0.000 30	0.185
羊粪	28.2	1.25	0.59	0.95	0.019	0.003 1	0.014 6	0.002 3	0.000 34	0.192
鸡粪	25.5	1.78	0.62	1.37	0.014	0.002 4	0.013 0	0.001 8	0.000 42	0.190

2. 有机肥料与土壤生物及其活性

施用有机肥料可增加土壤微生物数量，特别是有益微生物如固氮菌、氨化菌、硝化菌等，随着这些微生物活动的加强，可提高土壤有机质含量，改善土壤的物理、化学和生物学特性，从而提高土壤的吸收性能、缓冲性能和抗逆性能。

想一想

与化肥相比有机肥有什么特点？

3. 有机肥与植物生长活性物质

有机肥中含有维生素、激素、酶、生长素、泛酸和叶酸等，它们能促进作物生长和增强抗逆性。有机肥料分解产生的酚类物质，有抑制脲酶和反硝化微生物的作用。有机肥在分解过程中产生的有机酸，对土壤中难溶性养分有螯合增溶作用，可活化土壤潜在养分，从而提高难溶性磷酸盐及微量元素养分的有效性。有机肥料在分解过程中形成的腐殖质是一种弱有机酸，它在土体中与无机胶体结合形成有机－无机复合体胶体，可熟化土层，促进水稳性团粒结构形成，调节土体中水、肥、气、热状况。腐殖质对种子萌发、根的生长均有刺激作用。

4. 有机肥与作物品质

科学施用有机肥能提高作物产品的营养品质、食味品质、外观品质和降低食品硝酸盐含量，这主要与有机肥养分供应平衡有密切关系。

二、有机肥的腐熟

有机肥料经好气或嫌气发酵的过程称为腐熟过程。一般北方以堆肥为主，而南方水网地区以沤肥为主。

(一)腐熟的目的

堆、沤肥材料虽含有一定量的养分，但大都不能直接被作物吸收利用，通过堆沤腐熟过程，使有机物料尽快释放养分，还可经过发酵过程产生的高温杀灭寄生虫卵和各种病原菌，杀死各种危害作物的病虫及杂草种子，实现无害化的目的。同时还缩小了有机物料庞大的体积，节约运输成本，施用后便于耕作，提高了耕作质量。

查一查

普通堆肥和高温堆肥有什么区别？

(二)腐熟的过程及其调控技术

1. 堆肥和沤肥

(1)堆肥和沤肥材料　堆肥是秸秆等有机废物或其他植物残体在好气条件下堆腐而成的有机肥料，分为普通堆肥和高温堆肥。堆肥或沤肥材料按性质可分为三类：

①不易分解的物质　如秸秆、杂草、垃圾等，这类物质含纤维素、木质素、果胶较多，碳氮比较大，一般为(60～100)：1。

②促进分解的物质　如人畜粪尿、污水、污泥和适量的化肥。其目的是补充足够的氮、磷、钾营养，调节碳氮比，增加各种促进腐熟的微生物。

③吸收性强的物质　主要是加入一些粉碎的黏土、草炭、秸秆或锯末，用于吸附腐解过程中分解出来的易流失的氮、钾等营养元素，促进养分转化，形成高质量的有机肥。

(2)堆肥的腐熟及施用

①堆肥的积制

a. 备料　主要包括含氮丰富，并有大量微生物的人、畜、禽粪尿作为粪引物；以富含纤维素和半纤维素的秸秆、垃圾、各种植物残体、杂草等为酿热物；以含有一定量养分，并是吸水、吸肥(NH_4^+)的主要物质的干肥土、河塘泥等为吸附物。三种堆肥原料的大致比例为：吸附物：酿热物：粪引物＝5：3：2，可依当地自然资源，灵活搭配，就地利用。

b. 合料堆积　将已备好的原料，浇上粪汁，充分混合均匀后，堆放在已选好的场地上(地基坚实向阳处)。堆放时以自然状态为好,以利通风透气。堆的大小一般为长 2～3 m,宽 2 m,高 1.5 m,过大管理和施用不便,过小不易发酵。

c. 泥封 堆好后立即用泥封堆,厚 4～6 cm。泥封的目的,一是保肥、保温,如不泥封,氮的损失可达 17%～20%;二是有利环境卫生,防蚊蝇。

d. 调温管理 封堆后可采用温度计或温度遥测仪定期测定温度。

②堆制过程中的微生物活动 从高温堆肥的堆温变化大体可以反映出微生物活动概况。

a. 发热阶段 堆制初期,堆温上升到 50℃左右,称发热阶段。堆内温度在 25～40℃范围内,适合于一些中温性的微生物活动。它们能先利用水溶性的有机物质迅速繁殖,继而分解蛋白质和部分的半纤维素和纤维素,同时释放出 NH_3,CO_2 和热量。

b. 高温阶段 堆温升到 50～60℃,称为高温阶段。此时出现大量好热性的微生物代替原有的中温性微生物。它们除对尚存的易分解有机物继续分解外,主要是分解半纤维素、纤维素和部分木质素,与此同时进行腐殖化过程。本阶段后期,有机物分解强度渐弱,高温维持一定时期后,温度开始下降。

查一查

当地堆肥的使用情况和使用量如何?

c. 降温阶段 堆温逐渐下降到 50℃以下,称为降温阶段。此时,堆内微生物种类和数量较高温阶段多。一些好热性和耐热性微生物种类,在降温过程中仍然维持着活动。在这个阶段里,堆内可分解的有机物料基质锐减,腐殖化作用占绝对优势。

d. 腐熟保肥阶段 此时堆内物质的 C/N 比已逐步减小,腐殖质累积量明显增加。但分解腐殖质等有机物的放线菌的数量和比例有所增加,嫌气微生物逐步增多。此时如不采取保肥措施,会导致新形成的腐殖质强烈分解。

总之,堆肥的腐熟过程是一个由多种微生物交替活动的过程,是微生物对粗有机物进行分解和再合成的过程。这一过程受堆肥材料、环境温度、水分、通气、pH 值等因素的影响。

③堆肥的成分和施用技术 腐熟的堆肥为黑褐色,汁液浅棕色或无色,有臭味,材料完全变形很易拉断。堆肥一般适做基肥。在砂质土壤上、高温多雨的季节和地区、生长期较长的作物如玉米、水稻、果树等,可用半腐熟的堆肥;反之,质地黏重、低温干燥的季节和地区、生长期短的作物如蔬菜,宜施用腐熟的堆肥。腐熟的

优质堆肥也可做追肥和种肥，但半腐熟的堆肥不能与根或种子直接接触。堆肥施用后立即耕翻并配合施用速效氮、磷肥。施用量各地差异较大。一般为每667 m^2 500～1 000 kg。

(3)沤肥的腐熟及施用　沤肥材料与堆肥相似，不同的是沤肥加入过量的水(或污泥、污水)，使原料在淹水条件下进行发酵，属常温发酵。沤肥在南方较为普遍。

①配料　草塘泥的配料以泥为主，主要搭配稻草、绿肥，包括水生绿肥或青草和厩肥等，也可加稻根、垃圾、草皮、草木灰及磷肥。

②沤制

a. 罱泥配制　稻草河泥在冬春季节罱取河泥，将稻草切成15～30 cm，拌入泥中。

b. 挖塘　在田边地角挖塘，将挖出的泥做埂，塘底要夯实，以防漏水。

c. 入塘沤制　稻草河泥于翌年二三月间加入猪粪移入塘中，或在三四月份将稻草河泥、猪灰、青草及适量水分分次、分层加入。每加一层，都要不断踩踏，使配料混匀，塘面保持浅水层。

d. 翻塘精制　将塘内肥料取出，结合加绿肥、猪粪等，按以上要求再分批移入塘内。一般要进行1～2次。精制后3～5 d即有大量甲烷及二氧化碳等气体逸出，中间突起为馒头形。当水层由浅棕色变为红棕色，并有臭味时，标志着已腐熟。翻塘的目的是结合加料改善通气条件，加速腐解。若配料充足，充分拌匀，也可不翻塘，节省劳力。

③沤肥的施用　沤肥一般做基肥，多数用在稻田，亦可用于旱田。施用量一般为每667 m^2 4 000 kg左右，随施随翻，防止养分损失。沤肥的肥效一般与牛粪、猪粪相近。为了提高肥效，施用时应配合速效氮、磷肥。

2. 粪尿肥与厩肥的腐熟

(1)人粪尿的腐熟及施用

①人粪尿的积制　人粪尿中常含有多种寄生虫、病菌和病毒，直接施用易造成疾病流行，因此，人粪尿必须经无害化腐熟处理后才能施用。人粪尿腐熟常采用密闭沤制方法，腐熟之后进行密封堆积。贮存过程中加盖、密封、防漏，利用沼气发酵是较好的方法。不管采用哪种方法贮存，都应注意满足以下条件：

a. 保蓄养分，减少氨的挥发和肥分渗漏。

b. 杀灭各种病原菌，达到无害化要求。

c. 防止蚊蝇滋生繁殖，保护环境。

想一想

为什么把人粪尿看作是有机肥中的速效氮肥?

②人粪尿的施用 人粪尿适合于大多数作物,尤其是叶菜类植物、谷类植物和纤维类植物的施用,效果更显著;它也适用于各种土壤,尤其是含盐量低、具有灌溉条件的土壤及雨水充足地区的土壤。但对忌氯作物或盐碱地应当少用。

人粪尿可做基肥和追肥,人尿可用来浸种。人粪尿施用量一般为每667 m^2 500～1 000 kg,还应配合其他有机肥料和磷、钾肥。

(2)厩肥的腐熟及施用 厩肥是以家畜粪尿为主,与各种垫圈材料和饲料残渣等混合的有机肥料的统称。

①厩肥的积制 厩肥积制可在圈内堆积,也可在圈外堆积,还可二者兼有。圈内堆积又分深坑圈、浅坑圈和平地圈 3 种;圈外堆积按其堆积松紧程度不同,可分为紧密堆积、疏松紧密堆积和紧密堆积 3 种形式。厩肥的腐熟过程通常要经过生粪、半腐熟、腐熟和过劲 4 个阶段。它们之间常随着堆内条件而改变,并呈现不同的外部特征(图 7 - 1)

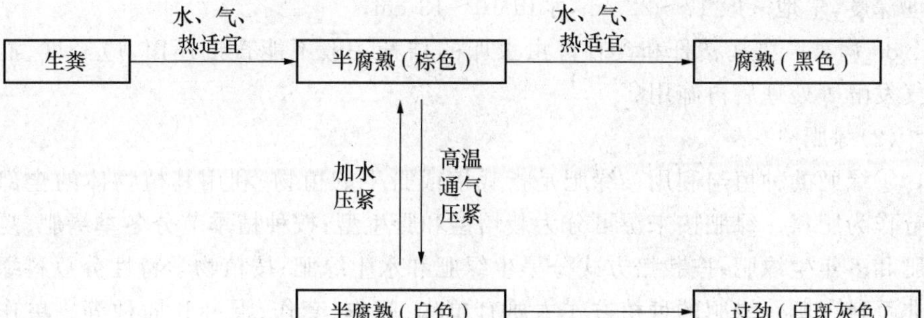

图 7 - 1 厩肥腐熟的各阶段及特征

查一查

当地的家畜粪尿中哪些是热性肥料,哪些是冷性肥料?

②厩肥施用技术　家畜粪比家畜尿难分解，家畜尿可做追肥，粪宜做基肥。羊粪、马粪还可做苗床酿热材料。厩肥做基肥时，要根据厩肥的质量、土壤肥力、植物种类和气候条件等综合考虑。同时，要考虑与化学肥料配合施用。一般做基肥的施用量为每 667 m^2 1 000～1 500 kg。

3. 秸秆还田与绿肥翻压腐熟技术

(1)秸秆还田

①秸秆还田方式　秸秆还田是指将植物收获后的残留物经过处理后作为有机肥料施用。秸秆还田的方式主要有利用秸秆进行堆肥、沤肥和沼气发酵，以肥料形式还田；利用秸秆做饲料，以家畜粪尿形式还田；将秸秆直接破碎翻压于土壤中；将秸秆焚烧利用草木灰形式还田等。

②秸秆直接还田

a. 秸秆处理　前期收获后将秸秆先切碎或撒施于地面后用圆盘耙切碎翻入土中，或前茬留高茬 15～30 cm，收获后将根茬及秸秆翻入土中。秸秆用量一般不宜超过每 667 m^2 400 kg。

b. 水肥管理　旱地保持土壤相对含水量为 60%～80%；水田浅水勤灌，干湿交替；为避免发生微生物与植物争氮，促进微生物活动，适当增施氮肥。水田还应配施一定量的石灰，中和分解过程中产生的有机酸。

c. 还田时期和深度　旱地一般在播种前 30～40 d，水田在插秧前 40～45 d；翻埋深度，旱地一般 17～22 cm，水田 10～13 cm。

d. 病害　染病秸秆和含有害虫虫卵的秸秆一般不能直接还田，应经堆、沤或沼气发酵等处理后再施用。

(2)绿肥

①绿肥的种植与利用　绿肥是指栽培或野生的植物，利用其植物体的全部或部分作为肥料。绿肥按来源可分为栽培型和野生型；按种植季节分冬季绿肥、夏季绿肥和多年生绿肥；按栽培方式分旱生绿肥和水生绿肥；按植物学特性分豆科绿肥和非豆科绿肥。绿肥的种植方式主要有单作、间作、套作、混种和插种等。单作绿肥是指在生长季节中，一定面积田地只种一种绿肥作物；间作绿肥是指绿肥作物与粮、棉、油等主作物按一定面积和比例相间同时种植；套作绿肥是指绿肥作物套种在主作物的株行间，用作当季作物追肥或下季作物基肥；混种绿肥是指多种绿肥作物品种同时混播在一块田里；插种绿肥是指利用主作物换茬的短暂间隙种一次短期速生绿肥，作下季作物的基肥。我国绿肥主要利用方式有直接翻压、作为原始材料积制有机肥和做饲料。

②绿肥的翻压技术

a. 翻压时期　绿肥翻压时期的选择，既要根据不同绿肥植物的生长特点，还要考虑农作物的播种时期。一般应与播种和移栽间隔约 10 d。

b. 翻压数量与深度　翻压数量一般根据绿肥中的养分含量、土壤供肥特性和植物需肥量来考虑。一般控制在每 667 m^2 1 000～1 500 kg，配施适量的其他肥料；翻压深度一般根据耕作深度考虑，大田常控制在 15～20 cm，不宜过深或过浅。果园可适当增加深度。

c. 翻压后水肥管理　绿肥翻压后，应配施磷、钾肥。对于干旱地区和干旱季节还应及时灌溉，尽量保持水肥充足，以利于加速腐熟。

绿肥还可以与其他有机物质配合进行堆肥或沤肥、进行沼气发酵，还可以做饲料，发展畜牧业。

三、有机肥利用中的问题与对策

（一）有机肥利用中的问题

有机肥料在培肥地力、增加产量方面具有一定的作用，而且我国传统农业长期以来一直依赖有机肥料，在其使用技术方面积累了宝贵的经验。但近年来，由于化肥工业的迅猛发展，导致有机肥利用上存在以下问题：

(1)有机肥使用量减少，尤其是农家肥使用量减少，而化肥施用量剧增，导致养分比例不合理。

(2)大多数秸秆仍被当作燃料烧掉，目前就地焚烧越来越严重，还田比例很小。这不仅使有机养分浪费，而且污染环境。

(3)绿肥种植还没纳入到轮作制度中，种植面积越来越小。

（二）发展有机肥料的对策

(1)有机无机肥料的配合施用　有机肥与化肥的肥效特点不同，只有将它们配合施用，才能发挥其各自优势，相互补充，起到缓解、保持土壤养分平衡且能显著改善作物品质的作用。目前已有许多有机无机商品肥料相继投入市场，这是农业生产和肥料行业发展的必然趋势。然而这方面的研究无论是基础理论还是技术攻关均很薄弱，今后需加大力度进行深入研究。

(2)推行秸秆还田　秸秆是一种数量多、来源广、可就地利用的优质肥源。它有补充和平衡土壤养分、补充土壤新鲜有机质、疏松土壤、改善土壤理化性状和提高土壤肥力的作用。秸秆还田是缓解当前有机肥源和钾肥资源不足的一项有效措施。秸秆可做饲料，通过家畜等实行过腹还田，加速其转化；有条件的地方还可推广沼气和快速堆沤技术，做成更优质的有机肥料。

(3)开发利用城市有机肥　城镇人粪尿、有机废弃物和一些畜禽场的粪便是一个很大的肥源，应充分利用。这部分肥源的开发和利用对资源的合理利用、保护我国的生态环境、促进农业生产的发展具有重要意义。

我国地域广阔，有机肥料资源丰富、种类繁多，利用上的问题各不相同。只有因地制宜，利用各种技术和方法，提高有机肥质量，加大有机肥攻关研究的投入，才能充分发挥其作用。

第二节　生物肥料

一、生物肥料概述

(一)生物肥料的概念

目前的生物肥料大都以有机质为基础，然后配以菌剂和无机肥混合而成。为了改善这种一般性和传统性的状况，生物肥料产品则远远超越了现有概念。其将扩大至既能提供作物营养，又能改良土壤；同时还可对土壤进行消毒，并同时对土壤起到修复作用。

生物肥料是指利用生物技术制造的、对作物具有特定肥效(或有肥效又有刺激作用)的生物制剂。其有效成分可以是特定的活生物体、生物体的代谢物或基质的转化物等，这种生物体既可以是微生物，也可以是动、植物的组织和细胞。

(二)生物肥料的特点

微生物肥料是一类活菌制品，它的效能无不与其菌类活性及使用方法有直接的关系。它有着与化肥和有机肥不同的特点。

(1)微生物肥料的核心是指品种特定的、有效的活微生物。任何一款产品的有效活菌数都有明确的规定，有效活菌数降到一定数量时，它的作用就没有了。

(2)微生物肥料是一类农用活菌制剂，从生产到使用都要注意给产品中微生物一个生存的合适环境，主要是水分含量、酸碱度、温度、载体中残糖含量、包装材料等。

(3)微生物肥料作为活菌制剂有一个有效期问题。此类产品刚生产出来时活菌含量较高，但随着保存时间和不同的运输、保存条件的变化，产品中的有效微生物数量逐渐减少，当减到一定数量时其有效作用显示不出来。因此，规定产品的有效期和正确使用意义重大。

(4)注意适用作物和适用地区，是保证微生物肥料有效作用的重要保证。提倡有针对性地选育生产菌种。

二、常见生物肥料

(一)生物肥料的类型

按目前微生物肥料的制品和种类来分析,可以分为两类:

第一类:通过其中所含微生物的生命活动,增加了植物元素营养的供应量,包括土壤和生产环境中植物营养元素的供应总量和植物营养元素的有效供应量,导致植物营养状况的改善,进而产量增加。这一类微生物肥料的代表品种是根瘤菌肥料。

第二类:其制品虽然也是通过其中所含的微生物生命活动的关键作用导致作物增产,但是其中微生物生命活动的关键作用不限于提高植物的元素营养供应水平,包括了它们所产生的植物生长刺激素对植物的刺激作用,促进植物对营养元素的吸收作用,或者是有拮抗某些病原微生物的致病作用,减轻作物病虫害而导致产量增加。这类微生物的种类和制品比较多,也比较复杂。但随着研究的深入发展,此类微生物及其制品将会有比较合理、比较科学的归属、分类。

另外,按照制品中特定的微生物种类可分为细菌肥料(如根瘤菌肥、固氮菌肥)、放线菌肥料(如抗生菌肥料)、真菌类肥料(如菌根真菌);按其作用机理分为根瘤菌肥料、固氮菌肥料(自生或联合共生类)、解磷菌类肥料、硅酸盐菌类肥料;按其制品内含成分特点分为单一的微生物肥料和复合(或复混)微生物肥料。复合微生物肥料又有菌、菌复合,也有菌和各种添加剂复合。

我国目前市场上出现的品种主要有固氮菌类肥料、根瘤菌类肥料、解磷微生物肥料、硅酸盐细菌肥料、光合细菌肥料、芽孢杆菌制剂、分解作物秸秆制剂、微生物生长调节剂类、复合微生物肥料、与PGPR类联合使用的制剂以及AM菌根真菌肥料和抗生菌5406肥料等。

(二)生物肥料的作用

生物肥料(微生物肥料)的功效是一种综合作用,主要是与营养元素的来源和有效性有关,或与作物吸收营养、水分和抗病(虫)有关。总体来说,生物肥料(微生物肥料)的作用为以下几点。

(1)增进土壤肥力　施用固氮微生物肥料,可以增加土壤中的氮素来源;解磷、解钾微生物肥料,可以将土壤中难溶的磷、钾分解出来,转变为作物能吸收利用的磷、钾化合物,改善作物的营养条件。

(2)制造和协助农作物吸收营养　根瘤菌侵染豆科植物根部,固定空气中的氮素。微生物在繁殖中能产生大量的植物生长激素,刺激和调节作物生长,使植株生长健壮,促进对营养元素的吸收。

(3)增强植物抗病和抗旱能力　微生物肥料由于在作物根部大量生长繁殖，抑制或减少了病原微生物的繁殖机会；抗病原微生物的作用，减轻作物的病害；微生物大量生长，菌丝能增加对水分的吸收，使作物抗旱能力提高。

(4)减少化肥的使用量和提高作物品质　使用微生物肥料后对提高农产品品质，如蛋白质、糖分、维生素等的含量有一定作用，有的还可以减少硝酸盐的积累。在有些情况下，品质的改善比产量提高好处更大。

(三)发展生物肥料的重要意义

1. 改善作物品质、提高作物产量

微生物肥料可将无机元素转化为有益于植物生长的有机化合物，改善土壤氧化还原条件，减低氮素脱氧和氧化过程，从而降低硝酸盐含量。多项试验表明，施用生物菌肥，蔬菜硝酸盐含量减少 25.44～4.3 mg/L，平均降低 19.09%；每 100 g 中维生素 C 含量平均提高 9.96 mg；糖分含量平均提高 0.66 mg/kg。施生物菌肥的稻米中蛋白质含量比对照组提高 0.05%～0.65%。植物根际促生细菌(PGPR)是微生物肥料的生命力所在，其促进植物生长的机制是产生生长素、抑制病原菌、根际固氮和分解难溶性磷、钾元素等。

可见，施用生物肥料不仅可以取得较好的增产和改善作物品质的效果，而且其经济效益也比较大。

2. 降低生产成本

生物肥料充分利用微生物的某种特征，以增加土壤中有效养分为目的。其施用量一般不大，在其生产过程中所消耗的能量也很少。施用生物肥料的同时还可减少化肥的施用量，因而节约了施肥成本。当然，由于生物肥料中微生物的活动需要大量的能量，如自生固氮菌每固定 27 kg 氮素就需要消耗 100 kg 碳，共生固氮菌更是每消耗 100 kg 碳只能固定 1 kg 氮素。所以，生物肥料必须是在施足有机肥和适量化肥的基础上才能发挥其增产效果，或者说生物肥料只能是作为辅助肥料，而不能代替化肥和有机肥。

3. 有效地利用大气中的氮素或土壤中的养分资源

据有关资料估计，全球每年生物固氮作用所固定的氮素(纯氮)大约为 13×10^8 kg/a，而工业和大气的固氮量则少于 5×10^8 kg/a，即依靠生物所固定的氮素是工业和大气固氮(如雷电对氮素的固定等)量之和的 2.6 倍。因此，开发和利用固氮生物资源，是充分利用空气中氮素的一个重要方面。从目前的研究结果来看，虽然微生物的固氮效率因土壤条件的不同而有较大差异，但这种作用的存在无疑是氮肥工业的一个有力补充。作物对土壤中磷、钾等矿质养分的利用能力较差，且磷、钾等肥料的利用率也较低。据有关研究结果，磷肥的当季作物利用率大多不到20%，钾肥的当季作物利用率一般亦在40%以下。从我国目前情况来看，磷、钾资源严重不足，特别是钾肥大量依靠进口，所以，如何将土壤中的无效态磷、钾转化成可供作物吸收利用的有效态养分，一直为广大研究者所关注，生物肥料的应用，无疑为其提供了前提条件。

4. 减少环境污染

当前，施肥所导致的环境污染问题已越来越受到人们的广泛关注。据有关资料显示，在我国主要湖泊的富营养化中，来自农业非点源污染的影响甚至超过了工业污染。化肥施入土壤后，除被作物吸收利用的部分外，还有相当部分通过渗漏、挥发及硝化与反硝化等途径损失，因此不可避免地导致对大气、水体及土壤等环境的污染，在能量和经济上也是一种浪费。而施用生物肥料如固氮类生物肥料，不仅可适当减少化学肥料的施用量（如前述施用肥力高可减少10%～30%的化学氮肥），而且因其所固定的氮素直接贮存在生物体内，相对而言，对环境污染的机会也就小得多。

5. 能在一定程度上改善土壤的理化性质

施用生物肥料，由于减少了化肥对土壤养分、结构等方面的不良影响，同时又使微生物的活动能力得到增强，所以在一定程度上改善了土壤的理化性质，并提高了土壤中某些养分的含量和有效性。同时，施用生物肥料还可促进土体“三化”的形成，即使土壤腐殖质含量明显提高而达到“腐殖化”、形成多功能的生理群、微生物区系而达到“细菌化”，显著改善土体结构使水气通畅而达到“结构化”。目前应用最多的是根瘤菌肥、固氮菌肥和固氮蓝藻等。

（四）常见生物肥料

1. 根瘤菌肥料

根瘤菌能和豆科植物共生、结瘤、固氮。用人工选育出来的高效根瘤菌株，经大量繁殖后，用载体吸附制成的生物菌剂称为根瘤菌肥料。具有专一性、侵染性和有效性的特点。

根瘤菌肥料多用于拌种，使用时可根据产品说明书采取适当方法。拌种时要掌握互接种族关系，选择与植物相对应的根瘤菌肥。

2. 固氮菌肥料

固氮菌肥料是指含有大量好气性自生固菌的生物制品。具有自生固氮作用的微生物种类很多，生产上广泛应用的是固氮菌科的固氮菌属。固氮菌肥料除具有固氮作用外，还可起生长调节作用。

固氮菌肥料适用于各种植物，特别是对禾本科植物和蔬菜中的叶菜类有一定的增产效果。可做基肥、追肥和种肥，施用量按说明书确定。做基肥时可与有机肥配合沟施或穴施，施后立即覆土；做追肥时把菌肥用水调成糊状，施于植物根部、覆土；做种肥时，加水混匀后拌种；对移栽植物，可采取蘸秧根的方法施用。

3. 磷细菌肥料

磷细菌肥料是指含有能强烈分解有机或无机磷化合物的磷细菌的生物制品。磷细菌还能促进土壤中自生固氮菌和硝化细菌的活动，在其生命过程中，能分泌激素类物质，刺激种子发芽和植物生长。

磷细菌肥料可做基肥、追肥和种肥。做基肥时可与有机肥料混合沟施或穴施，施后立即覆土；做追肥以菌液施于根部；做种肥可先将菌剂加水调成糊状，然后加入种子拌匀，阴干后立即播种。

4. 钾细菌肥料

是指含有能对土壤中云母、长石等含钾的铝硅酸盐及磷灰石进行分解，释放出钾、磷与其他矿质元素，改善植物营养条件的钾细菌的生物制品。

钾细菌肥料可做基肥、拌种或蘸秧根。做基肥与有机肥料混合沟施或穴施；拌种时将固体菌剂加适量水制成菌悬液或液体菌加适量水稀释，然后喷到种子上拌匀。

第三节 新型肥料

新型肥料的主要作用是能够直接或间接地为作物提供必需的营养成分；调节土壤酸碱度、改良土壤结构、改善土壤理化性质和生物学性质；调节或改善作物的生长机制；改善肥料品质和性质或能提高肥料的利用率。

一、控(缓)释肥料

(一)概念

缓释肥料是指采用物理、化学和生物化学方法制造的能使肥料中养分(主要是氮和钾)在土壤中缓慢释放，使其对作物的有效性明显延长的肥料。缓释期和缓释量无定量规定。

控释肥料是指采用聚合物包膜，可定量控制肥料中养分释放数量和释放期，使养分供应与作物各生育期需肥规律吻合的包膜复合肥和包膜尿素。

必须指出，国际上对缓释肥料与控制释肥料至今仍没有法定区分，两词常常混用。因此，我国也常以缓/控释肥料表示。但国际上一些学者遵循下列惯例，将微溶性合成化合物称为缓释肥料，将包膜，包裹与包囊的产品称为控释肥料。

(二)控(缓)释肥料的类型

目前,国际肥料市场上所出现的控(缓)释肥料主要有以下3种类型。

1. 有机合成微溶型缓释氮肥

包括醛缩尿素、草酰胺、异丁叉二脲(IBDU)和丁烯叉二脲(CDU)等有机态氮肥。该类肥料的养分释放缓慢,可以有效地提高肥料利用率,其养分的释放速率受到土壤水分、pH、微生物等各种因素的影响,人为调控的可能性小,其商品售价很高,市场发展速度较慢。

2. 包膜(包裹)类缓控释肥料

通过包膜、包裹、包囊、涂层等物理方法,达到延长肥效的肥料。如包硫尿素、聚合物包膜肥料、肥料包膜的包裹型肥料、涂层肥料,以及将速溶性肥料与橡胶乳液、工农业废弃物混炼所形成的包囊肥料。其中,硫衣尿素(SCU)是最早诞生的无机包裹类缓控释肥料,具有以肥包肥的特点。高分子聚合物包膜缓(控)释肥料的膜耐磨损,缓释性能良好。入土后肥料的养分释放主要受温度的影响,其他的因素影响较小,能够实现作物生育期内一次性施肥,明显减少了农业劳动量,提高生产率。

3. 胶结型有机-无机缓释肥料

这种肥料用各种具有减缓养分释放速率的有机、无机胶结剂,通过不同的化学键力与速效化肥结合,所产生的释放速率不同于缓效化的一类肥料。

此外,缓释肥料还包括加工过的天然有机肥料,如氨化腐殖酸肥料、干燥的活性污泥及含作物养分的工农业废弃物加工的肥料。缓释肥料还包括可以延长肥效的硝化抑制剂、脲酶抑制剂等。

(三)控(缓)释肥料的优点

1. 养分释放慢,符合农作物的生长规律

这种由聚合物树脂包膜的颗粒控释肥料施用后,土壤或基质中的水分使膜内颗粒吸水膨胀,并缓慢溶解,扩散到膜外。肥料将在2～9个月的时间里(各类控释肥养分释放时间不一样)持续不断地释放养分。其释放速率受膜内外水汽压的控制,与土壤和基质的温度呈正相关,但在土壤或基质中水汽压达到饱和的情况下与土壤或基质的含水量无关。由于养分扩散的驱动力是温度和膜内外的浓度梯度,因此,当温度升高时,植物生长加快,包膜控释肥释放速率也随之加快;当温度降低时,植物生长变缓或休眠时,包膜控释肥也随之变慢或停止释放。另一方面,作物吸收养分多时,控释肥颗粒膜外侧浓度下降也快,造成膜内外浓度梯度增大,控释肥释放速率也就加快,从而使其养分释放模式与作物需肥规律相一致,使营养元素发挥了最大的肥效或利用率。

2. 省钱

每667 m^2 只需20～25 kg，折合人民币60～70元，便可满足农作物一季所需，而且达到高产。如玉米，在高产条件下，每667 m^2 基施需17.1%的氮肥75 kg左右，12%磷肥50 kg左右，追肥又需施尿素15 kg左右，共计约80元。

3. 省力

控(缓)释肥料被外国人称之为智能肥或傻瓜肥。由于包膜控释肥可做种肥或基肥一次施入，可减少每667 m^2 2个追肥劳动用工日以上，折合人民币100～240元。既可省去各种作物追肥用工，又可不延误时机，扩大耕作面积。

4. 作物营养平衡，抗病能力强，质优且增产

根据各地的土壤情况配制的控(缓)释肥科学合理，既满足作物一生营养需要，又不会造成单一养分过剩。作物营养摄入全面、均衡、充分，早期不余肥，后期不脱肥，所以抵抗能力强，品质优良，而且还增产。

5. 减少能源浪费，利于环保

常规化肥的有效利用率一般不超过40%，但控(缓)释肥因为是缓慢释放养分，正常情况下的作物吸收率能高达70%以上，所以浪费极少。既为社会节约能源，又不会因为施入到农田中的肥料，很大部分被地表径流或其他方式流失到环境中，导致环境的恶化。如氮素的挥发导致酸雨，可直接损害植被或酸化湖泊而使鱼类和植被铝中毒；地表水体的富营养化，使水体中藻类大量繁殖而使鱼类窒息死亡；有的进入地下水，使地下水水质变坏，而使人类产生很多疾病，如甲状腺肿以及心脏病和胃病等。

综上所述，在目前对农业清洁生产、食品品质安全和生态环境越来越重视的情况下，控(缓)释肥的施用范围非常广泛，前景非常广阔，是当前全球化肥发展的必然走向。

控(缓)释肥具有减少养分流失、肥效长、利用率高、减少环境污染，一次性施肥代替多次追肥。其特点如下所述。

(1)养分足　各种营养元素科学搭配，能满足农作物生产过程对各种营养元素的需求。含N,P,K及多种中量、微量元素。

(2)肥效持久　控(缓)释长效复合肥的养分释放与农作物营养需求趋于平衡状态，使作物“吃饱不浪费”，减少肥料淋溶、径流及挥发等损失，保证农作物各生长时期对营养的需求。

(3)性能优异　控(缓)释肥沃土肥田，改善土壤结构，使板结老化的土壤恢复活力，可明显促进作物生长，增强作物的抗逆性，提高产品的质量和产量。

(4)种类齐全　目前已投入市场的控(缓)释长效复合肥有适宜大豆、玉米、水

稻、白瓜、甜菜等多种作物的肥料。

(5)肥效高　经实践证明,控(缓)释长效复合肥的肥效好于多种常规复合肥料。

(四)控(缓)释肥料的施用

由于过量施入的氮肥,大多逸散于大气中或淋失于水体;过量施入的磷肥大多固定在土壤中。因此,缓释、控释肥料主要是针对氮肥,而磷肥主要是促释。据中科院地理科学与资源研究所环境修复中心主任陈同斌博士介绍,在北方地区不论施入任何形式的磷肥(水溶性、枸溶性),不论在高产田、低产田,土壤水中磷酸根的含量仅 0.3～0.4 mg/kg,甚至更低。为此,华南农业大学资环学院廖宗文教授提出缓释、控释要双向调节,对氮肥主要是控释,而对磷肥要注意促释。他开发的磷矿粉、磷铵活化方法,其目的在于促释磷素,提高磷肥利用率。

(1)化学合成控(缓)释肥的施用　常用的有脲甲醛、草酰胺等。由于养分释放慢,一般做基肥一次性放入。对生育期短的作物,配合适量的化学肥料。目前主要用于花卉、草坪、观赏植物、苗床和部分果树和蔬菜等。

(2)包膜(裹)控(缓)释肥的施用　常用肥料有硫衣尿素、钙镁磷肥包被碳酸氢铵等。可一次性施入做基肥,前期配施适量化肥。适用于各种植物,肥效优于水溶性氮肥。

二、长效钾肥

长效钾肥是由钾长石、石灰石、黏土矿物等组分组成,并经粉碎、混合、加热、制成直径约 3 mm 的颗粒。它以天然矿物为原料,生产成本低廉,生产程序简单,对环境无污染,较化肥肥效持久,并可改良土壤,优化土质,使粮食获得高产、稳产。

目前有关长效钾肥的研究较少。美国生产的偏磷酸钾(0－60－40)、聚磷酸钾(0－57－37)是两种主要的长效钾肥,二者均不溶于水,溶于 2%柠檬酸,在土壤中不易淋失,可以逐渐水解,对植物不产生盐害。肥料与氯化钾、硫酸钾相当或略低。

另外,用不同工艺制成的熔成钾磷肥及用石英粗面岩经氢氧化钾处理的硅酸铝钾肥等都不溶于水,而溶于 2%的柠檬酸,能抑制作物早期的奢侈吸收,减轻肥料的淋失和浓度过高所造成的危害,是具有一定发展前途的缓效性钾肥。

三、新型水溶肥料

水溶性肥料,作为一种新型肥料,是一种可以完全溶于水的多元复合肥料。它能迅速地溶解于水中,更容易被作物吸收,其吸收利用率相对较高,更为关键的是它可以应用于喷、滴灌等设施农业,实现水肥一体化,达到省水、省肥、省工的效能,是我国目前大量推广应用的一类新型肥料。

(一)水溶性肥料的性质与应用

为了识别各种水溶性肥料中的不同组成成分，人们一般用 N - P_2O_5- K_2O+TE 或 ME，来表示水溶性肥料中的不同配比。如 20 - 20 - 20＋TE，则表示这个牌号的水溶性肥料中的总氮含量是 20％，五氧化二磷的(P_2O_5)含量是 20％，氧化钾(K_2O)的含量是 20％。TE 则表示肥料中含有微量元素。

新型水溶肥料是我国目前大量推广应用的一类新型肥料。主要分为清液型、氨基酸型、腐殖酸型和生长调节剂型等。

1. 水溶性肥料的性质

(1)清液型水溶肥　是多种营养元素无机盐类的水溶液。一般分为微量元素水溶肥料和大量元素水溶肥料。一般要求所含营养元素的总量不少于 10％。

(2)氨基酸型水溶肥　以氨基酸为络合剂加入各种营养元素组成。一般微生物发酵制成的氨基酸水溶肥中，氨基酸含量不低于 8％；水解法制成的氨基酸水溶肥中，氨基酸的含量不低于 10％；二者中微量元素含量均不低于 4％。

(3)腐殖酸型水溶肥　以黄腐酸为络合剂加入各种微量元素制成。技术要求同氨基酸型水溶肥。

(4)生长调节剂水溶肥　是在以上 3 种水溶肥的基础上，加入生长调节剂和叶面展着剂制成的水溶肥料。

2. 水溶性肥料的应用

水溶性肥料不但配方多样而且使用方法十分灵活，一般有 3 个方面的应用。

(1)滴灌、喷灌和无土栽培　在一些沙漠地区或极度缺水的地方、规模化种植的大农场及高品质、高附加值经济作物种植园，人们往往用滴灌、喷灌和无土栽培技术来节约灌溉水并提高劳动生产效率。这叫做“水肥一体化”，即在灌溉的时候，肥料已经溶解在水中，浇水的同时也是施肥的过程。这时，植物所需要的营养可以通过水溶性肥料来获得，既节约了用水，节省了肥料，又节省了劳动力。即水溶性肥料最大的优点——节水、省肥、省工。

(2)土壤浇灌　通过土壤浇水或灌溉的时候，肥料先行混合在灌溉水中，这样可以让植物根部全面地接触到肥料。通过根的作用把化学营养元素运输到植株的各个组织中。

(3)叶面施肥　把水溶性肥料先行稀释溶解于水中进行叶面喷施，或与非碱性农药(常用大部分农药都是非碱性的)一起溶于水中进行叶面喷施，通过叶面气孔进入植株内部。对于一些幼嫩的植物或根系不太好的作物，出现缺素症状时是一个最佳纠正缺素症的选择，极大地提高了肥料吸收利用效率，缩短植物营养元素在植物内部的运输过程。

(二)水溶性肥料的特点

(1)营养全面　一般而言,水溶性肥料可以含有作物生长所需要的全部营养元素,如N,P,K,Ca,Mg,S以及微量元素等。这样一来,人们完全可以根据作物生长所需要的营养需求特点来设计配方,科学的配方不会造成肥料的浪费,使得其肥料利用率差不多是常规复合化学肥料的2～3倍。

(2)肥效快　水溶性肥料是一种速效肥料,可以让种植者较快地看到肥料的效果和表现,随时可以根据作物不同长势对肥料配方做出调整。

(3)施用方法简便、效果好　水溶性肥料的施用方法十分简便,它可以随着灌溉水包括喷灌、滴灌等方式在进行灌溉时施肥,既节约水,又节约肥料,而且还节约劳动力。这在劳动力成本日益高涨的今天,使用水溶性肥料的效益是显而易见的。由于水溶性肥料的施用方法是随水灌溉,所以使得施肥极为均匀,这也为提高产量和品质奠定了坚实的基础。

(4)使用安全　水溶性肥料一般杂质较少,电导率低,使用浓度十分方便调节,所以,它即使对幼嫩的幼苗也是安全的,不用担心引起烧苗等不良后果。

(三)水溶性肥料使用方法

主要用于做叶面喷施和浸种,适用于多种作物。

(1)叶面喷施　喷施浓度一般可参考肥料包装上的推荐浓度,每公顷喷施600～750 kg;多数在苗期、花蕾期和生长盛期施用。

(2)浸种　一般用水稀释100倍,浸种6～8 h,沥水晾干后即可播种。

四、新型复混肥料

新型复混肥料是在无机复混肥料的基础上,添加有机物、微生物、稀土等填充物而制成的一类复混肥料。

(一)有机-无机复混肥料

1. 概念

是指来源于标明养分的有机和无机物质的产品,由有机和无机肥料混合或化合制成。

有机物质大都采用加工过的有机肥料(如畜禽粪尿、城市垃圾、污泥、秸秆、木屑、食品加工废料等)及含有机质的物质(草炭、褐煤、风化煤、腐殖酸等),还有的加入微生物菌剂和刺激植物生长的物质,称其为有机活性肥料或生物缓效肥;无机营养部分主要是化学肥料。严格意义上有机-无机复混肥不属于有机肥,它是介于有机肥和无机肥之间的一种新型肥料,具备有机肥和无机肥的双重特点。

随着经济的发展，城乡的固体有机废弃物大量增加。在提供了丰富有机肥源的同时，也带来了环境污染和资源浪费问题。因此，通过对有机肥料进行工厂化加工，浓缩有效成分，减小肥料体积，方便贮运和施用，是有效利用有机肥源和减少环境污染的重要措施。添加无机肥料后又可以调控养分供应种类与数量，使有机-无机复混肥料成为资源高效利用技术的良好物化载体。

表 7-2 有机-无机复混肥的技术要求

项目	指标
总养分($N+P_2O_5+K_2O$)①/%	≥15.0
水分 H_2O/%	≤10.0
有机质/%	≥20
粒度(1.00～4.75 mm 3.35～5.60 mm)/%	≥70
酸碱度(pH 值)	5.5～8.0
蛔虫卵死亡率/%	≥95
大肠菌值	≤10^{-1}
氯离子(Cl^-)②/%	≤3.0
砷及其化合物(以 As 计)/%	≤0.005 0
镉及其化合物(以 Cd 计)/%	≤0.001 0
铜及其化合物(以 Cu 计)/%	≤0.015 0
铬及其化合物(以 Cr 计)/%	≤0.050 0
汞及其化合物(以 Hg 计)/%	≤0.000 5

注：①标明的单一养分含量不低于 2.0%，且单一养分测定值与标明值负偏差的绝对值不大于 1.0%；②如产品 Cl^- 含量大于 3.0%，并在包装容器上标明"含氯"，该项目可不做要求。

2. 有机-无机复混肥的优点

(1)提高肥料无机养分利用率，改良土壤　有机-无机复混肥与无机复混肥的根本区别在于前者有一定量的有机成分，起到既营养植物又培肥土壤的双重功效。

(2)养分均衡，肥效延长　有机、无机养分的合理比例对肥效有重要的影响。这种影响主要表现在养分的供应强度和持久性上。适当的比例，可使有机-无机复混肥具有适宜的供肥强度，又能维持较长时间，能克服无机复合肥供肥大起大落和农家肥供肥强度不足、肥效慢的特点。通过调节有机、无机养分比例，使供肥过程与作物生长的各阶段的需要相适应。

(3)培肥土壤　有机-无机复混肥中的有机组分氨基酸、生长激素、卵磷脂、核酸以及酶类等具有活化作用、生理调节作用和改土培肥作用。长期使用，可在一定程度上弥补土壤有机质消耗，提高土壤肥力水平。

3. 有机－无机复混肥的施用方法

一是做基肥，旱地宜全耕层深施或条施；水田先将肥料均匀撒在耕翻前的湿润土壤表面，耕翻入土后灌水，耕细耙平；二是做种肥，可采用条施或穴施，可将肥料与1～2倍细土拌匀，再与种子搅拌，随拌随播。

(二)复混专用肥

复混专用肥是指采用平衡施肥技术原理，根据植物的需肥规律和不同地区的土壤肥力，借助现代化复混肥生产设备和工艺，将植物所需养分经造粒等工艺流程而制成的一类新型肥料。

1. 复混专用肥种类

以肥料形态划分，包括固体专用肥和液体专用肥。目前我国主要以固体专用肥为主，液体专用肥品种少、产量低、发展慢。固体专用肥根据其制造工艺分混合（配成）专用肥和掺和（混成）专用肥。

(1)混合专用肥　是将几种单质肥料或单质肥料与化成复合肥料按工艺配方混合造粒而成。配成过程中可产生部分化学反应。

(2)掺和专用肥　即BB肥。是把颗粒化的不同类型的单质或复合肥料，按需求的养分比例进行物理混配。目前，大多采用这种方式生产专用肥，是专用肥发展的方向。

2. 复混专用肥的特点

专用肥是在考虑特定的土壤、植物需肥规律和使用地区的气候、耕作方式等因素的情况下研制而成的，具有较强的针对性和地域性；专用肥是根据需要进行配制，所以养分比例灵活配制，真正实现平衡施肥；专用肥克服了盲目施肥和过量施肥的弊端，减少化肥的流失，有利于环境保护。同时，专用肥不是一成不变的，而是随着土壤、植物、环境因素的变化而不断调整配方。

3. 复混专用肥的施用

由于土壤条件、植物种类、环境条件等不同，施肥一般根据作物目标产量和土壤肥力状况而定；一般用作基肥；若做追肥可采用沟施、穴施等方式，一般需要早期施用。施肥深度在10～20 cm，提倡分层施用；做种肥要做到种、肥分离，间隔5 cm以上。

(三)微生物复混肥

1. 微生物复混肥的概念

微生物复混肥是指两种或两种以上的微生物，或一种微生物与其他营养物质复配而成的肥料。微生物复混肥料有两种类型:一是菌与菌复合的微生物肥料;可以是同一微生物菌种的复合,也可以是不同微生物菌的复合;二是菌与各种营养元素或添加物、增效剂的复合微生物肥料。采用的方式有:菌与大量元素复合、菌与微量元素复合、菌与植物生长激素复合等。

2. 微生物复混肥的特点

(1)富含有益微生物菌群,适应力强,易发挥种群优势　生物复合肥中含有发酵菌和功能菌,一般按有机肥料用量施入,加入土壤中的微生物数量大于一般的微生物肥料。与有机肥料的复合,为菌群施入土壤后的活动提供了丰富的能源物质,利于微生物繁殖和优势种形成提供了有利条件。具有营养功能强,促生效果好,肥效高等特点。

(2)施用方便,养分齐全,富含有机质和生理活性物质　微生物复合肥养分齐全,有机质含量高,较农家肥体积小,施用方便;生产过程中需将有机物发酵,能产生大量生理活性物质,施入土壤后促生效应明显。

(3)符合生态农业的发展方向　发展微生物复合肥料,可有效地利用有机资源,减少化肥用量,改善农产品品质,符合生态农业的发展方向。

3. 微生物复混肥的施用方法

每公顷用复合微生物肥料 15～30 kg,与有机肥料或细土混匀后沟施、穴施、撒施做基肥;果树或园林树木幼树每棵 200 g,环状施用,成年树每棵 0.5～1 kg,放射状沟施;每公顷用肥 15～30 kg,对水 3～4 倍,移栽时蘸根或栽后灌根;每平方米苗床土用肥 200～300 g。

技能训练　高温堆肥的积制

一、技能目标

了解高温堆肥积制有机肥的方法,材料选择和搭配,场地的选择,使学生熟练掌握高温堆肥的积制技术。

二、实验材料

秸秆、落叶、绿肥、草炭、农作物茎秆、玉米秆、人畜粪尿、杂草、垃圾污泥、铁锹和园土等。

三、方法原理

高温堆肥就是将人粪尿、禽畜粪尿和秸秆等堆积起来，使细菌和真菌等大量繁殖，细菌和真菌等可以将有机物分解，并且释放出能量，形成高温，促进农作物茎秆、人畜粪尿、杂草、垃圾污泥等堆积物的腐熟。由于高温堆肥过程中形成高温，对杀灭其中的病菌、虫卵和杂草种子等，具有一定的作用。

高温堆肥堆置方法与普通堆肥相同，但必须加入特定的具有促进腐熟作用的微生物，以促进秸秆、粪尿的快速腐熟和分解。高温堆肥一般经过发热、高温、降温、腐熟等几个阶段。一般秸秆 12 d 左右、人畜粪尿 7 d 左右即可充分腐熟。

四、训练操作规程

1. 场地选择处理

选择地势平坦，距水源较近的田间地头、空地或粪池旁边，运输方便的地方，肥堆大小视场地和材料多少而定，将地面捶实。如果秸秆过多或新鲜秸秆，可就近在田头地边、村旁不流水、不积水的浅沟、洼地堆制，再多的秸秆也能利用，但要高出地面。

2. 备料配制

堆肥材料包括秸秆、人畜粪尿和细土，其配比为 3∶2∶5，配料时加入 2%～5%的钙镁磷肥混合堆沤。秸秆切碎至 3～5 cm 便于腐熟，材料 C/N 比根据当地情况适当调整。

3. 堆制

在底部铺上一层干细土，在上面铺一层未切碎的玉米秆作为通气床(厚约 26 cm)，再在上面分层堆积材料，每层厚约 20 cm，并逐层浇入人粪尿(下少上多)。为保证堆内通气，在堆料前按一定距离垂直插入木棍，使下面与地面接触，堆完后拔去木棍，余下的孔道作为通气孔。堆制过程中没有木棍可用玉米秸秆代替，封堆后秸秆不用抽出。按肥料比例混合后，调节水分为湿重的 50%，一般以手握材料有液滴出为宜，在肥堆四周挖深 30 cm，宽 30 cm 的沟，把土培于四周，防止粪液流失。最后，用泥封堆 3～5 cm。

4. 堆后管理

堆好后 2～8 d，温度显著上升，堆体逐渐下陷，当堆内温度慢慢下降时，进行翻堆，把边缘腐熟不好的材料与内部的材料混合均匀，重新堆起。如发现材料有白色菌丝体出现，要适量加水，然后重新用泥封好，待达到半腐熟时压紧密封待用。

五、分析思考

(1)高温堆肥有什么优点？

(3)为何堆肥中需要设置通气管？

单元小结

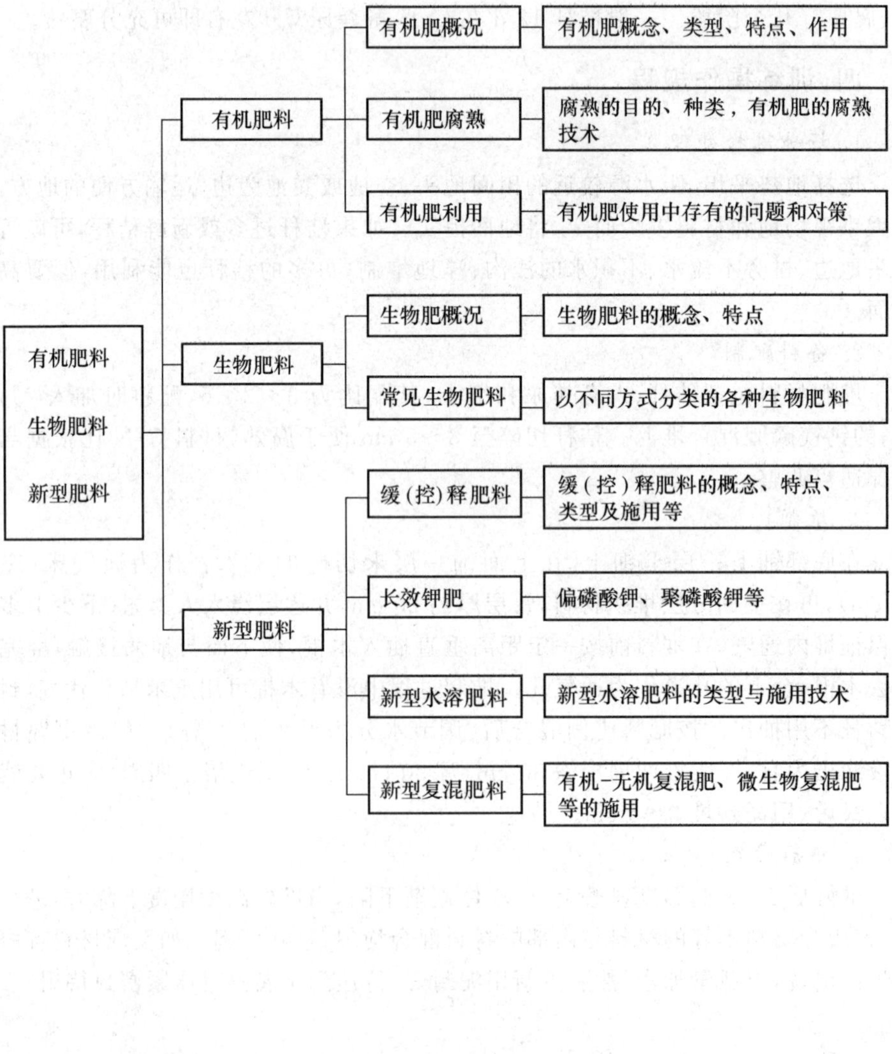

学练结合

➢名词解释

有机肥料 生物肥料

➢填空题

1. 有机肥料按其来源、性质及积制方法一般可分为________、________、________和________ 4 大类。

2. 堆肥腐熟经过________、________、________和________ 4 个阶段的变化。

➢判断题

1. 厩肥是指以家畜粪尿为主，加入作物秸秆、草炭或泥土等垫圈材料积制而成的有机肥料。( )

2. 堆肥是秸秆、杂草、绿肥、泥炭、垃圾等与人畜粪尿在厌气条件下堆腐而成的有机肥料。( )

3. 腐熟度并不是堆肥腐熟的程度。( )

4. 轮作绿肥是在同一块田内将农作物和绿肥作物周期性地逐年依序循环种植。( )

5. 间作绿肥是在主作物的株行间与主作物同时种植的绿肥作物。( )

6. 插种绿肥是在主作物换茬的短暂空隙种植一次生长期较长的绿肥作物。( )

7. 混种绿肥是多种绿肥作物按任意比例混合或相间种植在同一块地里。( )

8. 堆肥中的有机质经过矿化、腐殖化过程以后，最后达到完全稳定。( )

9. 单作绿肥不属于绿肥的栽培方式。( )

10. 秸秆还田对土壤养分的激发效应，并不能活化土壤潜在养分，促进土壤有机质更新。( )

11. 秸秆 C/N 高，可将无机氮转化为有机氮。( )

12. 秸秆还田为土壤固氮微生物提供充足的能源，提高土壤生物固氮量。( )

13. 堆肥原料或发酵初期，pH 为弱碱性到中性，一般 pH 为 8～9。而腐熟的堆肥，一般呈弱酸性，pH 值在 6.5～7.5。( )

14. 复混肥料是复合肥料与混合肥料的总称，指肥料中的养分元素有两种或两种以上。( )

15. 复混肥料总养分量是指复混肥料中 N - P_2O_5 - K_2O 含量百分比的总和。(　　)

16. 复混肥料养分含量表示方法:一般用 N - P_2O_5 - K_2O 的百分含量表示。(　　)

17. 复混肥按养分种类的多少可分为二元复混肥料、三元复混肥料和多元复混肥料。(　　)

18. 以磷、钾养分为主的复混肥,应直接施于根系,含铵态氮、酰胺态氮的品种在旱地和水田都可使用,但应深施覆土,含硝态氮品种的宜施于水田。(　　)

19. 复混肥料所含养分能满足不同施肥技术的要求。(　　)

➢单选题

1. 有机肥料的特点是(　　)。

A. 不完全肥料　B. 含无机质　C. 肥效快　D. 养分含量少

2. 有机肥料在分解过程中通过(　　)将养分释放出来,供作物生长发育的需要。

A. 矿化作用　B. 腐殖化作用　C. A 和 B 都对　D. A 和 B 都不对

3. 有机肥料加入土壤后,会加快或减慢土壤原有有机碳分解的作用,这表现为有机肥料的(　　)。

A. 缓冲作用　B. 激发效应　C. 同化效应　D. A,B,C 都不是

4. 堆肥的前期以(　　)为主,后期以(　　)为主。

A. 风化　B. 腐殖化　C. 矿化　D. 酸化

5. 堆肥原料或发酵初期,pH 值为(　　),而腐熟的堆肥,一般呈(　　)。

A. 弱酸性到中性　B. 弱酸性　C. 强碱性　D. 弱碱性

➢问答题

1. 有机肥料腐熟的关键要点?

2. 有机肥料堆腐时堆内温度如何变化?微生物活性对其影响如何?

3. 试述有机肥利用中存在问题及相应对策。

单元八　合理施肥

◎ 学习目标

知识目标：

- 了解不合理施肥造成对水资源、土壤资源和大气环境的影响
- 结合当地实际，熟悉施用化肥和有机肥对农产品安全的影响
- 了解当地农产品质量安全保障措施的应用
- 结合当地实际，能合理采用配方施肥技术和环保型施肥技术
- 了解精确施肥技术

技能目标：

- 当地由于施肥不合理造成环境污染的典型调查
- 能积极推广合理施肥新技术

第一节　合理施肥与环境

合理施肥是指在一定的气候和土壤条件下，为栽培某种作物所采用的正确的施肥措施。包括有机肥料和化学肥料的配合，各种营养元素的比例搭配、化肥品种的选择、经济的施肥量、适宜的施肥时期和施肥方法等。合理施肥对提高作物产量、改善品质以及净化与保护生态环境、实现农业可持续性发展的重要作用是不可替代的，而施肥不合理带来了诸多的环境问题，施肥对环境的影响有以下几个方面。

一、施肥对水资源的影响

(一)土壤中硝态氮的淋洗与地下水污染

氮肥在施用后，一般利用率不超过50%，除被植物吸收一部分外，经过还原和淋溶后渗入地下水。氮肥对水源的污染主要是NO_3^-，因为NO_3^-带负电荷，不能被以带负电荷为主的土壤胶体所吸附，移动性很大，极易随水移动。

大量的调查结果显示，氮肥消耗量与地下水中硝态氮含量呈正相关趋势。施入土壤的肥料氮，在降水和灌溉水的作用下，部分直接以化合物形式(尿素)淋洗到土壤下层，大部分最终以可溶性的硝态氮、亚硝态氮和铵态氮形式淋洗到土壤深处。农田氮素淋失以硝态氮为主，亚硝态氮次之，铵态氮只占很小比例。

张维理等(1995)在对北方地下水硝态氮污染情况的调查中发现，我国北方某些地方在蔬菜上年施氮为1 000～1 900 kg/hm^2，而全年作物吸收的只有 21%～36%，其中 64%～74%的氮残留于土体继而损失。其中极大部分是以氨挥发和硝态氮的反硝化损失(气态)，或以硝态氮的淋失进入地下水。他们的 11 个地下水(井水)样本是采自蔬菜地，其中就有 8 个样本的硝酸盐严重超标(75～180 mg/L)，超标率达 73%。报告还特别指出：唐山路北区许郢子村的 3 个井水样所在的菜地只施有机肥，基本不施无机肥，井水样硝酸盐含量分别为 100，150，180 mg/L，100%的严重超标，证明导致地下水超标的硝态氮并不只是无机氮肥"惹的祸"，有机肥多了一样是"祸害"。

(二)磷肥施用与水体富营养化

在我国，地表水的富营养化已经造成一系列环境问题。氮和磷是引起水体富营养化的两大主要元素。因此，水体中无机态氮和无机态磷成为水体富营养化的最重要指标，世界各国不尽一致，但大体是按照表 8-1 进行划分的。

表 8-1　水体富营养化氮、磷划分标准　　mg/L

项目	贫营养化	中营养化	富营养化
无机态总氮	<0.1	0.1～0.5	>0.5
无机态总磷	<0.001	0.001～0.03	>0.03

想一想

"赤潮"现象、"水华"现象产生的原因是什么？

磷对富营养化作用往往起着关键作用。磷污染水域的主要途径是水土流失，是农田磷损失的主要途径，也是农田磷进入水体的主要途径。同一土壤上，施在旱作上的磷肥所增加的径流磷损失远远小于施在水稻作物上。相近用量情况下，水田径流中磷的损失比旱作施磷高出数倍。

二、施肥对土壤资源的影响

随着工农业生产的发展，工业"三废"剧增以及农药、化肥的大量使用，加之管理不善，进入土壤的有害物质逐年增多，致使有毒、有害物质在土壤中的含量达到危害植物正常生长发育的程度，并通过食物链的传递，从而影响到人类的健康。

(一)氮肥与土壤硝酸盐的积累

铵态氮在土壤通气的情况下，经土壤微生物的作用可转化为亚硝酸盐，若进一步氧化则可形成硝酸盐。如果氮肥施用过多，可造成作物贪青，甚至倒伏，并且在土壤中转化为硝态氮的含量会明显增加。作物从土壤中要吸收大量的硝态氮，导致作物体内的硝酸盐含量迅速增加并在体内积累。土壤中施用的不同形态的氮肥都会随土壤水分淋失，其中以硝酸盐为最多，亚硝酸盐次之，铵态氮只占很小比例。

(二)磷肥施用的重金属及放射性污染

(1)重金属污染　镉是土壤环境中重要的污染元素。由于磷矿中含有少量镉及其他重金属，在加工过程中，这些重金属有 60%～95%会转移到磷肥中。土壤中镉的来源主要有两方面，一是来自降雨(含酸雨)，二是来自磷肥。

(2)放射性污染　磷肥中可能的放射性污染是由于磷矿中可能含有多种放射性物质，如铀、镭、钍以及它们的衰变产物。在生产磷铵时，磷酸中的铀进入肥料；在生产普钙时，则全部存在于磷肥中。

(三)施用有机肥料与土壤重金属污染

有机肥料中成分复杂，或多或少都会有重金属组分。这是因为畜禽饲料的添加剂、人用的药剂、各种包装品及日用品的金属材料的污染、垃圾和污泥中都含有较高的重金属。堆肥制造过程不仅使有机物料脱水，还可使重金属活化。因此，有机肥的问题比较复杂。从生态安全和充分利用自然资源来看，有机堆肥、污泥堆肥是必须开发利用的。但因为其使用量很大，其所含的重金属的危险性就更大。一定要标准化处理，并要有严格的法规和产品质量标准。建议含重金属的肥料主要用在林木、草坪、花草及木本果树或食用种子的作物上，蔬菜和一年生的瓜果作物上应谨慎使用。

三、施肥对大气环境的影响

(一)施肥与全球变暖

温室效应使全球变暖的问题已引起广泛重视。造成温室效应的气体主要是二氧化碳、一氧化碳、甲烷、氧化亚氮(N_2O)、氧化氮(NO)、氯氟烃、水蒸气等。温室气体浓度的增加可能会产生如下重要影响：平均气温增加、雨量和蒸发量的比例改变、导致农业－生态带的位移、海平面上升。全球变暖的影响因地区不同而有很大差异，从整体来看，不利的影响可能大于有利的影响。

施肥与全球变暖的关系问题是一个新的问题，也是一个重大问题。因为施肥是农业生产中的一个经常性的重要措施。施肥对全球变暖的影响主要是通过产生温室气体来进行的。受施肥影响最大的温室气体主要是氧化亚氮和甲烷。

稻田中甲烷的产生主要是施用绿肥、秸秆、厩肥等有机肥的结果。土壤有机质本身也能产生一定量的甲烷。我国 N_2O 排放量的三大来源是:土壤本身、氮肥施用和生物体燃烧。其中氮肥来源约占 1/5。但随着耕地面积的减少,土壤本身的排放总量可能减少。因氮肥用量增加和燃烧生物体数量增加,这两方面对 N_2O 排放量的贡献份额可能会增加。

由于全球变暖问题的重要性,对各种温室气体排放规律的研究已引起广泛重视。关于温室气体排放量,由于各有关参数尚未充分建立,各种估测数据还不可避免地存在着很大误差(表 8-2)。

表 8-2 氮肥品种对 CH_4 排放通量的影响

处理	平均通量/[mg/(m²·h)]	相对量/%
不施氮肥	3.31	100
硫铵,100 kg/hm²	1.91	58
硫铵,300 kg/hm²	1.34	40
尿素,100 kg/hm²	3.07	93
尿素,300 kg/hm²	2.85	86

(二)氮肥施用与氮的气态氧化物

氮的气态氧化物包括氧化亚氮、氧化氮、二氧化氮、五氧化二氮和四氧化二氮等,其中最主要的是前 3 种。它们均有可能由化学氮肥在农田生态系统中通过生物化学作用而产生。与二氧化硫一样,气态氮化合物也能够形成酸雨,对水生生态系统和陆地生态系统造成危害。

氮肥的气态损失主要是通过氨的挥发和硝化、反硝化作用等途径,且二者具有一定的互补性。如果条件有利于氨挥发,反硝化损失量就小,反之,则反硝化损失量大。氨不仅可以加速水体富营养化,而且还可作为氧化亚氮和氧化氮的二次来源,也影响土壤中甲烷的释放。反硝化作用过程中释放出的氧化亚氮,对温室效应有强大的贡献力,1 分子的氧化亚氮的温室增温潜力是 1 分子二氧化碳的 290~300 倍。

(三)氮肥施用与甲烷和二氧化碳

施用氮肥能影响土壤中甲烷和二氧化碳的产生和释放。氮肥施用种类、方法与数量不同,对土壤中甲烷的影响也不同。在同等条件下施用硫酸铵和硝酸铵比施用尿素可减少稻田甲烷排放量的 12%~58.9%。氮肥深施能明显降低稻田甲烷的释放。随着农业集约化程度的提高，化肥的大量施用将会促进农田二氧化碳的排放。

第二节　合理施肥与农产品质量安全

一、施肥与农产品品质

(一)氮肥施用与农产品安全

农产品中与质量有关的含氮化合物有硝酸盐、亚硝酸盐、粗蛋白质、氨基酸、酰胺类和环氮化合物等。

1. 氮肥与农产品品质的关系

植物体内与品质有关的含氮化合物有蛋白质、必需氨基酸、酰胺和环氮化合物(包括叶绿素 a、维生素 B 和生物碱)、NO_3^-，NO_2^- 等。

适当供氮能明显提高产品中必需氨基酸的含量，而过量施氮时，必需氨基酸的含量反而会减少。人和动物如果缺乏必需氨基酸，就会产生一系列代谢障碍，并导致疾病。

通过施肥能够提高蛋白质的含量，但很少能影响蛋白质的组成，因为蛋白质组成主要受遗传基因控制。但施氮能改变植株的有些营养成分。

植物产品中的 NO_3^- 和 NO_2^- 含量是近年来引人注意的重要品质指标之一。NO_3^- 在人体内可还原成 NO_2^-，这种物质过量能导致人体高铁血红蛋白症，引起血液输氧能力下降。NO_2^- 盐还可与次级胺结合，转化形成一类具有致癌作用的亚硝胺类化合物。

2. 氮肥对农产品品质的影响

(1)对油粮棉作物品质的影响　增施氮肥能够提高小麦蛋白质含量、面包的烘烤质量；增加透明度、容重、面筋的延伸性、面粉的强度和面包体积；能使糙米产量、蛋白质含量增加；稻米垩白率和直链淀粉含量逐渐降低，胶稠度变短；会使油菜子粒中含油量减少等。

(2)氮肥对水果和蔬菜品质的影响　水果和蔬菜的品质分为外在品质和内在品质，外在质量通常包括外观、形状、颜色和有无瑕疵等；内在品质则有营养成分、口感等。氮肥对这些品质都有影响。

人体摄入的硝酸盐 73%～92%来自蔬菜和水果，因此，硝酸盐在蔬菜作物中的累积是硝酸盐累积成污染物的突出问题。中国农业科学院提出了我国蔬菜中硝酸盐评价分级标准(表 8-3)。

表 8-3 蔬菜硝酸盐分级评价标准

分级	含量/(mg/kg)	卫生评价	污染程度
一级	<432	生食允许	轻
二级	432～785	生食不宜。盐渍、熟食允许	中
三级	785～1 440	生食、盐渍不宜，熟食允许	重
四级	1 440～3 100	生食、盐渍、熟食均不宜，但不中毒	严重

对蔬菜来说，随着氮肥的增加，小白菜体内维生素 C 含量呈直线下降，可溶性总糖也呈下降的趋势。在高氮的情况下，谷氨酸、脯氨酸、甘氨酸、丙氨酸等的含量显著增加。番茄果实中维生素 C 和可溶性总糖的含量下降；可滴定酸度却显著增加。番茄的果实糖酸比下降，可口性差，品质变劣，果实肉汁化，不利于果实的运输。随着氮素水平的提高，蔬菜体内硝酸盐呈直线增加，但种类和品种之间差异较大。与评价标准比较，作为叶菜类的小白菜，施用低量氮肥其硝态氮的含量就超过四级限量，是一种强硝态氮富集作物；作为果菜类的番茄，即使高量氮肥，其食用部分硝态氮的含量仍低于一级限量，食用是安全的。对落叶果树，施氮肥过量影响色泽，延迟成熟并常使成熟期参差不齐，氮肥能降低维生素 C 和糖的含量。

(二)磷肥施用与农产品安全

1. 磷肥与农产品品质的关系

磷与植物产品品质有关的磷化物有无机磷酸盐、磷酸酯、植酸、磷蛋白和核蛋白等。增施磷肥对作物品质有如下作用：①提高产品中的总磷量；②增加作物绿色部分的粗蛋白质含量；③促进蔗糖、淀粉和脂肪的合成；④使蔬菜上市表观、果实大小、耐贮运、味道特性等都有所改善。

2. 磷肥对农产品品质的影响

(1)磷肥对粮食作物品质的影响　试验表明，增施磷可以显著增加小麦子粒中维生素 B_1 的含量，改良小麦面粉烘烤性能，但随着磷肥施用量的增加，小麦子粒蛋白质含量却降低。不过增施磷肥对产量的正效应大于它对蛋白质的负效应。因此，总的来说，增施磷肥仍然能增加小麦单位面积的蛋白质含量(表 8-4)。

表 8-4 磷肥对小麦子粒蛋白质含量的影响

施磷量(P_2O_5)/(kg/hm^2)	0	45	90
粗蛋白质含量/%	8.49	10.26	10.15
精蛋白质含量/%	8.15	9.94	9.05

随着施磷量的增加，谷子粗蛋白质含量增加，粗脂肪含量降低，支链淀粉及小米胶稠度增加。

(2)磷肥对油料作物品质的影响 油菜缺磷对油菜子粒的含油量影响很大。试验表明，磷肥对脂肪酸组成和蛋白质含量的影响较小。在缺磷的情况下施磷肥，可增加脯氨酸、精氨酸等氨基酸的含量。

(3)磷肥对水果品质的影响 试验表明，施用磷肥往往能促进花芽分化，减少果汁含酸量，提高糖酸比。对果树来说，磷肥的肥效通过土壤施用很难发挥，应该改用叶面喷洒或根外追肥的方法。但葡萄生长初期施用磷肥，能提高果实含糖量、促进成熟，因此葡萄施磷应以基肥为主。

(三)钾肥施用与农产品安全

1. 钾肥与农产品品质的关系

钾常被称作"品质元素"，它对作物品质的作用主要有：①改善禾谷类作物产品的品质；②促进豆科作物根系生长；③有利于蔗糖、淀粉和脂肪的积累；④提高棉花产量，促进棉绒成熟；改善烟叶的颜色、光洁度、弹性、味道和燃烧性能等。

2. 钾肥对农产品品质的影响

(1)钾肥对粮棉作物品质的影响 长期田间试验表明，施钾不仅能提高小麦千粒重，而且能改善面粉的烘烤性状。黑龙江农业科学院研究表明，施钾肥能提高大豆脂肪含量，减少大豆的蛋白质含量，但对大豆子粒中氨基酸影响较小。适量施钾不仅可使棉铃增大，也可通过增加纤维长度和强度而改善棉花品质。

(2)钾肥对蔬菜和水果品质的影响 大量的研究发现：施钾不仅能提高西瓜的糖含量，而且还能明显降低西瓜的酸度，大幅度提高糖酸比。施钾能使蔬菜中硝酸盐含量降低(表 8-5)。

表 8-5 钾肥对蔬菜中硝酸盐含量的影响 mg/kg

处理	茄子	菠菜	黄瓜	豆角	番茄	大白菜	平均值
对照	759.5	2 551	145	364.5	痕量	1 750	962.4
氯化钾	867.7	1 990	145	308.6	198	1 440	824.9
硫酸钾	717.6	1 849	120	308.6	198	1 550	790.5

果树缺钾，果实变小，产量减少，所以钾肥又称"果肥"。苹果、桃、梨缺钾，则着色不良；柑橘缺钾，果皮变薄，酸量减少，糖分提高，易腐烂，贮藏性下降。钾过剩则妨碍果树对氮的吸收，枝叶生长受抑制，易发生缺镁和缺钙症，从而有损果实产量和品质。钾和氮还能减少苹果贮藏中的腐烂率，延长其货架寿命。在葡萄浆果迅速生长始期、叶面喷施钾肥，能使果实含糖量增加 1.9%～2.5%。

(3)钾肥对烟草和茶叶品质的影响　增施钾肥能直接改善烤烟的香气质、香气量、燃烧性和引燃持火力,促进烟叶正常落黄成熟,提高烟叶的适抽性和黄烟率,增强烟株的抗病性和抗逆能力,增加烟叶产量、叶片面积、单叶重和改善叶色,并通过影响烟草的生物化学过程而改善烟叶的品质。

茶叶施用钾肥,既能增加茶叶产量,又能改善其质量。在施钾的茶树叶片里,多元酚、酸浸出物、咖啡因的含量增加。

(四)微量元素肥料施用与农产品安全

1. 微量元素与农产品品质的关系

许多微量元素是植物、人和动物体都必需的,农产品中微量元素的含量也是重要产品品质指标。微量元素影响着植物体内许多重要代谢过程,但它同时又是易于对植物产生毒害等不良影响的元素。因此,微量元素的供应必需适度。

2. 微量元素肥料对农产品品质的影响

增施不同的微量元素肥料,对农产品品质的影响不同。适度增施铁肥(主要是喷施),可以增加农产品的绿色叶片(如叶菜)中的含铁量;适度增施锰肥,可提高农产品中维生素(如胡萝卜素、维生素C)的含量;施用铜肥、锌肥和钼肥,可以相应地增加农产品的含铜量、锌量和钼量。同时,铜肥和钼肥的施用,还可以提高农产品蛋白质的含量和质量。适度增施硼肥,可提高蔗糖产量和含糖量。此外,食物和饲料中含锰量和含钼量是农产品的一种重要质量标准。

(五)有机肥料施用与农产品安全

大量的研究都表明,有机肥料对改善作物的品质具有重要的作用。有机肥料虽然养分含量低,但富含有机物质,养分齐全、肥效长久。可改善土壤理化性状,促进微生物活动,活化养分,为作物优良品质的形成创造良好的生长环境。有机肥与化肥配合施用,可通过改善植物营养和生长条件对其产品品质产生良好的影响。但不合理或长期使用未经无害化处理的畜禽粪肥、垃圾堆肥和污泥堆肥,有可能导致土壤重金属及有害虫卵的污染,进而影响农产品品质,并进入食物链威胁人畜的健康。

二、合理施肥与农产品质量安全保障措施

(一)建立和完善必要的政策和法规

完善政策和法规是保证农产品安全的重要举措。我国为适应经济全球化和加入世界贸易组织后对农产品安全的要求,保证国民的心身健康,先后出台了一系列措施以解决农产品安全问题。与此同时,国家有关部门加强农产品产地环境、农业投入品、农业生产过程、包装标志和市场准入五个环节的管理,建立和健全农产品

质量安全保障体系，即农产品质量安全标准、检测检验、质量认证体系，加强执法监督、技术推广和市场信息等工作。

(二)建立农产品安全生产基地

可将资源条件好、生产条件优越、商品量大、市场前景广的优势农产品集中到优势产区，通过各种措施促进土壤健康质量的改善，建立优质农产品生产基地，形成科学合理的农业生产布局，是提高农产品质量安全的重要途径之一，也是增强农产品国际竞争力的重要举措。

(三)提倡合理安全施肥

合理安全施肥不但能增加植物产量，而且能改善植物产品的营养品质、食味品质、外观品质，并改善食品卫生；合理安全施肥可以提高土壤营养、改善土壤结构、增进土壤“机体”健康、提高土壤对重金属离子的吸附，减轻重金属对农产品的污染；合理安全施肥可以提高化肥利用率，减少过量施用化肥对土壤环境造成的污染。安全合理施肥的主要措施有：①合理利用有机肥资源；②提高氮肥利用率；③注意磷肥合理施用；④合理补施微量元素肥料。

(四)强化农业产地环境保护

(1)控制污染物质进入农业产地　加强环境保护，创造良好的、能充分表现优质品种的生存环境是农产品优质化的基础。要严格控制未经处理的工业“三废”及城市生活垃圾和污水等废物进入农田。

(2)选用低毒高效农药，注意合理使用农药　要加强宣传、搞好培训，提高农民的质量意识和农药施用技术，大力推广生物农药和生物防治技术，是保护环境、提高农产品品质、实现生产无公害农副产品和绿色食品的重要措施。综合防治病虫草害，实行作物轮作、清洁田园、利用和引进天敌、实施生物防治都是较为有效的防治手段。

(3)选用抗逆品种，改进栽培措施　选用能在污染土壤中生长的植物品种，既对污染土壤中的污染物本身起到固化作用，也能开发利用受污染的土壤。在栽培中要尽量不使用催生剂和激素等，确保农产品品质安全。

第三节　合理施肥新技术

一、配方施肥技术

(一)配方施肥技术概述

1. 配方施肥的有关概念

这项技术是联合国在全世界推行的先进农业技术，是综合运用现代农业科技成果，根据土壤供肥性能、作物需肥规律与肥料效应，在合理施用有机肥的基础上，提出氮、磷、钾及中、微量元素等肥料的适宜用量和比例，以及相应的施肥技术，以满足作物均衡吸收各种营养，维持土壤肥力水平，减少养分流失和对环境的污染，最终达到高产、优质和高效的目的。肥料效应是肥料对作物产量的效果，通常以肥料为单位养分的施用量所能获得的作物增产量和效益表示。配方肥料是以肥料田间试验和土壤测试为基础，根据作物需肥规律、土壤供肥性能和肥料效应，用各种单质肥料和复混肥料为原料，配制成的适合于特定区域、特定作物的肥料。

2. 配方施肥技术的增产途径

(1)调肥增产增效　在不增加化肥投入的前提下，通过调整化肥氮、磷、钾的比例，起到增产增收的作用。

(2)减肥增产增效　在高产地区，习惯性施肥措施往往以高投入而获取高产出，造成肥料施用量居高不下。通过测土配方施肥技术的应用，适量减少某一肥料的用量，特别是氮肥的用量，以取得增产或平产的效果，实现增效的目的。

(3)补素增产增效　对于偏施重施单一品种肥料的地区，通过合理施用配方肥料，达到缺素补素的目的，可使农作物大幅度增产，从而实现增效。

(二)配方施肥技术的基本方法

配方施肥是一项科学性很强的施肥技术，它涉及植物、土壤、肥料和环境条件，各地推广的测土配方施肥的基本方法归纳起来有 3 大类 6 种方法。

1. 地力分区(级)配方法

是利用土壤普查、耕地地力调查和当地田间试验资料，把土壤按肥力高低分成若干等级，或划出一个肥力均等的田片，作为一个配方区，再应用资料和田间试验成果，结合当地的实践经验，估算出这一配方区内比较适宜的肥料种类及其施用量。这一方法的优点是较为简便，提出的肥料用量和措施接近当地的经验，方法简单，群众易接受。缺点是局限性较大，每种配方只能适应于生产水平差异较小的地区，而且依赖于一般经验较多，对具体田块来说针对性不强。在推广过程中必须结合试验示范，逐步扩大科学测试手段和理论指导的比重。

2. 目标产量配方法

目标产量配方法是根据作物产量的构成，由土壤本身和施肥两个方面供给养分的原理来计算肥料的用量。先确定目标产量，以及为达到这个产量所需要的养分数量，再计算作物除土壤所供给的养分外，需要补充的养分数量，最后确定施用多少肥料。包括养分平衡法和地力差减法。

(1)养分平衡法　养分平衡法是利用土壤养分测定值来计算土壤供肥量，然后再以斯坦福公式计算肥料的需要量：

肥料需要量=(作物总吸收量－土壤养分总供给量)/(肥料中养分含量×肥料当季利用率)

作物总吸收量=作物单位产量养分吸收量×目标产量

作物单位产量养分吸收量可由田间试验和植株地上部分分析化验或查阅有关资料得到。

土壤养分供给量(kg)=土壤养分测定值×0.15×校正系数

0.15为换算系数，即该养分在每667 m^2、15万kg表土中换算成kg/667 m^2的系数；

校正系数=(空白田产量×作物单位产量养分吸收量)/(土壤养分测定值×0.15)

这一方法的优点是概念清楚，理论上容易掌握。缺点是土壤是一个具有缓冲性的物质体系，土壤中各养分处于动态平衡之中，土壤能供给的养分，随作物生长和环境条件的变化而变化，而测定值是一个相对值，不能直接计算出土壤的"绝对"供肥量，需要通过试验获得一个校正系数加以调整，才能估计出土壤供肥量。由于土壤的缓冲性和气候条件的变化，校正系数的变异也较大，准确度差。

(2)地力差减法　作物在不施任何肥料的情况下所得的产量称空白田产量，它所吸收的养分，全部取自土壤。从目标产量中减去空白田产量，就是施肥所得的产量。按下列公式计算肥料需要量。

$$肥料需要量=\frac{[作物单位产量养分吸收量\times(目标产量-空白田产量)]}{(肥料中养分含量\times肥料当季利用率)}$$

这一方法的优点是不需要进行土壤养分的化验，避免了养分平衡法的缺陷，在理论上养分的投入与利用也较为清楚，人们容易接受。但空白田产量不能预先获得，给推广带来困难。同时空白田产量是构成作物产量各种环境条件(包括气候、土壤养分、作物品种、水分管理等)的综合反映，无法找出产量的限制因素而对症下药。土壤肥力愈高，作物吸自土壤的养分越多，作物对土壤的依赖性也愈大。这样一来由公式所得到的肥料施用量就越少，有可能引起地力损耗而不能觉察。所以，在使用这个公式时，应注意这方面的问题。

3. 田间试验配方法

田间试验配方法的原理是通过简单的单一对比，或应用较复杂的正交、回归等试验设计，进行多点田间试验，从而选出最优处理，确定肥料施用量。

(1)肥料效应函数法　采用单因素、二因素或多因素的多水平回归设计进行布点试验，将不同处理得到的产量进行数理统计，求得产量与施肥量之间的肥料效应方程式。根据其函数关系式，可直观地看出不同元素肥料的不同增产效果，以及各种肥料配合施用的联应效果，确定施肥上限和下限，计算出经济施肥量，作为实际施肥量的依据。这一方法的优点是能客观地反映肥料等因素的单一和综合效果，施肥精确度高，符合实际情况。缺点是地区局限性强，不同土壤、气候、耕作、品种等需布置多点不同试验，积累不同年度的资料，费时较长。

(2)养分丰缺指标法　利用土壤养分测定值与作物吸收养分之间存在的相关性，对不同作物通过田间试验，根据在不同土壤养分测定值下所得的产量分类，把土壤的测定值按一定的级差分等，制成养分丰缺及应该施肥量对照检索表。在实际应用中，只要测得土壤养分值，就可以从对照检索表中，按级确定肥料施用量。

查一查

当地主要采用的配方施肥方法是什么？

(3)氮、磷、钾比例法　通过田间试验，在一定地区的土壤上，取得某一作物不同产量情况下各种养分之间的最好比例，然后通过对一种养分的定量，按各种养分之间的比例关系，来决定其他养分的肥料用量，如以氮定磷、定钾，以磷定氮、以钾定氮等。

配方施肥的 3 类方法可以互相补充，并不互相排斥。形成一个具体配方施肥方案时，可以一种方法为主，参考其他方法，配合起来运用。这样，可以吸收各种方法的优点，消除或减少存在的缺点，在产前能确定更符合实际的肥料用量。

配方施肥是一项新的施肥技术，科学性强，技术要求高，涉及范围广，在实施推广过程中应当抓好田间试验、土壤测试、配方设计、校正试验、配方加工、示范推广、宣传培训、效果评价和技术研发等 9 项技术环节工作。

(三)配方施肥应注意的问题

(1)贯彻执行一个施肥原则　有机肥与化学肥料配合施用的施肥原则是我国肥料技术政策的核心内容，也是建设高产稳产农田的重要措施，只有两者配合施用才能取长补短，充分发挥肥效。

(2)切实做到两个养分平衡　两个养分平衡是指氮、磷、钾养分之间的平衡和大量元素、微量元素养分之间的平衡。只有在养分平衡供应的前提下，才能大幅度提高养分的利用率，增进肥效。因而，它是合理施肥的一项重要内容。

(3)灵活掌握 3 种施肥方式　一般施肥有 3 种方式，即基肥、种肥和追肥。以上 3 种施用方式应根据具体情况灵活掌握，不要强求一致。

(4)深刻领会4个施用原理　合理施肥一定要有理论指导,否则不可避免地会导致盲目施肥。对合理施肥有指导意义的理论主要有养分归还学说、最小养分律、报酬递减律、因子综合作用律等。只有理解施肥理论的实质,才能在生产实践中发现现阶段的施肥问题,从而解决问题;才能在施肥实践中多一些科学性,少一些盲目性。

(5)全面评价5项施肥指标　施肥是否合理,不应仅从产量一个方面来判断,而应从产量、质量、经济、生态和改良土壤等5项指标进行综合评价。前3项是农业生产高产、优质和高效的具体体现。

(6)综合运用6项施肥技术　施肥技术是肥料种类(品种)、施肥量、养分配比、施肥时期、施肥方法和施肥位置等6项技术的总称。其中每一项技术均与施肥效果密切相关。但是也应指出,在施肥技术中施肥量是个核心问题。不过,强调施肥量的重要性并不等于说其他施肥技术就不重要。相反,只有在平衡施肥的前提下,配合其他施肥技术,才有可能发挥肥料的最大效果。

二、环保型施肥技术

(一)环保型施肥的目标

化肥、农药、除草剂等化学物质的施用,大大提高了农业生产率和作物产量。但这些物质在土壤和水体中残留并富集,造成环境污染,资源、资金严重浪费。不仅如此,还通过物质循环进入食物链,影响人类的健康和安全。这一系列问题,迫使人们改变现行的施肥技术体系,建立新的环保型施肥技术,以保持全球农业的可持续发展。

环保型施肥的基本目标:一是为了营养作物,提高其产量和改善品质;二是为了改良和培肥土壤,保持土壤资源持续利用;三是不断提高肥料效益;四是不对环境和农产品造成污染。这4个目标同时满足,才符合可持续发展农业(包括有机农业、生态农业、生物农业和再生农业等替代农业的模式)的生产要求。

(二)环境保全型施肥的基本要求

要实现环境保全型施肥的基本目标,必须根据作物的需肥规律和土壤的供肥性,结合肥料性质进行合理施用。合理施肥必须坚持以下原则:一是坚持持续培肥地力的原则;二是协调营养平衡原则;三是增加产量与改善品质相统一的原则;四是提高肥料利用率原则;五是减少生态环境污染原则。

(三)减少环境污染的施肥技术

1. 减少环境污染的氮肥施用技术

减少氮肥对环境污染的施肥措施主要有以下几个方面。

(1)深施或混施　深施特别是粒肥深施是目前各种方法中效果最大且稳定的一种。与氮肥表施相比，将氮肥混施于土壤耕层中，能减少氮素损失。深施和混施的主要作用是减少氨挥发和径流损失，也可以减少反硝化损失。

(2)水肥综合管理　我国是水稻生产大国。在推行粒肥深施的基础上，提出了稻田水肥综合管理新技术。如在有排灌条件的稻田推广"以水带氮"的氮肥深施技术，对水稻节肥增产效果显著。"以水带氮"深施技术，即在施肥前，稻田停止灌水，晾田数日，尽可能控制土壤处于水不饱和状态。氮肥表施后立即覆浅水，使肥随水下渗，深施入土，60%的表施化肥氮被带入土层，使肥效具有缓、稳、长的特点。由于深施前的控水搁田促进了水稻根系发育，有利于对氮素的吸收，施肥量比习惯施肥法减少约1/3。为了避免稻株后期贪青晚熟，追肥应在栽插后10～15 d进行为宜。此外，以"水带氮深施"技术，由于控水搁田或减少复灌水量，还可节省水资源，这对缺水地区尤为重要。应用这项技术的稻株生长健壮，病虫指数下降，减少农药用量，有利于环境保护和农田生态平衡。

(3)脲酶及硝化抑制剂　脲酶抑制剂的作用是延缓脲酶对尿素的水解，使较多的尿素能扩散到土表以下的土层中，从而减少旱地表层土壤或稻田田面水中铵态氮或硝态氮的总浓度，以减少挥发损失。硝化抑制剂的作用是抑制土壤中亚硝化细菌活动，从而抑制土壤中铵态氮的硝化作用，使施入土壤中的铵态氮肥能较长时间地以铵根离子的形式被胶体吸附，防止硝态氮的淋失和反硝化作用，减少氮素非生产性损失。

(4)缓效(长效)肥料　缓效肥料的制作是将粒状氮肥表面包裹一层薄膜，使其可溶性氮逐渐释放出来，供作物吸收利用，有利于作物吸收，减少氮素损失和生物固定。施用缓效肥料能在一定程度上减少氮素损失，但由于其价格昂贵，施用对象主要是经济作物。

2. 减少环境污染的磷肥施用技术

(1)磷肥的施用时间　对于水溶性磷肥不宜提前施用，以减少磷肥与土壤的接触时间；而对弱酸溶性磷肥，在酸性土壤则应适当提前施入。一般情况下，磷肥不做追肥，而是在播种或移栽时，一次性作为基肥施入。

(2)磷肥的施用方法　磷肥的施用方法，大体分为撒施和集中施用两类。水溶性磷肥，特别在酸性土壤上，应避免采用撒施的方法，防止土壤固定；对于弱酸溶性和难溶性磷肥，在酸性土壤上一般均应采用撒施的方法，以促进土壤对磷肥的溶解作用。

(3)以轮作周期为单位施用磷肥　以轮作周期为单位统筹施用磷肥，尽可能发挥磷肥后效的作用，显著提高磷肥的利用率。Tandon(1994)研究表明，如果把磷肥在当季和后效的增产作用设为100%，则当季占50%，第二季占25%，第三季占15%，第四季占10%，充分利用后效，可以节约磷肥，提高磷肥的利用率。

(4)水溶性磷肥与有机肥配合施用　有机肥与磷肥配合施用，有利于使磷更多、更长时间地保持有效状态，提高磷肥的利用率。

(5)氮肥和磷肥混合集中施用　氮、磷配合施用，既可平衡营养，又能促进根系下扎，为丰产打下基础。鲁如坤(1994)试验表明，铵态氮肥或尿素和水溶磷肥混合集中施用，比氮肥、磷肥分开施用有更高的肥效。

(四)绿色食品生产的施肥技术

1. AA级绿色食品肥料施用要求

禁止使用任何化学合成肥料；必须施用农家肥；在以上肥料不能满足AA级绿色食品生产需要时，允许施用商品肥料；禁止使用城市垃圾和污泥、医院的粪便垃圾和含有害物质(如毒气、病原微生物、重金属等)的垃圾；采用秸秆还田、过腹还田、直接翻压还田、覆盖还田等形式，提高土壤肥力；利用覆盖、翻压、堆沤等方式合理利用绿肥。

2. A级绿色食品肥料施用要求

AA级绿色食品生产允许施用的肥料；在以上肥料不能满足A级绿色食品生产需要的情况下，允许施用掺合肥(有机氮与无机氮之比不超过1∶1)；在前面两项的肥料不能满足生产需要时，允许化学肥料(氮肥、磷肥、钾肥)与有机肥料混合施用，比例要符合要求。

生产绿色食品的农家肥料无论采用何种原料(包括人畜禽粪尿、秸秆、杂草、泥炭等)制作堆肥，必须高温发酵，以杀灭各种寄生虫卵和病原菌、杂草种子，使之达到无害化卫生标准(表8-6、表8-7)。农家肥料原则上就地生产就地使用，商品肥料及新型肥料必须通过国家有关部门的登记认证及生产许可，质量指标应达到国家有关标准的要求。

表8-6　高温堆肥卫生标准

序号	项目	卫生标准及要求
1	堆肥温度	最高堆温达50～55℃，持续5～7 d
2	蛔虫卵死亡率	95%～100%
3	粪大肠菌值	0.01～0.1
4	苍蝇	有效地控制苍蝇滋生，肥堆周围没有活的蛆、蛹或新羽化的成蝇

表 8-7 沼气发酵肥卫生标准

序号	项目	卫生标准及要求
1	密封贮存期	30 d以上
2	高温沼气发酵温度	(53±2)℃,持续2 d
3	寄生虫卵沉降率	95%以上
4	血吸虫卵和钩虫卵	在使用粪液中不得检出活的血吸虫卵和钩虫卵
5	粪大肠菌值	普通沼气发酵0.000 1,高温沼气发酵0.000 1~0.01
6	蚊子、苍蝇	有效地控制蚊蝇滋生,粪液中无孑孓,池的周围无活的蛆、蛹或新羽化的成蝇
7	沼气池残渣	经无害化处理后方可用作农肥

三、精确施肥技术

(一)精确施肥技术概况

精确施肥技术是将不同空间单元的产量数据与其他多层数据(土壤理化性质、病虫草害、气候等)的叠合分析为依据,以作物生长模型、作物营养专家系统为支持,以高产、优质、环保为目的的变量处方施肥理论和技术。精确施肥是信息技术(RS,GIS,GPS)、生物技术、机械技术和化工技术的优化组合。按作物生长期可分为基肥精施和追肥精施,按施肥方式可分为耕施和撒施。按精施的时间性分为实时精施和时后精施。

为取得良好的经济效益和环境效益,适应不同地区、不同作物、不同土壤和不同作物生长环境的需要,变量处方施肥是我们未来施肥的发展方向。

(二)精确施肥的理论及技术体系

1. 土壤数据和作物营养实时数据的采集

对于长期相对稳定的土壤变量参数,如土壤质地、地形、地貌、微量元素含量等,可一次分析长期受益或多年后再对这些参数做抽样复测。在我国可引用原土壤普查数据做参考。对于中短期土壤变量参数,如N,P,K,有机质、土壤水分等,这些参数时空变异性大,应以GPS定位或导航实时实地分析,也可通过遥感(RS)技术和地面分析结合获得生长期作物养分丰缺情况。这是确定基肥、追肥施用量的基础。20世纪90年代以来,土壤实时采样分析的新技术、新仪器有了长足的发展进步。

2. 差分全球定位系统(DGPS)

全球定位系统(GPS)为精确施肥提供了基本条件。GPS接收机可以在地球表面的任何地方、任何时间、任何气象条件下至少获得4颗以上的GPS卫星发出的定位定时信号，而每一颗卫星的轨道信息由地面监测中心监测而精确知道。GPS接收机根据时间和光速信号通过三角测量法确定自己的位置。但由于卫星信号受电离层和大气层的干扰，会产生定位误差，美国提供的GPS定位误差可达100 m，所以为满足精确施肥或精确农作需要，须给GPS接收机提供差分信号即差分定位系统（DGPS）。DGPS除了接收全球定位卫星信号外，还需接收信标台或卫星转发的差分校正信号。接收差分信号后可提供分米级定位精度，完全能满足精确变量施肥的需要。这样可使定位精度大大提高。

3. 决策分析系统

决策分析系统是精确施肥的核心，直接影响精确施肥的技术实践成果。决策分析系统包括地理信息系统（GIS）和模型专家系统两部分。GIS用于描述农田空间属性的差异性；作物生长模型和作物营养专家系统用于描述作物的生长过程及养分需求。在精确施肥中，GIS主要用于建立土壤数据、自然条件、作物苗情等空间信息数据库和进行空间属性数据的地理统计、处理、分析、图形转换和模型集成等。作物生长模型是将作物及气象和土壤等环境作为一个整体，应用系统分析的原理和方法，综合大量作物生理学、生态学、农学、土壤肥料学、农业气象学等学科的理论和研究成果，对作物的生长发育、光合作用、器官建成和产量形成等生理过程与环境和技术的关系加以理论概括和数量分析，建立相应的数学模型。它是环境信息与作物生长的量化表现。通过作物生长模型我们可以得出任意生长时期作物对土壤生长环境的要求，以便采取相关的措施。

我国20世纪80年代就开发了作物营养专家系统，但无论是作物肥料效应函数模型为基础的专家系统，还是测土施肥目标产量模型，都属于统计模型。不同的统计模型计算的施肥量相差3倍以上。以作物生理机理为基础的作物营养模拟模型有待于进一步发展和提高。

4. 控制施肥

现在有两种形式，一是实时控制施肥。即根据监测土壤养分的实时传感器信息，控制并调整肥料的投入数量。土壤养分在线实时检测技术处于研究阶段，还未应用于生产实际；或根据实时监测的作物光谱信息分析调节施肥量。卫星遥感、飞机航空遥感、田间高架遥感等影像空间分辨率和光谱分辨率比较低，测量误差比较大，遥感作业成本高，许多技术还处于研究阶段。二是处方信息控制施肥，此技术比较成熟。根据专家决策分析后的电子地图提供的处方施肥信息，对田地中肥料的撒施量进行定位调控。

(三)我国发展精确施肥的思考

我国的化肥投入突出问题是结构不合理,利用率低。化肥投入尤其是磷肥的投入普遍偏高,造成养分投入比例失调,增加了肥料的投入成本。肥料利用率低不仅使生产成本偏高,而且是环境污染特别是水体富营养化的直接原因之一。随着人们环境意识的加强和农产品由数量型向质量型的转变,精确施肥将是提高土壤环境质量,减少水和土壤污染,提高作物产量和质量的有效途径。

精确农业是为适应集约化、规模化程度高的作物生产系统可持续发展而提出的,其边际效应与经营规模成正相关。我国农田经营规模小,农业机械化水平低,实施广域的精确施肥技术实践尚需较长的发展过程。

技能训练1 影响人类健康的施肥状况调查

一、技能目标

肥料的不合理使用不仅引起化肥的损失,而且对环境产生严重的污染,对水体、土壤、大气、生物及人体健康造成严重危害。通过对施肥与人类健康的情况调查,了解不合理施肥对人类健康的影响,对推广环保型施肥新技术有重要的意义。

二、实验准备工作

(1)组织准备　将班级学生分成若干个调查团队,选定团队负责人,各团队要拟定出调查提纲和影响人类健康的施肥状况调查表。

(2)现场准备　与学校所在地农业、环境等部门联系,确定调查的乡镇、村及农户。

(3)物质准备　各调查团队要配备适当用具,如记录本、计算器和智能化农业环境监测仪。

三、训练操作规程

1. 被调查农户的选取

根据调查农户要具有代表性的要求,一般采用随机等距法抽取被调查乡镇2~3个和3~5个村,采取简单随机抽样法确定调查农户,每村10~15户。

2. 收集被调查农户施肥的信息和数据

调查前先进行培训。数据收集的主要途径是填写问卷,一般采用面访式问卷调查，即调查人与农户面对面，调查人提问农户回答，并对数据进行多途径核对，保证数据的真实性。

3. 水环境污染情况调查

利用智能化农业环境监测仪测定地下水和饮用水的硝酸盐含量，若饮用水中硝酸盐超标，向农户询问人食用后是否会出现行为反应障碍、工作能力下降、头晕目眩、意识丧失等症状，调查了解硝酸盐、亚硝酸盐对人体健康具有致癌、致畸、致突变的严重危害性。

四、调查报告

根据调查资料，要求学生写出调查报告。报告内容包括调查过程与方法、调查结果与原因分析、存在问题或合理化建议等。

技能训练2 施肥量估算

一、技能目标

施肥量是构成施肥技术的核心要素，确定经济合理的施肥量是合理施肥的中心问题。通过查阅有关资料或进行田间试验，获得相关参数，学会施肥量的估算，对推广配方施肥等新技术具有重要的意义。

二、方法原理

应用养分平衡法，必须求出作物需肥量、土壤供肥量和肥料利用率3个重要参数，方能计算出肥料施用量。

三、训练操作规程

1. 植物目标产量

可从“以地定产”、“以水定产”、“以土壤有机质定产”等3方面入手。其中“以地定产”较为常用。一般是在不同土壤肥力条件下，通过多点田间试验，对不施肥区的空白产量 x 和施肥区可获得的最高产量 y，经过统计求得函数关系。最简单的办法就是以当地前3年植物的平均产量为基础，增加10%～15%作为目标产量。

2. 植物目标产量需养分量

$$植物目标产量所需养分量 = \frac{目标产量(kg)}{100(kg)} \times 百千克产量所需养分量(kg)$$

式中百千克产量所需养分量是指形成100 kg植物产品时，该植物必须吸收的养分量，即植物单位产量养分吸收量，它是一个常数，一般在肥料手册中均可找到。

3. 土壤供肥量

用土壤养分测定值来计算。土壤养分测定值是一个相对值，土壤养分不一定全部被植物吸收，同时缓效态养分还不断地进行转化，则要经田间试验求出土壤养分测定值与产量相关的“校正系数”，经校正后，才能作为土壤养分的供应量，与植物吸收养分相加减。

土壤类型不同，气候条件不同，校正系数差异很大，它是植物实际吸收养分测定值的比值，常通过田间试验获得。

4. 肥料利用率

在进行田间试验的情况下，其计算公式为

$$肥料利用率=\frac{施肥区植物吸收养分量-无肥区植物吸收养分量}{肥料施用量\times 肥料中养分含量}\times 100\%$$

肥料利用率不是一个定值。它因植物种类，土壤肥力，气候条件和农艺措施不同而不同，在很大程度上取决于肥料用量、用法和施用时期。一般由省、市、县土肥站提供。

5. 施肥量的估算

$$肥料用量=\frac{目标产量所需养分总量-土壤养分测定值}{肥料中养分含量\times 肥料当季利用率}\times 2.25\times 校正系数$$

式中2.25是换算系数，即将1 mg/kg养分折算成1 hm^2耕层土壤养分的实际质量。

四、计算训练

某地杂交水稻目标产量为7 500 kg/hm^2，每100 kg稻谷产量需吸收N 1.8 kg，P_2O_5 0.6 kg，K_2O 3.13 kg。其土壤养分测试值分别为土壤碱解氮40 mg/kg，速效磷10 mg/kg，速效钾120 mg/kg，三者校正系数分别为0.8，0.6，0.9。若达到目标产量，需用多少尿素(含N 46%，利用率35%)，过磷酸钙(含P_2O_5 18%，利用率20%)和氯化钾(含K_2O 60%，利用率55%)各多少。

单元小结

- 合理施肥
  - 合理施肥与环境
    - 施肥对水资源的影响
      - 氮肥、磷肥不合理施用会对水源产生污染，造成水体富营养化，地下水硝酸盐含量超标
    - 施肥对土壤资源的影响
      - 氮肥：硝酸盐积累
      - 磷肥：重金属污染、放射性污染
      - 有机肥料：重金属污染
    - 施肥对大气环境的影响
      - 全球变暖：CO，CO_2，CH_4，NO，N_2O 等气体的产生
  - 合理施肥与农产品质量安全
    - 施肥与农产品品质
      - 氮肥、磷肥、钾肥、微量元素肥料、有机肥等施用与农产品品质
    - 农产品质量安全保障措施
      - 建立和完善政策法规，建立安全生产基地，提倡合理安全施肥，强化农业产地环境保护
  - 合理施肥新技术
    - 配方施肥技术
      - 配方施肥技术的概述、方法和关键技术环节
    - 环保型施肥技术
      - 减少环境污染施肥技术，绿色食品生产施肥技术
    - 精确施肥技术
      - 精确施肥技术的概念、理论及技术体系

学练结合

➢名词解释

配方施肥　配方肥料　肥料效应　精确施肥技术

➤判断题

1. 水体中无机态总氮和无机态磷是水体富营养化的最重要指标。(　　)

2. 土壤氧化亚氮的排放主要来源是土壤中的硝化和反硝化作用。(　　)

3. 氮肥深施能明显增加稻田甲烷的释放。(　　)

4. 氮肥过量时,会导致作物体内蛋白质、氨基酸、维生素等含量降低,淀粉和蔗糖含量相对增加。(　　)

5. 增施磷肥可以显著增加小麦子粒中维生素 B_1 的含量,改良小麦面粉烘烤性能,随着磷肥施用料的增加,小麦子粒蛋白质含量也增加。(　　)

6. 配方施肥技术的增产途径一是靠调肥增产,二是靠减肥增产,三是靠补素增产增效。(　　)

7. 我国配方施肥方法包括地力分区(级)配方法、目标产量配方法、田间试验配方法。(　　)

8. 环保型施肥的基本目标是:营养作物并提高其产量和改善品质,改良和培肥土壤,保持土壤资源持续利用,不断提高肥料效益,不对环境和农产品造成污染。(　　)

➤选择填空

1. 饮用水水质的重要标准之一是________。

A. 钾含量　B. 磷含量　C. 铵态氮含量　D. 硝态氮含量

2. 造成地下水硝态氮含量积累最重要的因素是________。

A. 过量施用含氮肥料　B. 过量施用含磷肥料

3. 水体富营养化重要的营养因子是________。

A. 氮、磷　B. 铁、铜　C. 氮、钾　D. 磷、钾

4. 下列哪种肥料中,往往含有一定的重金属。________

A. 氮肥　B. 磷肥　C. 钾肥　D. 有机肥

5. 影响径流水中含磷量的主要因素是________。

A. 降雨　B. 耕作　C. 施肥　D. 晒垡

6. 被称为“果肥”的是________。

A. 氮肥　B. 磷肥　C. 钾肥　D. 有机肥

7. 施用哪种肥料,既能增加菜叶产量,又能改善质量。________

A. 氮肥　B. 磷肥　C. 钾肥　D. 有机肥

8. 造成温室效应的气体有________。

A. 二氧化碳　B. 一氧化碳　C. 甲烷　D. 氟氯烃

9. 甲烷的来源主要是________。

A. 水稻田　　B. 湿地　　C. 旱地　　D. 大气

10. 磷肥施用对生态环境的影响主要表现在________。

A. 重金属污染　　B. 水体富氧化

C. 氟及有机副成分污染　　D. 放射性污染

11. 磷肥的使用方法有________和________两类。

A. 深施　　B. 混施　　C. 撒施　　D. 集中施肥

12. 有机肥原料本身含有危害农产品的污染物有________。

A. 放射性污染物　　B. 致病病原物

C. 人造化学物及工业污染物　　D. 挥发气体

13. 提高农产品品质的途径有________。

A. 改良品种　　B. 培育优良品种

C. 优化种植结构和方式　　D. 合理施肥

➢问答题

1. 施肥对水资源的影响主要表现有哪些？

2. 施肥对土壤资源的影响主要表现有哪些？

3. 施肥对大气环境的影响主要表现有哪些？

4. 适量施用氮肥对农产品品质有何积极作用？反之，过量或不合理施用氮肥会产生哪些不利影响？

5. 适量施用磷肥对农产品安全有何作用？

6. 适量施用钾肥对农产品安全有何作用？

7. 适量施用微量元素肥料对农产品安全有何作用？

8. 有机肥料对改善农产品品质有何作用？

9. 农产品质量安全保障措施有哪些？

10. 配方施肥技术的目标有哪些？

11. 配方施肥技术的方法有哪些？

12. 配方施肥包括哪些关键技术环节？

13. 减少环境污染的氮肥施用技术有哪些？

14. 减少环境污染的磷肥施用技术有哪些？

15. AA 级绿色食品肥料施用的要求有哪些？

16. A 级绿色食品肥料施用的要求有哪些？

参考文献

[1]朱祖祥.土壤学.北京:农业出版社,1983.
[2]彭克明,裴保义.农业化学.北京:农业出版社,1986.
[3]何念祖,孟赐福.植物营养原理.上海:上海科学技术出版社,1987.
[4]赵其国,等.中国土壤资源.南京:南京大学出版社,1991.
[5]浙江农业大学.植物营养与肥料.北京:农业出版社,1991.
[6]王槐荫.土壤肥料学.北京:农业出版社,1992.
[7]王荫槐.土壤肥料学.北京:农业出版社,1994.
[8]山西农业大学.土壤学.北京:中国农业出版社,1995.
[9]全国土壤普查办公室.中国土壤.北京:中国农业出版社,1998.
[10]毛知耘.肥料学.北京:中国农业出版社,1998.
[11]崔英德.复合肥的生产与施用.北京:化学工业出版社,1999.
[12]陈伦寿,陆景陵.蔬菜营养与施肥技术.北京:中国农业出版社,2000.
[13]王申贵.土壤肥料学.北京:经济科学出版社,2000.
[14]黄昌勇.土壤学.北京:中国农业出版社,2000.
[15]马国瑞.蔬菜施肥指南.北京:中国农业出版社,2000.
[16]马国瑞.园艺植物营养与施肥.北京:中国农业出版社,2000.
[17]劳秀荣.果树施肥指南.北京:中国农业出版社,2000.
[18]鲍士旦.土壤农化分析.3版.北京:中国农业出版社,2000.
[19]范兴亮,冯天福.新编肥料实用手册.郑州:中原农民出版社,2000.
[20]张志明.复混肥料生产与利用指南.北京:中国农业出版社,2000.
[21]熊顺贵.基础土壤学.北京:中国农业大学出版社,2001.
[22]关连珠.土壤肥料学.北京:中国农业出版社,2001.
[23]金为民.土壤肥料.北京:中国农业出版社,2001.
[24]沈其荣.土壤肥料学通论.北京:高等教育出版社,2007.
[25]毛知耘,李家康,何光安,等.中国含氯化肥.北京:中国农业出版社,2001.
[26]王敬国.农用化学物质的利用与污染控制.北京:北京出版社,2001.
[27]周建民.农田养分平衡与管理.南京:河海大学出版社,2001.

[28]高祥照,申眺,郑义,等.肥料实用手册.北京:中国农业出版社,2002.
[29]葛晓光.菜田土壤与施肥.北京:中国农业出版社,2002.
[30]张凤荣.土壤地理学.北京:中国农业出版社,2002.
[31]陆欣.土壤肥料学.北京:中国农业大学出版社,2002.
[32]奚振邦.现代化学肥料学.北京:中国农业出版社,2003.
[33]张福锁.养分资源综合管理.北京:中国农业大学出版社,2003.
[34]彭克明.农业化学.2版.北京:中国农业出版社,2003.
[35]沈其荣.土壤肥料学通论.北京:高等教育出版社,2003.
[36]武志杰,陈利军.缓释/控释肥料原理与应用.北京:科学出版社,2003.
[37]金为民.土壤肥料.北京:中国农业出版社,2009.
[38]沈阿林.新编肥料实用手册.郑州:中原农民出版社,2004.
[39]吴礼树.土壤肥料学.北京:中国农业出版社,2004.
[40]陆欣.土壤肥料学.北京:中国农业大学出版社,2005.
[41]周启星.健康土壤学.北京:科学出版社,2005.
[42]宋志伟.土壤肥料.北京:高等教育出版社,2005.
[43]周启星.健康土壤学.北京:科学出版社,2005.
[44]林葆.化肥与无公害农业.北京:中国农业出版社,2005.
[45]黄巧云.土壤学.北京:中国农业出版社,2006.
[46]吕贻忠,李保国.土壤学.北京:中国农业出版社,2006.
[47]刘春生.土壤肥料学.北京:中国农业大学出版社,2006.
[48]周连仁,姜佰文.肥料加工技术.北京:化学工业出版社,2007.
[49]葛诚.微生物肥料生产及其产业化.北京:化学工业出版社,2007.
[50]徐秀华.土壤肥料.北京:中国农业大学出版社,2007.
[51]夏冬明.土壤肥料学.上海:上海交通大学出版社,2007.
[52]郑宝仁,赵静夫.土壤与肥料.北京:北京大学出版社,2007.
[53]关连珠.普通土壤学.北京:中国农业大学出版社,2007.
[54]宋志伟.土壤肥料.北京:高等教育出版社,2009.